비계 편

건설공사 발주처 점검자를 위한

가설구조물의 안전 및 품질점검 실무

공학박사/지도사/기술사
최 명 기 저

지우북스

머리말

최근 국토교통부와 고용노동부에서는 건설현장에 대한 안전과 품질점검 시에 가설구조물 설치의 적절성과 품질관리(시험)계획 및 안전관리계획서 수립·이행 여부에 대한 점검을 강화하는 추세이다. 여기에 부응하여 국토교통부 산하 발주처를 비롯한 지방자치단체 등에서도 비계나 동바리, 흙막이 가설구조물에 대한 점검을 실시하고 있다.

가설구조물은 구조, 재료, 시공, 유지관리와 안전, 품질 등 전반적인 사항을 모두 알아야 제대로 된 점검을 할 수 있다. 국내의 경우 가설구조물에 대한 전문가는 그 수가 매우 제한되어 있다. 일부 전문가는 구조는 알아도 재료를 모르고 경우도 있고, 재료는 알지만 시공과 구조를 모르는 경우도 많다. 가설에 대한 전문가들도 이러한데 발주자 입장에서 점검수행의 주체인 점검자 또한 개별적인 능력 차이로 인해 제대로 된 점검에는 한계가 있을 수밖에 없는 상황이다.

이 책은 이러한 문제를 해결하기 위하여 점검을 수행하는 점검자 입장에서 필요한 가설구조물에 대한 점검요령을 이론과 실무 위주로 집필하였으며 점검을 수행하는 점검자가 알아야 할 가설구조물에 대하여 구조, 재료, 시공 등에 대한 사항을 위주로 기술되어 있지만 건설사업관리 기술인이나 시공사 관리자들도 유용하게 활용할 수 있을 것이다. 또한 건설관련 대학원생이나 학부생들도 실무를 배울 수 있을 것으로 기대된다.

집필 초기에는 비계 부분과 동바리, 흙막이 등 모든 가설구조물에 대한 점검요령을 집필코자 하였다. 그러나 페이지 분량 관계로 일차적으로 시스템 비계와 강관비계에 대한 비계 편 위주로 집필하게 되었다. 동바리 편과 흙막이 편은 계속해서 집필할 계획이다. 가설구조물은 구조 부분에서만 차이가 있을 뿐 시공이나 재료 등의 측면에서는 비계, 동바리, 흙막이가 모두 유사한 특성을 가지고 있으므로 비계 편만 제대로 이해하고 숙지한다면 나머지 부분은 응용이 가능할 것이라고 생각하기 때문이다.

아무쪼록 부족하고 미흡한 졸저가 가설구조물에 대한 사고와 부실시공 방지에 기여하기를 기대해 보면서 계속 보완·수정해 나갈 계획이다.

2021년 辛丑年 5월

빛고을에서 金龜 최명기 拜上

목차

CHAPTER

1 건설안전의 영역과 범위

CHAPTER

2 가설구조물 시장현황과 메커니즘

CHAPTER

3 비계의 설치 목적과 종류

CHAPTER

4 시스템 비계 안전 및 품질점검 실무

CHAPTER

5 강관비계 안전 및 품질관리 점검 실무

CHAPTER

6 팬던트형 비계 안전 및 품질관리 점검 실무

CHAPTER

7 스마트 건설기술과 가설 안전

CHAPTER

1 건설안전의 영역과 범위

1 건설안전의 영역과 담당 정부 부처

비계나 거푸집, 동바리 등의 가설구조물에 대한 안전을 담당하는 정부 부처는 어디일까? 라는 질문에 대하여 답변하기 위해서는 굉장히 고민이 많을 것이다. 설령 심도 있게 고민하여 답변을 했다고 하더라도 상당수는 틀리는 경우가 많다. 그 이유는 가설구조물에 대한 안전은 상당히 복잡하고 지금까지 그 누구에게서도 들어본 바가 없기 때문일 것이다.

가설구조물에 대한 영역을 알아보기 위해서는 먼저 건설안전의 영역과 범위에 대하여 알아야 한다. 가설구조물은 크게 힘을 받아 구조적 역할을 수행하는 가설 구조부재와 안전시설물로 분류할 수 있다.

가설 구조부재에는 비계의 경우 작업 발판에서 내려오는 하중을 지반에 전달하기 위한 수직재, 수평재, 가새재 등이 포함된다. 반면에 안전시설물은 안전방망, 안전난간, 낙하물방지망, 방호선반 등 작업자들의 안전을 확보하기 위하여 설치되는 시설물이다.

건설공사 현장에는 시공이나 해체하고자 하는 본래의 목적 구조물인 본구조물이 있고, 이러한 공사를 위해서 설치하는 비계나 동바리, 흙막이 등 의 가설구조물이 있다. 현장 인근에는 인접 구조물이 존재하게 된다. 지하에는 상하수도, 전기, 통신 등과 같은 지하 매설물이 있고, 지상에는 가공전선이 그리고 건설현장 인근에는 인접 건축물 등이 존재하고 있다.

건설현장 내에는 작업을 수행하는 작업자, 일명 근로자들이 존재하고 있고, 현장 밖에는 제 3자인 통행인, 보행자, 거주자 등이 존재하고 있다.

표 1.1 건설현장의 내·외 구조물과 사람 구분

구분	현장 내	현장 외부
사람	작업자(근로자)	제 3자(보행자, 통행인, 거주자)
구조물	가설구조물	인접 구조물(지하, 지상, 인접)
	본 구조물	

그림 1.1 건설안전 영역과 범위

건설안전 영역과 세부 내용을 정리하면 다음 표와 같다. 정확한 개념을 이해하지 못하고 점검을 수행하기 때문에 현장에서는 혼란이 올 수밖에는 없다. 국토교통부 점검인지 고용노동부 점검인지를 정확히 인지하고 아래 표에 근거하여 점검을 수행하여야 한다.

이러한 개념을 정확하게 이해하지 못하기 때문에 「건설기술진흥법」에 따른 안전관리비와 「산업안전보건법」에 따른 산업안전보건관리비를 혼돈하여 사용함에 따라 고용노동부에서 점검 시 목적 외 사용 등으로 인하여 과태료 등을 부과 받게 되는 경우도 있다.

국토교통부 점검을 수행하면서 현장의 안전관리자를 찾아서 구조물 붕괴 등과 같은 말을 하는 경우가 많은데 안전관리자는 산업안전보건법에 따른 조직으로서 현장 내 작업자에 대한 안전만을 책임지고 있다. 구조물 붕괴 등에 대한 이야기는 안전관리자가 아니라 현장의 공사관계자인 안전관리책임자나 안전관리담당자에게 해야 할 사항이다.

물론 모든 책임은 현장소장이 책임을 지지만 여기에도 문제가 있다. 국토교통부에 따르면 현장대리인이 모든 책임을 지도록 되어 있다. 반면에 고용노동부에서 말하는 현장소장은 안전보건총괄책임자로서 실질적으로 현장을 지휘하고 감독하는 사람을 말한다. 현장대리인이나 명의상의 현장소장이 아닌 실질적으로 현장에서 상주하면서 지휘하고 감독하는 사람이 현장소장인 것이다.

표 1.2 건설안전 영역과 세부 내용

구분	국토교통부	고용노동부
안전영역	• 제3자 + 본구조물 + 인근 구조물	• 작업자(근로자)
	• 가설구조물	• 가설구조물
관련법령	• 건설기술진흥법 → (건설안전특별법)	• 산업안전보건법
행정부처	• 국토교통부(건설안전과)	• 고용노동부(산업안전과)
산하기관	• 국토안전관리원(구 한국시설안전공단)	• 한국산업안전보건공단
설계안전	• 설계안전성검토(DFS)	• 건설공사 안전보건대장(계획, 설계)
사전 안전성계획	• 안전관리계획서	• 건설공사 안전보건대장(계획, 설계) • 유해위험방지계획서
안전비용	• 안전관리비(내역반영, 실비정산) - 안전관리계획의 작성 및 검토 비용 - 건설기술진흥법에 따른 안전점검 비용 - 발파·굴착 등의 건설공사로 인한 주변 건축물 등의 피해방지대책 비용 - 공사장 주변의 통행안전관리대책 비용 - 계측장비, 폐쇄회로 텔레비전 등 안전 모니터링 장치의 설치·운용 비용 - 가설구조물의 구조적 안전성 확인 필요비용	• 산업안전보건관리비(일정요율) - 안전관리자 등 인건비 및 각종 업무수당 등 - 안전시설비 등 - 개인보호구 및 안전장구 구입비 등 - 안전진단비 등 - 안전보건교육비 및 행사비 등 - 근로자 건강관리비 등 - 건설재해예방 기술지도비 - 본사 사용비
안전관리 조직	• 안전관리 총괄책임자 • 안전관리 책임자 • 안전관리담당자 • 협의체(수급인+하수급인, 매월1회)	• 안전보건 총괄책임자 • 관리감독자 • 안전관리자, 보건관리자 • 산업안전보건위원회(노사협의체, 2개월)

2 가설구조물의 영역과 범위

건설안전의 영역은 사람과 구조물, 현장 내부인지 외부인지에 따라 각기 다르다. 크게 영역을 2개로 구분하면 다음과 같다.

현장 내에 있는 사람, 즉 작업자들의 안전을 담당하고 있는 정부 부처는 고용노동부이다. 산업안전보건법에 따라 업무를 담당하고 있고 통상적으로 인적 안전을 담당하고 있다. 작업자 안전을 위하여 설치하는 안전시설물도 고용노동부에서 담당하는 영역이다.

반면에 현장 밖에 있는 사람, 즉 제 3자인 보행자, 통행인, 인근 거주자들의 안전을 담당하고 있는 정부 부처는 국토교통부이다. 「건설기술진흥법」에 따라 업무를 담당하고 있고 통상적으로 제 3자에 대한 안전을 담당하고 있다.

구조물 측면에서 살펴보면 현장 내에서 시공하거나 해체하고자 하는 구조물에 대한 안전은 국토교통부가 담당하고 있다. 신축하고자 하는 구조물이 붕괴되면 이는 국토교통부가 업무를 담당하게 되며 「건설기술진흥법」에 따라서 안전 영역을 담당하고 있다.

현장 외부에 있는 인접 구조물(지상, 지하, 인근)의 안전도 국토교통부가 업무를 담당하고 있으며 「건설기술진흥법」에 따라서 안전 영역을 담당하고 있다.

그런데 문제는 비계, 동바리, 흙막이 등과 같은 가설구조물이다. 가설구조물에 대해서는 국토교통부와 고용노동부가 함께 안전 영역을 담당하고 있다. 그러다 보니 점검을 받는 현장 입장에서는 도무지 어떻게 구분되고 영역이 확보되는지에 대해서 알 수가 없는 실정이다.

가설구조물을 분류하면 크게 경가설재, 중가설재, 안전시설물 등으로 분류할 수 있다. 중가설은 주로 흙막이 공사가 해당된다.

표 1.3 가설구조물 종류와 분류

<table>
<tr><th>구분</th><th>내용</th></tr>
<tr><td>경가설</td><td>▶ 경가설
<table>
<tr><th>구분</th><th>종류</th><th>구분</th><th>종류</th></tr>
<tr><td rowspan="3">동바리</td><td>파이프서포트</td><td rowspan="2">작업발판</td><td>안전발판</td></tr>
<tr><td>시스템 동바리</td><td>통로용 작업발판</td></tr>
<tr><td>잭 서포트</td><td rowspan="3">거푸집</td><td>유로폼/알폼</td></tr>
<tr><td rowspan="2">비계</td><td>강관비계</td><td>갱폼/클라이밍 폼/테이블 폼</td></tr>
<tr><td>시스템 비계</td><td>슬라이딩 폼/터널폼</td></tr>
</table></td></tr>
<tr><td>중가설</td><td>▶ 중가설
<table>
<tr><th>구분</th><th>종류</th><th>구분</th><th>종류</th></tr>
<tr><td rowspan="4">흙막이</td><td>일반구조용 압연강재</td><td rowspan="4">복공판</td><td rowspan="4">복공판</td></tr>
<tr><td>용접 구조용 압연강재</td></tr>
<tr><td>일반구조용 용접 경량 H형강</td></tr>
<tr><td>열간 압연강 널말뚝</td></tr>
</table></td></tr>
<tr><td>안전시설물</td><td>▶ 안전시설물
- 안전난간, 안전방망, 방호선반, 낙하물방지망 등</td></tr>
</table>

가설구조물에 대한 영역과 범위를 정리하면 아래 표와 같다.

표 1.4 가설구조물의 영역과 범위

구분		국토교통부(작업자 안전 外)	고용노동부(작업자 안전)
대상범위		• 가설구조부재	• 가설구조부재+안전시설물(난간, 방망 등)
담당영역	구조	• 가설구조물 구조 안전성 확인 • 설계기준(국가건설기준 KDS)	-
	재료	• 가설기자재 품질시험(KS)	• 가설기자재 안전인증(KCS)
	시공	• 시공기준(국가건설기준 KCS)	• 안전보건기준(재료, 설치, 안전 시설물 등)
관련법령		• 건설기술진흥법	• 산업안전보건법
		• 건설공사 품질관리업무지침 • 국가산업표준(KS)	• 방호장치 의무안전인증고시 • 방호장치 자율안전기준고시
		• 국가건설기준(설계기준, 시방서)	• 산업안전보건기준에 관한 규칙
		• 건설공사 감독자 및 공사관리관 업무 지침 • 책임감리 현장참여자 업무지침서	• 근로감독관 : 특별사법경찰관

CHAPTER 2

가설구조물 시장현황과 메커니즘

1 가설구조물 공사의 부실을 일으키는 요인

가설구조물 공사를 수행하는 가설시장의 현황을 정확하게 이해하고 있어야 점검자 입장에서는 무엇을 점검할지를 알 수 있을 것이다.

시스템 비계를 비롯하여 모든 가설구조물 공사를 수행하는 데에는 가설기자재를 직접 제조·생산하는 제조사와 이를 시공사에 임대료를 받고서 대여하는 임대사가 있다. 그리고 임대받은 가설기자재를 조립·설치 및 해체하는 시공팀과 구조 안전성 검토업무를 수행하는 구조검토 사무소 등 여러 주체들이 직간접적으로 관여를 하고 있다.

가설구조물 공사의 부실을 일으키는 요인을 분석하여 보면 크게 ① 설계적인 측면, ② 구조적인 측면, ③ 재료적인 측면, ④ 시공적인 측면으로 구분할 수 있다.

설계를 제외하고 일반적으로 시공과정에서 발생하는 부실의 요인을 살펴보면 다음 그림과 같다.

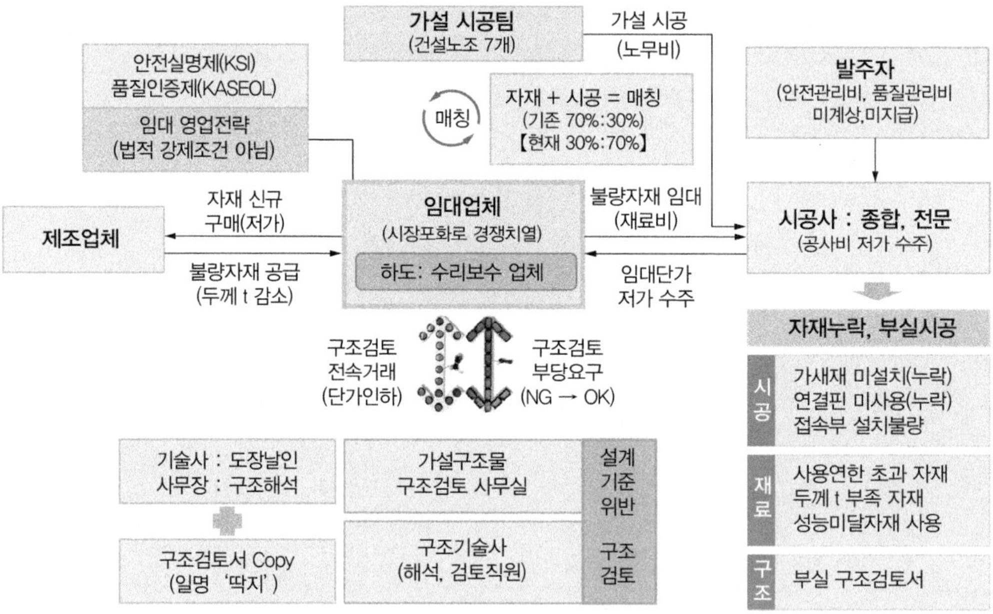

그림 2.1 가설구조물사고가 발생하는 원인 분석

2 설계적인 측면 요인 분석

설계단계에서 설계도면(평면도, 단면도, 작업발판 배치도 및 조립해체 순서도 등), 구조계산서 등을 작성하여야 사고를 근본적으로 방지할 수 있다. 그러나 설계단계에서 흙막이 등에 대해서는 설계도면 작성이나 구조계산이 이루어졌지만, 비계 설치나 동바리 등에 대해서는 설계도면이나 구조계산 등을 작성하지 않는 것이 일반적이었다.

가설구조물 사고를 방지하기 위하여 2020년부터 가설구조물 관련 설계기준과 시방서 등의 국가건설기준이 일부 개정되면서 설계도면과 구조계산서 등을 작성하도록 하였다.

설계도면이나 구조계산서, 수량 산출서 등이 없다 보니 시공단계에서 시공사들은 공사비를 줄이기 위해서 대각재나 연결핀 등과 같은 자재 누락이 이루어질 수밖에 없었으며 또한 설계내역에서는 신품 단가를 반영해서 주고 있지만 구체적인 내용이 없다 보니 시공과정에서 성능이나 품질이 불량한 재사용 자재, 일명 고재 등이 사용될 수밖에는 없다.

따라서 점검자 입장에서는 설계단계에서 설계도면(평면도, 단면도, 작업발판 배치도 및 조립해체 순서도 등), 구조계산서, 수량산출서 등을 확인하고 이에 따라 적절한 시공이 되었는지를 확인하는 것이 필수적이다.

3 구조적인 측면 요인 분석

구조적인 측면에서 시스템 비계나 동바리, 흙막이 등 가설기자재를 설치하는 경우에는 건설기술진흥법 시행령 제101조의2(가설구조물의 구조적 안전성 확인)에 따라 가설구조물에 대한 안전성 확인을 관계 전문가인 기술사에게 받도록 하고 있다.

시공하는 과정에서 가설구조물에 대해서는 대부분 구조검토를 수행하고 있는데, 일부 종합이나 전문 건설회사들은 가설기자재를 대여하는 임대사들에게 이를 수행해 오도록 하는 경우도 있다. 또한 일부 건설회사들은 여기에 소요되는 검토 비용을 별도로 지급하지 않고 자재비용 속에 포함되어 있다고 하면서 구조검토서와 시공상세도 등을 요구하기도 하다.

따라서 임대사들은 최대한 저렴한 비용으로 구조검토서와 시공상세도를 만들어야 하기 때문에 특정 구조검토 사무소와 업무협약을 맺어 지속적인 업무를 수행하고 있다. 구조검토 사무소 입장에서는 비록 건당 구조검토 비용이 저렴하지만 일감이 꾸준해서 좋고, 임대사들은 저렴한 비용에 구조검토서를 그때그때 빠른 시간 내에 받아 볼 수 있으니 좋으므로 이러한 관계를 깨지 않고 지속하고 싶어 한다.

그런데 문제는 여기에서 발생한다. 일부 구조검토 사무실의 경우에는 구조기술사가 직접 업무를 수행하지 않고 단지 명의만 빌려준다는 데 있다. 일명 사무장 병원과 유사한 사무장 구조기술사 사무소가 운영되고 있다는 점이 문제이다.

기술사 자격이 없는 사무장은 통상적으로 회사의 공동대표로 명함을 가지고 있기도 하고 조직도상에서 직원으로 있으면서 그들의 존재를 드러내고 있지는 않지만 모든 업무는 그들이 수행하고 있다. 구조해석과 검토업무를 기술사가 직접 수행하는 것이 아니라 사무장들이 직접 업무를 수행하고 그들은 회사에 맡겨진 기술사 도장을 마음대로 날인하는 시스템이다.

당연히 이러한 기술사 사무소들은 영업이 주된 목적이기에 임대사들이 요구한 무리한 조건을 문제가 없도록 구조검토서를 만들어 주기도 한다. 예를 들면 대각재와 같은 자재 누락을 요구하는 임대사들의 조건처럼 구조검토를 실시하게 되면 당연히 NG가 나오게 된다. 그러나 지속적인 거래 관계가 있는 임대사들의 입장에서는 원가 보전을 위하여 자재 누락을 요구하기에 일부 개소만 대각재를 설치하는 최소한의 조건으로 구조검토를 수행하게 된다.

심지어는 시공사나 건설사업관리단에서는 구조해석에 대한 입력 데이터의 확인이 불가능하다는 점을 이용하여 구조해석 모델링 하는 과정에서 절점 조건을 조작하는 경우도 있다. 이에 일부 대형 건설사 중에서 기술연구소를 가지고 있는 회사들은 임대사들이 제출한 구조검토서를 다시 기술연구소나 본사에서 검토해보면 대부분 NG 조건으로 나오게 되어 재설계나 추가 보강을 요구하는 경우도 많은 실정이다.

따라서 점검자 입장에서는 구조검토서를 날인한 기술사가 직업 수행했는지를 반드시 확인해 볼 필요가 있다. 또한 구조해석에 대한 입력데이터를 요구하여 절점 조건을 조작하였는지 확인해 볼 필요가 있다.

4 재료적인 측면 요인 분석

재료적인 측면에서 시스템 비계나 동바리 등 가설기자재를 대여하는 임대업계는 사실 과열경쟁[1]이 치열하다. 과열경쟁이 치열하기에 임대사들은 시장 경쟁 원리에 따라 아무래도 저가 수주를 할 수밖에 없는 상황에 내몰리게 된다.

임대사들은 저가로 수주를 하였기에 가설기자재의 성능이 우수한 신품을 공급하기보다는 품질이 불량한 재사용 자재를 시공사에 납품하게 된다. 일반적으로 가설기자재는 철강사에서 공급된 철강재를 원재료로 만들기 때문에 성능에 미치는 영향은 강종과 두께, 단면규격 등이 성능이 영향을 미치게 된다. 단면두께가 감소됨에 따라 제조단가나 구입 단가가 저렴해지는 것은 당연하다.

따라서 임대사들은 시공사들에게 자재의 두께가 현저히 부족[2]하거나 안전인증 기준이나 국가표준인 KS에서 요구하는 성능과 품질기준을 만족하지 못한 제품 등을 건설현장에 납품하게 된다. 자재의 두께가 부족하면 건설현장의 작업자들은 무게가 가벼워 작업이 용이하기 때문에 건설현장의 관리감독이 소홀하면 일부러 임대사들에게 그러한 자재를 반입하도록 요구하기도 한다. 또한 임대사들은 저가로 수주하였기에 사용연한이 오래된 자재, 심지어는 20여 년이 훨씬 지난 자재 등을 공급하기도 한다.

물론 국토교통부 품질관리업무지침에 따라 가설기자재의 경우에는 건설현장에 반입 시에는 품질시험을 실시하도록 규정하고 있다. 그러나 품질시험을 위해 자재를 샘플링 하는 과정에서 일부 시공사와 건설사업관리기술인들은 성능이 떨어지는 불량자재보다는 우수한 성능이 나올 수 있는 자재를 시험용으로 가져오라고 요구하기도 한다는 이야기도 있다[3]. 당연히 품질시험용으로 만들어진 자재를 가지고서 품질시험을 하기에 품질성적서는 기준 이상으로 나오는 것은

1) 건설시장 수요는 비슷함에도 불구하고 임대사들은 최근 계속해서 증가하고 있다.

2) 가설기자재 임대사들은 두께가 부족한 이유를 허용오차(공차) 때문이라고 이야기하고 있지만, 제작하는 단계에서 의무적으로 취득해야 하는 안전인증의 규격을 확인해 볼 필요가 있다. 안전인증에서는 통상적으로 허용오차는 인정하고 있지 않다.

3) 시험 결과 불합격이 되면 당초 계획했던 공사기간이 지연되고 품질시험 비용이 추가로 소요되므로, 일부 건설현장에서는 품질시험을 위한 시험용 재료를 요구하고 이에 따라 일부 임대사들은 시험용 자재를 별로로 제조사에서 구매하여 이러한 제품을 품질시험용으로 시공사에 상습적으로 제출하기도 한다는 이야기도 항간에는 떠돌고 있다.

당연하다. 따라서 점검자들은 점검과정에서 불량한 가설기자재에 대해서는 직접 샘플링을 실시하여 품질시험을 의뢰하여 재료의 성능을 확인하는 것도 하나의 방법이다.

시공사들은 본인들이 수행하여야 할 시공상세도 작성 등의 업무를 가설기자재를 납품하는 임대사들에게 요구하는 것이 일반적이다. 이에 따라 임대사들은 저가수주에 따른 원가 보전을 위하여 대각재나 연결핀을 누락한 상태에서 견적을 하거나 상세도에서 제외시켜 버리는 경우가 많다. 누락된 자재 수만큼 임대사들은 비용적인 측면에서 보전이 되니 이익이고, 시공팀들은 조립·해체에 투입되는 시간이 단축되어 이에 따라 인건비가 절감되기에 상호 이익이 된다.

따라서 점검자들은 부재를 연결하는 연결핀이나 대각재 등의 누락 여부를 확인할 필요가 있다. 또한 버어니어 캘리퍼스나 두께를 측정할 수 있는 마이크로미터를 구매하여 가설기자재에 대한 단면두께 등을 측정하여 기준과 일치하는지의 여부를 확인할 필요가 있다.

5 시공적인 측면 요인 분석

시공적인 측면에서는 설계도면과 같이 시스템 비계나 동바리 등을 정확하게 설치하였는지가 중요하다.

실제 가설구조물을 시공하는 과정은 가설기자재를 대여하는 임대사들과 시공팀 등이 통상적으로 매칭되어 작업하게 된다. 왜냐하면 전문이든 종합이든 시공사 입장에서는 가설공사에 대하여 어느 하나의 주체가 이러한 과정 모두를 수행해주면 업무가 훨씬 편하고 좋기 때문이다.

서류상으로는 별도로 계약되어 있지만 실제로는 대부분이 일괄(턴키) 방식으로 가설공사가 진행되고 있다. 과거에는 임대사들이 갑의 입장에서 을인 시공팀들을 불러들여서 가설공사를 진행하면서 일부 이익을 편취하기도 했지만 최근에는 상황이 역전됐다. 바로 시공팀들이 노조에 가입하면서부터 시공팀들이 임대사들에게 일감을 주는 경우도 비일비재하다.

시공팀 입장에서는 최대한 빠른 시간 내에 설치나 조립이 되어야 하기에 시스템 비계나 동바리 등의 연결부나 접속부 설치에 아무래도 소홀할 수밖에 없다. 연결부를 긴밀하게 설치하기 위해서는 망치 등을 활용하여 단단하게 결속하여야 하지만 해체의 용이성과 시간 단축을 위해서 접속부에 부재 등을 꽂아 넣어 놓기만 하여 시스템 비계 등이 흔들흔들하는 경우가 많다. 시스템 비계나 동바리 설치팀들의 인력수급에 대한 문제가 있어 확실한 접속부 작업 등을 요구하면 설치팀들의 반발로 인하여 그 현장에서는 공사 기간이 미루어지기도 한다는 문제를 안고 있다. 그러기에 현장에서는 아무래도 관리감독이 철저히 이루어지지 못하는 경우도 있다.

따라서 점검자들은 도면대로 설치되었는지 그리고 연결핀과 같은 자재는 누락되어 있는지의 여부와 접속부의 확실한 긴결 여부를 집중적으로 점검할 필요가 있다.

지금까지는 가설구조물 공사를 위한 시장현황과 이에 따른 부실공사와의 연계성을 개략적으로 살펴보았다. 이러한 시장현황을 이해하고 점검에 임한다면 가설구조물 공사의 부실공사 방지가 이루어질 것으로 보인다.

CHAPTER

3 비계의 설치 목적과 종류

1 비계를 설치하는 목적과 이유

비계(飛階, scaffolding or scaffold, staging)[4]는 높은 곳의 작업을 위해 임시로 설치된 작업 발판이나 작업통로 그리고 그것을 지지하는 구조물의 총칭이다. 건설현장에서 작업장소가 높아서 작업자가 손이 닿지 않는 높은 곳을 작업할 수 있도록 공사용 통로나 작업용 발판 설치를 위하여 구조물의 주위에 조립, 설치되는 가설구조물을 말한다. 건설현장에서 간혹 쓰이는 '족장'(足場, 아시바)은 일본말에서 유래되었다.

비계의 종류에는 대나무 비계, 통나무 비계, 강관비계, 시스템 비계가 있다. 대나무 비계는 홍콩, 중국 등에서 사용되고, 통나무 비계는 침엽수로 만든 통나무를 철선으로 서로 엮어 만든 것으로서 1980년대 중반까지도 우리나라에서도 많이 쓰였다. 강관비계는 표면에 알루미늄 도금 처리된 강관으로 만든 비계로 최근에도 많이 쓰이고 있다. 조임쇠 등 연결철물을 써서 자유자재로 조립할 수 있어 많이 쓰인다. 시스템 비계는 임의로 설치할 수 있는 강관비계와 달리, 구조계산을 통하여 규격화되어 조립할 수 있도록 제작된 비계로 상대적으로 안전성이 높은 특징을 가지고 있다.

비계와 같은 가설구조물을 점검하는 점검자가 꼭 알아두어야 할 사항은 비계를 설치하는 최종적인 목적은 작업자의 안전한 통행과 작업을 위해서 작업발판이나 작업통로를 설치하기 위한 것이라는 점이다. 그리고 나머지 부재들은 작업발판 등이 무너지지 않도록 지지하는 지지구조 역할을 수행한다는 점을 꼭 명심해야 한다.

다음 그림은 비계를 왜 설치했는지 그 이유를 알 수 없는 현장의 그림이다. 비계를 설치하는 근본 목적은 작업자가 고소에서 작업이 가능하도록 작업발판이나 작업통로를 설치하기 위함이다. 작업발판을 지지하기 위해 상부의 하중을 하부에서 지지하거나 또는 하부의 하중을 상부에서 지지하는 수직재와 수평재, 가새재 등의 지지구조물이 필요하다. 비계를 점검할 때 제일 먼저 확인하여야 하는 사항은 작업발판이 전면에 걸쳐서 설치되어 있는지의 여부와 작업발판이 뒤집히거나 탈락될 위험은 없는지를 점검하는 것이다.

---

4) 비계(飛階)는 작업을 하기 위해 설치하는 발판을 말한다. 중국어는 脚手架(jiǎoshǒujià, 찌아오소우지아), 영어로는 Scaffold, 일본어로는 足場(あしば, 아시바)이라고 한다. 위키백과에 따르면 비계(飛階, 영어: scaffolding, scaffold, staging)는 건설, 건축 등 산업현장에서 쓰이는 가설 발판이나 시설물 유지 관리를 위해 사람이나 장비, 자재 등을 올려 작업할 수 있도록 임시로 설치한 가시설물 등을 뜻한다. 참고로, 건설현장에서 간혹 쓰이는 '족장'(일본어: 足場 아시바[*])은 일본말에서 유래되었다.

그림 3.1 비계의 종류(대나무, 통나무, 강관, 시스템 비계 등)

그림 3.2 작업발판이 미설치된 불량 비계 설치 사례

2 비계의 종류와 유형

비계의 종류는 재료, 기능, 사용 목적에 따라 다양하고 국가마다 다소 차이가 있으나 일반적으로 다음과 같다.

1) 강관비계
2) 시스템 비계
3) 강관틀비계
4) 이동식비계
5) 말비계
6) 달비계
7) 달대비계
8) 작업발판 일체형 비계
9) 통나무비계 등으로 분류하고 있으며, 국내에서는 통나무 비계를 거의 사용하고 있지 않다

전 세계적으로 사용되는 비계의 4가지 주요 유형은 다음과 같다.

1) 강관(Tube) 및 클램프(Coupler : fitting) 비계
2) 조립식 모듈형 시스템 비계 : Prefabricated modular system
3) H-프레임/외관 모듈형 시스템 비계 : H-frame/Facade modular system
4) 목재비계 및 대나무 비계(중국, 인도) : Timber scaffolds and Bamboo

3 비계의 일반적인 특징

시스템 비계와 강관비계 등이 가지고 있는 일반적인 특징은 다음과 같다.

1) 연결재가 적은 구조로 불안전하기 쉽다.
2) 부재의 결합이 간략화되어 있고 불안전한 결합이 많다.
3) 구조물이라는 통상의 개념이 확고하지 않으며, 부재의 결합이 쉽고 용이하나 정밀도가 낮다.
4) 부재는 과소단면이거나 결함 있는 재료를 사용하기 쉽다.

그림 3.3 강관 및 클램프 비계 형식

5) 임시로 설치하는 가시설물로 작업의 편의를 위해 부재를 설치하지 않거나, 임의로 해체하기 쉽다.
6) 작업의 편의를 위해 작업발판에 마감자재를 과적하기 쉬워 무너짐 위험이 있다.
7) 불안정한 구조로 작업할 경우 무너짐 사고의 원인이 될 수 있다.
8) 작업발판, 안전난간대 등 안전시설 미설치 시 떨어질 위험성이 높다.
9) 마감 작업 등 타 작업과 간섭으로 벽 이음재를 임의 해체하여 무너짐 등 사고의 원인이 될 수 있다.
10) 작업발판 설치 이후 작업발판 위에서 안전난간대 설치 시 떨어질 위험이 있다.

비계는 고소작업이 있는 건설현장에서 반드시 필요하다. 일반적으로 건설현장에서는 비계를 가설공사라는 이유로 설계도서나 안전기준에 의하여 작업하기보다는 설치 작업자가 현장에서 공사에 맞게 임의로 설치하고 있다. 또한 작업의 편의를 위해 주요부재를 누락하거나 안전난간과 같은 안전시설을 생략하여 떨어짐과 무너짐 등의 재해가 지속적으로 발생하고 있는 실정이다.

따라서 비계작업은 안전사고 감소와 공사의 성패를 결정하는 가장 중요한 작업이므로 설계단계에서부터 철저하게 관리될 필요가 있다. 설계단계에서는 구조적으로나 작업자 안전 측면에서 안전한 비계공법을 선정한 후에 설계도서를 작성하여야 한다.

시공단계에서는 현장 여건을 고려하여 시공계획서를 작성하고 작업 전 안전교육을 실시하여야 한다. 또한 작업 중에는 설계도서와 시공계획서에 따라 안전하게 작업될 수 있도록 관리감독을 철저히 하여야 한다.

4 비계공사의 안전 3요소

비계공법을 선정할 때에는 시공성, 경제성, 안전성을 모두 고려하여야 한다. 비계작업 안전의 3요소는 다음과 같다.

1) 안전성 확보

- 무너짐에 대한 안전성 : 구조검토, 침하방지 조치, 가새, 벽이음 철물 설치 등 구조안전성 확보
- 흔들림에 의한 안전성 : 가새, 벽 이음 철물 등 보강
- 떨어짐에 의한 안전성 : 작업발판, 안전난간대, 가설계단, 추락방호망 설치 및 안전대 착용 등
- 자재의 낙하에 대한 안전성 : 발끝막이판, 수직보호망, 낙하물방지망 등 낙하 방지시설 설치 및 출입금지 조치 등

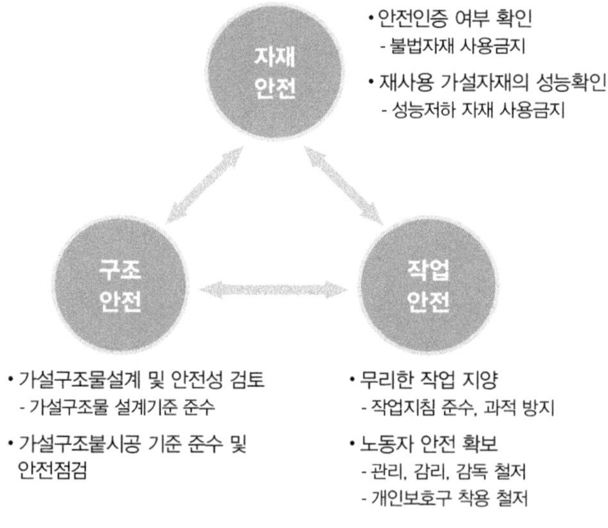

그림 3.4 가설구조물의 안전성 확보 3요소

2) 시공성(작업성) 확보

- 구조안전성이 확보된 범위 내에서 경량화된 구조

- 작업대의 넓이, 작업 및 통행을 방해하지 않는 구조
- 무리한 자세가 되지 않도록 적정 장소에 작업대 설치

3) 경제성 확보

- 가설 및 철거의 신속과 용이
- 현장 가공의 불필요
- 내용 연수가 높은 재료 사용, 다양한 현장 조건에 적용 가능

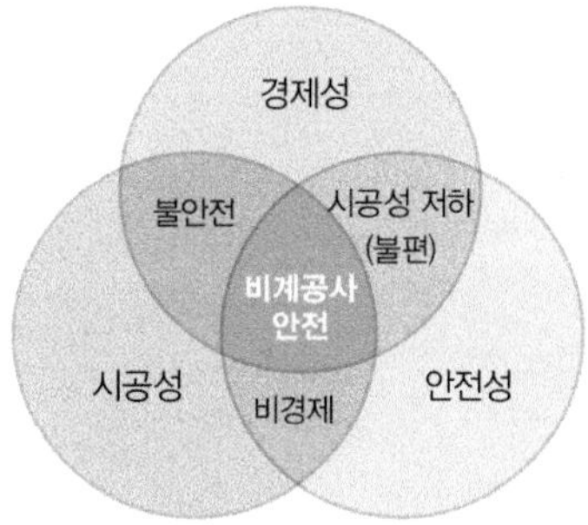

그림 3.5 비계공사의 안전 3요소

5 시스템 비계와 강관비계의 안전성과 공사비

5.1 시스템 비계와 강관비계의 안전성

국내에서 사용되고 있는 비계는 일반적으로 강관비계와 시스템 비계가 주로 사용되고 있다. 강관비계는 시스템 비계에 비하여 설치 및 해체에 걸리는 시간이 짧고 공사비가 저렴하여 주로 소규모 건설현장에서 사용되고 있다. 이에 따른 사고도 강관비계에서 주로 많이 발생하고 있다.

층고 11 m에서의 시스템 비계와 강관비계의 경제성 및 안정성을 분석한 결과는 다음과 같다.[5)]

표 3.1 강관비계의 안전성 검토

식	하중조합	결과
Pu / Pn	축력	0.358 < 1.000 - O.K
Muy / Mny	모멘트	0.297 < 1.000 - O.K
Muy / Mnz	모멘트	0.012 < 1.000 - O.K
Rmax	조합력(축력+모멘트)	0.467 < 1.000 - O.K

5) 출처 : 한국건설관리학회, 조봉석 등 6인(2019), 소규모 건설현장에서의 강관비계와 시스템 비계의 경제성 및 안전성 비교 분석

구조검토 결과 축력과 모멘트 x, z축, 조합력에 관하여 강관비계와 시스템 비계를 비교해 결과는 다음 표와 같다.

표 3.2 시스템 비계의 안전성검토

식	하중조합	결과
Pu / Pn	축력	0.424 < 1.000 - O.K
Muy / Mny	모멘트	0.453 < 1.000 - O.K
Muy / Mnz	모멘트	0.048 < 1.000 - O.K
Rmax	조합력(축력+모멘트)	0.004 < 1.000 - O.K

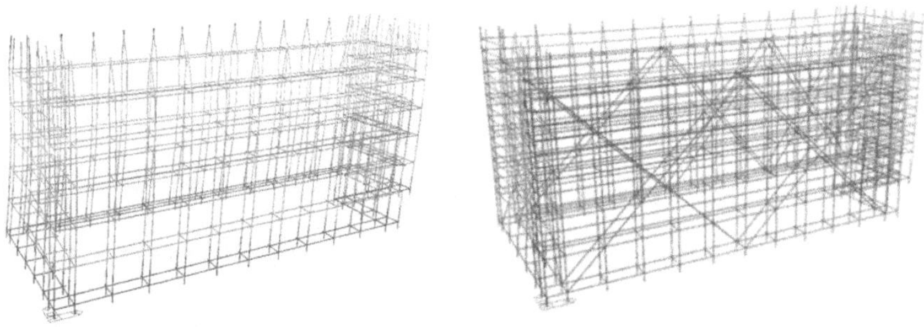

그림 3.6 강관비계와 시스템 비계의 변위결과

부재 수가 많은 시스템 비계는 강관비계보다 축력과 모멘트 면에서 상대적으로 안정성이 떨어지는 것으로 나타났다.

하지만 축력과 모멘트값을 고려한 조합력은 시스템 비계가 강관비계보다 더 안전한 것으로 나타났다.[6)]

6) 설계기준에 의거하여 설계된 강관비계와 시스템 비계의 모델링을 분석한 결과이다. 수직하중과 풍하중 그리고 수평하중을 고려하여 분석하였다. 지표면 조도는 KBC 0305.5.2를 참고하였으며 기본풍속은 KBC 0305.5.3을 참고하였고 중요도 계수는 가설공사 표준시방서를 참고하였다. 수직하중에서 고정하중은 비계 및 작업발판의 하중을 고려하였으며 작업하중은 돌 붙임 공사 등과 같이 자재가 무거운 작업이라고 가정하였다. 풍하중은 서울특별시의 지표면 조도 B인 지역을 택하였으며 기본풍속은 30 m/s이며 중요도 계수는 0.63으로 가정하였다. 수평하중은 수직하중의 5% 이상과 풍하중의 5% 이상 중 큰 값인 수직하중의 5%를 사용하였다.

5.2 시스템 비계와 강관비계의 공사비

물량산출 및 가격을 비교한 결과는 다음과 같다.[7)]

표 3.3 강관비계의 물량산출 및 가격 (단위 : 원)

품명	규격	단위	수량	가격
강관비계	48.6×2.3 mm L=2 m	M	124	378,200
강관비계	48.6×2.3 mm L=4 m	M	40	120,000
강관비계	48.6×2.3 mm L=6 m	M	211	597,763
크램프	48 mm, 고정	EA	2,137	2,884,950
크램프	48 mm, 자동	EA	61	82,350
연결핀	Ø48×2.3 T	EA	305	237,900
받침철물		EA	74	182,780
브라켓		EA	71	1,207,000
낙하물방지망	3 m×50 m	M2	849	1,366,890
비계공	설치, 운반 조작, 해체			7,323,069
합계				14,380,902

표 3.4 시스템 비계의 물량산출 및 가격 (단위 : 원)

품명	규격	단위	수량	가격
수평재	48.6×2.3 mm L=6 m	M	211	597,763
수직재	48.6×2.3 mm L=6 m	M	124	378,200
가새,난간	48.6×2.3 mm L=6 m	M	40	120,000
크램프	48 mm, 고정	EA	2,137	2,884,950
크램프	48 mm, 자동	EA	61	82,350
연결핀	Ø48×2.3T	EA	305	237,900
받침철물		EA	74	182,780
브라켓		EA	71	1,207,000
낙하물방지망	3 m×50 m	M2	849	1,366,890
안전발판	500×1829	EA	35	875,000
비계공	설치, 운반 조작, 헤체			6,383,178
합계				14,316,011

7) 물량산출에 관한 부분은 강관비계 설치 및 사용안전 지침, 가설공사 표준안전 작업지침, 산업안전보건기준에 관한 규칙 기준에서 가설기자재와 설치기준을 참고하였다. 강관비계에 사용된 재원은 L=2, 4,6 m 길이의 강관비계와 자동, 고정 크램프 그리고 연결핀, 받침철물, 브라켓, 낙하물방지망, 비계공을 기준으로 산출되었고, 시스템 비계에 사용된 재원은 수평재, 수직재, 가새, 난간 및 자동, 고정 크램프 그리고 연결핀, 받침철물, 브라켓, 낙하물방지망, 비계공을 기준으로 산출되었다.

강관비계와 시스템 비계의 비용을 비교 및 분석한 결과는 다음 표와 같다. 즉, 시스템 비계 기준 재료비는 29% 증가하였고 노무비는 15% 감소하였으며 총공사비는 9% 증가했다. 시스템 비계와 강관비계를 비교 분석해 본 결과, 재료비 측면에서는 강관비계, 노무비 측면에서는 시스템 비계가 더 저렴한 것으로 나타났다. 총공사비는 강관비계가 저렴한 것으로 나타났다.

표 3.5 강관비계와 시스템 비계의 총 산출내역 (단위 : 원)

비용	강관비계	시스템 비계
재료비	7,057,833	9,944,833
노무비	7,323,069	6,383,178
경비	724,379	813,464
일반관리비	1,021,726	1,137,235
이윤	164,858	1,521,573
부가가치세	1,969,909	2,161,272
총공사비	18,261,774	21,961,555

그런데 여기에서 고려하지 못한 사항이 있다. 그동안 강관비계에 대한 공사비를 산출할 때에는 안전발판 비용을 고려하지 않았다는 점이다. 안전발판 비용을 설계 내역에서 산정하지 않았기에 시공사에서는 안전발판을 설치하지 아니하고 작업하다가 사고가 많이 발생되었던 이유이기도 하다. 그러하기에 현장에서는 작업발판 한 장이나 두 장을 설치하여 수시로 이동하면서 작업을 하게 될 수밖에 없는 상황이 발생하게 된다.

설계단계에서 작업발판 비용이 반영이 안 되었기에 비계를 설치하는 근본적인 목적인 작업발판과 작업통로를 설치하지 않았고 이러한 작업상황에 의하여 사고가 발생할 수밖에 없는 구조였다. 사실 안전발판 비용을 포함하여 계산한다면 강관비계와 시스템 비계 공사비는 크게 차이가 나지 않게 된다.

5.3 안전을 확보하기 위한 시스템 비계 클린사업

고용노동부와 한국산업안전보건공단에서는 건설현장의 추락방지용 안전시설(시스템 비계, 안전방망, 사다리형 작업발판)에 소요되는 임차 및 구입 비용의 일부를 보조함으로써 소규모 건설현장의 자율안전 활동을 촉진[8]하고 있다. 지원대상은 산업재해보상보험에 가입한 공사금액 50억 원 미만 건설현장의 사업주와 철근콘크리트 공사업과 비계·구조물 해체공사업 2개 면허 모두 등록된 전문건설업체이다.

클린사업은 2020년부터 공사금액 50억 원 미만 소규모 현장에 한하며 시스템 비계 설치면적 m^2(헤배 수)로 안전보건공단에서 정해진 보조금 조건표 정액제로 지원받을 수 있다. 즉 설치면적이 적으면 지원금액이 적고 설치면적이 넓으면 지원금액이 크다고 생각하면 될 것 같다. 단, 안전방망은 기존과 동일하다(기존단가에 공사금액 3억 원 미만 65%, 3억~20억 원 미만 60%, 50억 원 미만 50%까지 지원).[9]

표 3.6 클린사업 주요 내용

구분		내용
보조대상 설비	시스템 비계	• 수직, 수평재, 가새재, 안전난간, 작업발판 및 부속품 등 일체
	안전방망	• 플라잉넷, 수직보호망, 추락방지망 ※ 플라잉넷 및 수직보호망은 시스템 비계 설치 현장에 한하여 지원 가능
지원기준	시스템 비계임대·설치·해체, 안전방망설치 구입	• 3억 원 미만 65% • 3억~10억 원 미만 60% • 10억 원 이상 50%까지 지원(최대 2,000만 원)
	비계 설치면적별 임대기간 상한제 실시	• 최장 130일까지 지원
	기술지도 미계약 현장(1억 원 이상) 지원제한	-
제도변경 ('19.7.15)	지원대상[건설현장 공사금액 기준]	• (변경 전) 20억 원 미만 → (변경 후) 50억 원 미만
	지원횟수 제한[동일 사업주]	• (변경 전) 연 2회 → (변경 후) 연 3회

8) 클린사업장 조성지원 사업은 기술재정적 능력이 취약해 재해발생 가능성이 높은 50명 미만 소규모 사업장과 공사 금액 50억 원 미만의 소규모 건설현장 및 산업단지를 대상으로 유해 위험요인개선을 위한 자금지원 사업이다. 대상 사업장들의 설비투자 지원을 통해 "안전하고 건강한 일터"로 조성하여 산업재해를 예방하는 정부지원 국고보조 사업이다. 클린사업장 조성지원 사업 중 사망사고 예방품목 또는 고용노동부의 감독, 공단의 기술지원 결과 개선이 시급한 위험요인을 개선할 경우에 해당하는 사망사고 등 고위험 개선, 추락방지용 안전시설, 강관비계를 시스템 비계로 대체 설치하는 경우인 추락방지 안전시설(건설업)이 해당된다.

9) 안전방망 기존단가 : 플라잉넷 8,730원, 수직보호망 4,870원, 추락방지망 6,330원

보조대상 설비예시	시스템 비계	
	플라잉넷	
	수직보호망	
	추락방지망	
추진절차		• 보조지원금 신청(사업주) • 투자계획 확인(공단) • 보조금 결정(공단) • 시설임대 및 설치(사업주) • 설치 확인, 해체 확인(공단) • 보조금 지급(공단)

CHAPTER 4

시스템 비계 안전 및 품질점검 실무

1 시스템 비계의 개념

시스템 비계란 수직재, 수평재, 가새재 등 각각의 부재를 공장에서 제작하고 현장에서 조립하여 사용하는 조립형 비계로서 고소작업에서 작업자가 작업장소에 접근하여 작업할 수 있도록 설치하는 작업대를 지지하는 가설구조물이다.[1]

조립식 비계의 일종인 시스템 비계는 임의로 설치할 수 있는 강관비계와 달리 사전에 구조계산을 통하여 규격화되어 편리하게 조립할 수 있도록 제작된 비계이다.

최근에는 공공기관의 경우에는 시스템 비계 사용을 의무화하였고 민간공사의 경우에는 사용을 적극 권장하고 있다.

그림 4.1 시스템 비계[2]

시스템 비계는 가설재가 규격화되어 있어 변위에 대한 안전성이 확보되어 발판 폭과 통로배치가 정해져 있으므로 작업성이 뛰어난다는 특징을 가지고 있다.

시스템 비계는 강관비계에 비해 좌굴에 대한 저항성이 크고 조립과 해체가 신속·용이하며 안전성·경제성 및 작업성이 매우 우수하다.

1) KCS 21 60 05 : 2019 비계공사 일반사항 1.3 용어의 정의
2) 출처 : http://www.dksglobal.com 홈페이지

2 시스템 비계의 특징

2.1 시스템 비계의 일반적인 특징

비계작업의 안전을 위해서는 작업발판, 가설계단, 벽 이음, 가새(Bracing), 안전난간 선행 설치, 안전대 착용 등 안전기준에 따라 작업을 하여야 한다.

선진국 수준의 비계작업을 위해서는 시스템 비계 등과 같은 안전한 비계가 널리 보급 및 적용되어야 할 것이다.

시스템 비계의 일반적인 특징을 요약하면 아래와 같다.

1) 구조적 안정성

- 조립식 구성으로 견고하여 비틀림이나 이탈이 없음
- 부재의 역할이 다양하여 강력한 고정 및 안전부재 역할을 겸함
- 설치, 해체 작업의 안정성 확보
- 고층 설치 및 높은 하중에도 비계의 구조적 이상이 없음
- 고층 설치 시 구조적으로 유리

2) 다양한 치수의 부자재

- 직선, 곡선 등 다양한 설치가 용이
- 넓은 작업 공간 확보 가능
- 현장 사용 여건에 따라 설치 폭 조절 가능
- 부재의 종류가 간단하며 그에 따른 치수도 다양
- 어떠한 형태의 구조물에도 시공이 가능

3) 기타

- 조립식 구성으로 빠른 시공이 가능
- 내부 설치 시 내벽, 천장 작업 관리
- 일반 비계와 혼합하여 시공이 가능
- 매직 패널, 그래픽보호망, 수직 분진망 등 다양한 부재 사용 가능

2.2 시스템 비계와 강관비계의 특징 비교

시스템 비계와 강관비계의 특징을 비교하면 아래 표와 같다.

표 4.1 시스템 비계와 강관비계의 특징 비교

항목	시스템 비계	강관비계
설치 조건	• 장소의 제한이 큼	• 장소의 제한이 덜함
구조적 안정성	• 안전난간 일체식 구조로 누락위험성이 없음 • 작업발판 규격에 맞춰 생산되어 설치 작업이 용이함 • 절점이 많아서 상대적인 강성에 비해 효과가 부족하고 숙련도에 따른 영향이 큼	• 작업발판 설치를 위해서는 간격 조정 및 수평재 추가설치 고려 • 안전난간 별도설치 • 절점이 상대적으로 적어서 강성 확보는 되나, 수직의 변위 발생 우려가 있음
풍하중	• 강성이 크므로 확실한 설치가 되지 않은 경우 상대적으로 위험성 내포 • 분담 면적의 영향이 큼	• 상대적으로 연성에 의한 전도 우려가 적음
작업자 숙련도와 작업성	• 최초 하부구조를 설치한 후에는 작업자의 숙련도와 관계없이 안전하게 조립·해체 가능 • 발판 폭과 통로 배치가 규격화 되어서 작업성은 월등함 • 숙련된 작업자 확보가 상대적으로 원할하지 않음	• 작업자 숙련도에 따라 비계 구조와 안전성이 달라짐 • 발판 폭의 협소함과 통로 설치가 곤란해서 작업성은 상당히 곤란함 • 작업성의 난이도가 높아서 인건비가 상대적으로 높음
운영성	• 수정의 제한이 커서 최대 약점 • 시스템 비계의 다양한 부속자재 개발이 필요함	• 수정의 용이성이 최대 강점
자재 신뢰성	• 규격화로 인한 신뢰성 확보(자재의 다양성 한계로 보강에는 애로)	• 비규격화에 대한 신뢰성 저하(보강에 대한 용이성은 양호)
관리 감독 필요성	• 외벽과의 이격거리 등 기초 데이터만 제공되면 별도의 관리감독 요소가 상대적으로 적음	• 안전성을 확보하기 위해서는 사전 작업지시와 작업 중 관리감독이 필요함
후속 공정 및 작업자의 안전	• 기둥 간격 등이 일정하여 수직 분진망 설치 등 추후 공정이 쉽고 공기 단축 효과 • 비계 모서리 등이 깔끔하여 별도의 덮개 등이 불필요	• 기둥 간격 등이 일정하지 못하여 수직 분진망 설치 시 분잔망지를 말아서 시공하는 등 불필요한 비용과 공기 추가 필요 • 비계 모서리 등에 강관이 튀어나와 작업자의 안전을 위협할 수도 있음

조립 및 해체	• 규격화된 수직재와 수평재 등 부재를 블록 쌓기와 같이 조립하여 시간과 인력이 절약 • 작업발판 및 안전난간대를 병행 조립하여 안전성 증대 • 해체 작업도 비교적 안전	• 기본 비계구조물 조립 후 작업발판과 안전난간을 임의시공으로 작업자 추락사고 등 재해 발생 우려 • 강관 기둥 간의 간격이 다양하여 일률적으로 동일 규격의 작업대를 발판으로 시공하기보다는 발판의 겹침 시공, 내민보 형상 시공으로 인한 재해 발생 위험 구조
설치시 안전성	• 안전난간 및 발판이 시설의 일부로 작업 시 안전성이 확보됨	• 인력의존도가 높아 설치 작업 시 소요시간이 많음 • 비계 기본구조와 발판이 분리 설치·해체되어 작업 난이도가 높음
설치 비용	• 재료비 > 인건비 • 강관비계 대비 설치비 높음 • 높이 증가 시 상승분 상쇄가능 • 재해발생 비용과 작업생산성을 고려한 종합적인 측면에서는 장기적으로 경쟁력을 가지나 현재는 한계가 분명히 있음	• 재료비 < 인건비 • 설치높이가 증가하면 인건비 상승 • 자재 비용의 저렴함으로 단가적인 측면에서는 상당한 경쟁력을 가짐(싼 것이 최고라는 의식에는 적합)

그림 4.2 시스템 비계 설치 전경

3 시스템 비계의 설치 개념과 구성요소

3.1 시스템 비계 설치 개념도

일반적으로 시스템 비계는 수직재·수평재·연결조인트·받침철물·가새·벽 연결 철물 등으로 구성된다. 시스템 비계의 연직하중(고정하중, 작업하중), 수평하중, 풍하중 및 특수하중 등에 의한 좌굴 및 변형 방지를 위해 가새재와 벽 이음 설치를 철저히 하고 구조안전성 검토 후 조립도에 따라 설치하여야 한다. 시스템 비계의 설치도와 부위별 명칭은 다음과 같다.

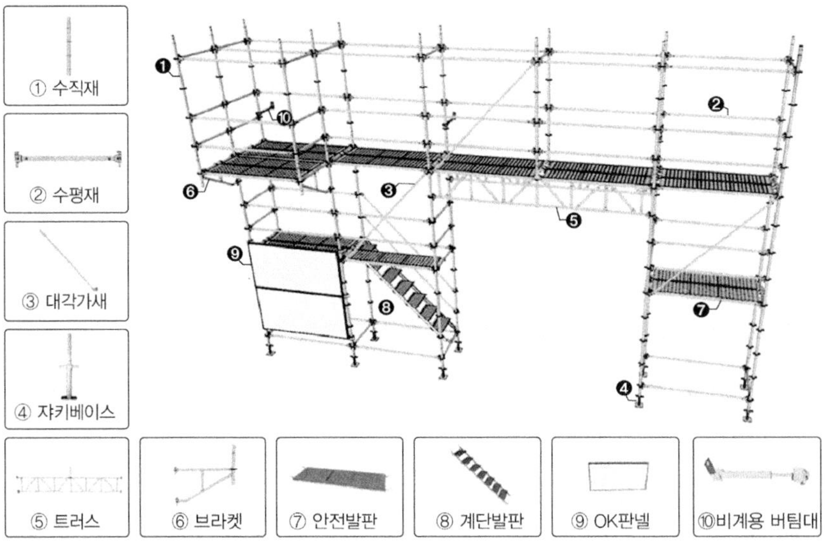

그림 4.3 시스템 비계의 설치도와 부위별 명칭[3)]

그림 4.4 시스템 비계의 설치 전경

3) 출처 : http://www.saeum21.co.kr 홈페이지

3.2 시스템 비계 설치 구성요소

시스템 비계를 구성하고 있는 구성요소[4])를 살펴보면 다음과 같다.

1) 수직재

- 수직으로 세워서 설치하며 상부 하중을 지지하고 하부로 전달하는 기둥 역할을 수행하는 부재이고, 수직재와 수직재를 연결하여 고정할 수 있게 한 부재인 연결조인트를 가지고 있다.
- 또한 수직재에 용접으로 고정하여 수직재와 수평재 및 가새재를 연결하여 고정할 수 있게 만든 부재인 접합부를 가지고 있다.
- 일반적으로 SPS 500[5]) 재질을 사용하여 강도가 높다.
- 연결 플렌지는 4방향(4 Holes) 방식이며 수평재 또는 대각가새를 체결할 수 있다. 1방향(1 Holes)에 대각가새를 2방향(2개) 설치가 가능하다.
- UL 700[6]) 재질은 고층용(아파트 30층 이상) 시스템 비계 설치 가능(약 100 m 정도까지)
- 수직재 규격 '예'

규격	길이(mm)	단중(kg)
P38(UL700)	3,800	13.34
P38	3,800	12.5
P19	1,900	6.4
P09	950	3.5
P04	475	2.1
P03	300	1.7

4) 가장 일반적으로 많이 사용되고 있는 OK 비계 시스템을 기준으로 하였다.
5) 일반구조용 탄소강관으로서 SPS 500 또는 STK 500(일본)으로 표기한다. KS D 3566으로서 항복강도(Fy) = 355 Mpa, 허용휨응력값(Fb) = 203 Mpa, 허용전단응력값(Fs) = 141 Mpa이다. 미국은 ASTM 500을 건축, 토목, 가시설용으로 사용한다.
6) UL(ULTRA LIGHT) 700은 700 Mpa 급 초경량 고강도 단관비계이다. 제품 특성은 아래 표와 같다.

구분	STK 500	UL 700	비고
외경×두께(mm)	48.6×2.3	48.6×1.8	25% 경량화
인장강도(N/mm^2)	500 이상	700 이상	40% 증가
굽힘강도(kg)	564	728	29% 증가
단위중량(kg/m)	2.63	2.08	25% 경량화
제품중량(kg/6 m 당)	15.8	12.5	

• 강관(파이프) 규격 '예': φ48.6×2.3T

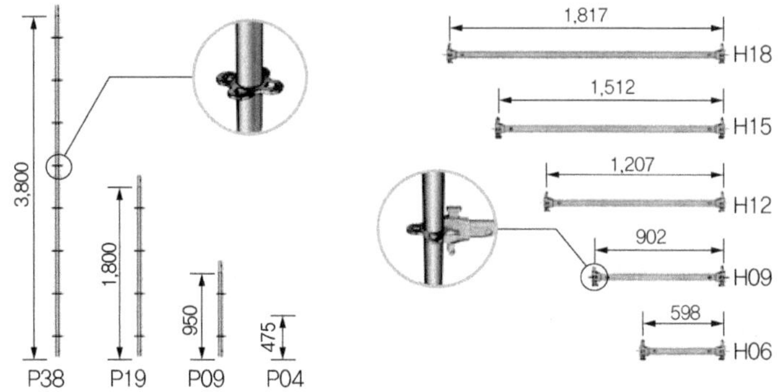

그림 4.5 시스템 비계 수직재 & 수평재

2) 수평재

• 수직재의 좌굴을 방지하기 위하여 수평으로 연결하는 부재로서 견고하고 내구성이 좋다.
• 쐐기 체결방식으로 분리, 이탈의 위험이 없다.
• 범용성 자재로서 "시스템 동바리"와 "시스템 비계"에 모두 사용한다.
• 수평재 규격 '예'

규격	길이(mm)	단중(kg)
H18	1,817	4.7
H15	1,512	4.1
H12	1,207	3.4
H09	902	2.6
H06	598	2.0

• 강관(파이프) 규격 '예': φ42.7×2.3T

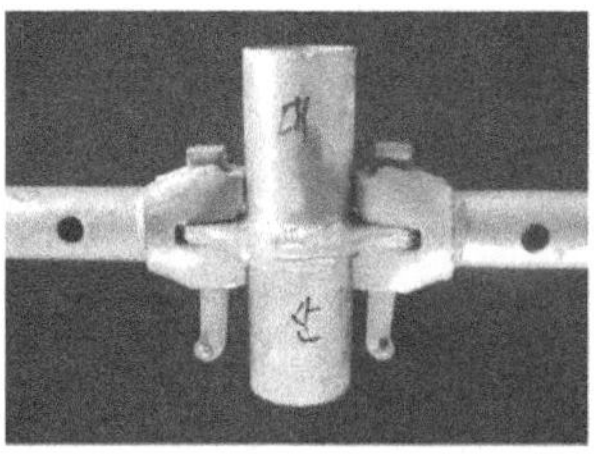

(a) OK system 비계

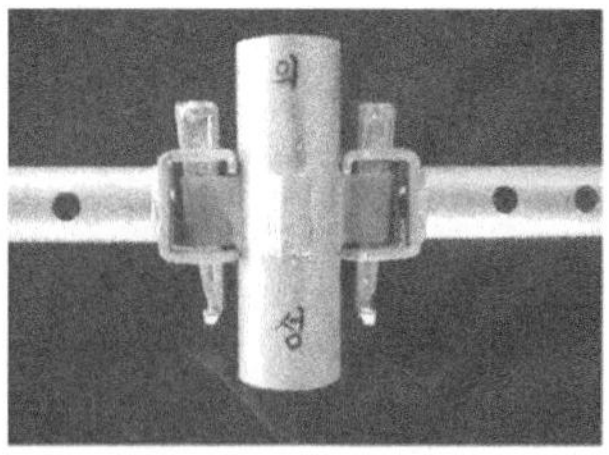

(b) 소켓형 ystem 비계

그림 4.6 시스템 비계 수평재

3) 대각가새

- 비계에 작용하는 비틀림 하중이나 수평하중에 견딜 수 있도록 수평재와 수평재, 수직재와 수직재를 연결하여 고정하는 부재이다.
- 대각선 방향으로 설치하는 부재로서 수평력에 의한 인장, 압축력을 막아준다.
- SPS 500 재질을 사용하여 강도가 높고 경량화 설계(φ34 Pipe)로 무게가 가볍다.
- 체결부의 윗부분은 고리식, 아래는 쐐기식으로 혼자서(1인) 설치할 수 있다.
- 이탈 방지를 위하여 상부 고리 부분에 V컷(스톱퍼)으로 안전장치가 되어 있다
- 대각가새 규격 '예'

규격	길이(mm)	W(mm)
대각가새 1819	2,629	1,817
대각가새 1519	2,428	1,512
대각가새 1219	2,251	1,207

- 강관(파이프) 규격 '예': φ34×2.3T

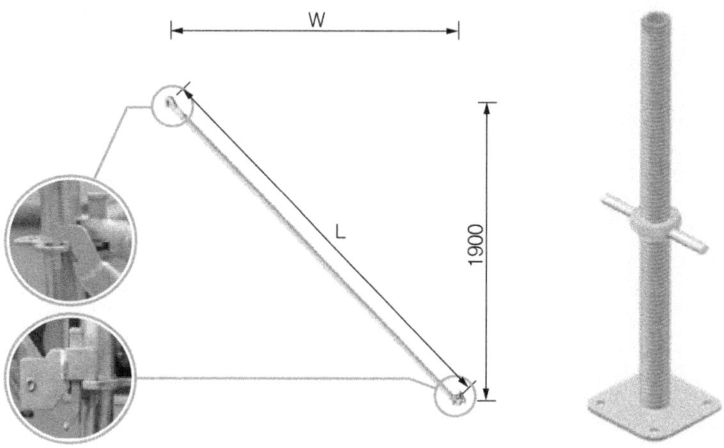

그림 4.7 시스템 비계 대각가새 & 쟈키베이스

4) 쟈키베이스(받침철물)

- 수직재를 받쳐주는 부재로 최하단부에 설치된다.
- 나사관으로 되어 있어 높이 조절이 자유롭다(최대 40 cm 조절).

• 쟈키베이스 규격 '예'

규격	길이(mm)	단중(kg)
쟈키베이스	600 L	3.0

5) 트러스

• 사람 및 장비 등이 통과할 수 있도록 지상부에 공간을 확보하기 위한 부재이다.
• 일체형 트러스 구조로 견고하며 수평 체결방식으로 설치가 쉽고 빠르다.
• 트러스 규격 '예'

규격	길이(mm)	단중(kg)
T-36	3,634	30.8
T-54	5,451	53.0

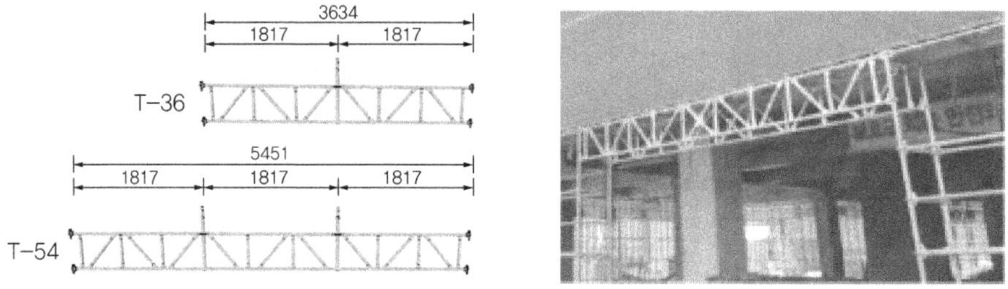

그림 4.8 시스템 비계 트러스

6) 브라켓

• 수직재에 부착하여 돌출형(캔틸레버)으로 사용하기 위한 부재이다.
• 체결부가 상, 하 2개소의 수평체결 방식으로 설치가 쉽고 안전하다.
• 브라켓 규격 '예'

규격	길이(mm)	W(mm)
B 03	293 × 250	2.9
B 06	598 × 475	6.3
B 09	902 × 475	7.3

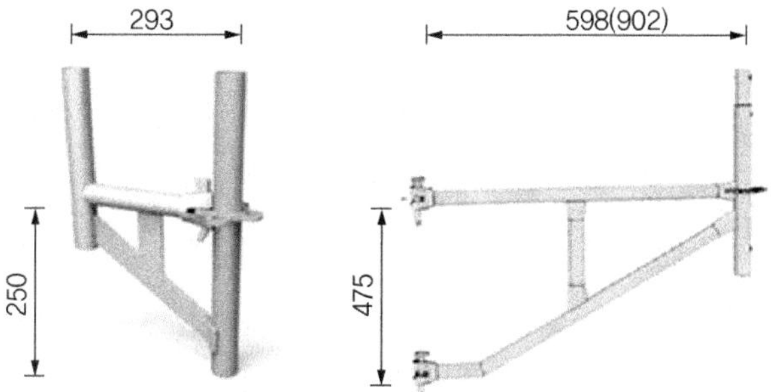

그림 4.9 시스템 비계 브라켓

7) 작업발판

- 단관비계와 시스템 비계 겸용으로 사용하는 범용성 작업발판이다.
- 고강도 재질(SGC570)을 사용하여 기존 발판(SS400)보다 내구성 및 안전성이 높다.
- 고용노동부 안전인증 KCS 마크와 제한하중이 발판 끝단에 표시되어 있다.
- 기존 발판 대비 보강용(각 시험차수 1.2배 이상) 발판 보유 : 판 두께 1.0T ☞ 1.2T, 마구리 추가 보강
- 작업발판 규격 '예'

규격(W×L)	길이(mm)	단중(kg)
400 × 1,817	1,817 (1,829)	11.2
400 × 1,512	1,512 (1,524)	9.8
400 × 1,207	1,207 (1,219)	8.4
400 × 902	902 (914)	6.5
400 × 598	598 (610)	4.8
250 × 1,817	1,817 (1,829)	8.7

규격(W×L)	길이(mm)	단중(kg)
500 × 1,817	1,817 (1,829)	14.0
500 × 1,512	1,512 (1,524)	12.5
500 × 1,207	1,207 (1,219)	10.4
500 × 902	902 (914)	8.1
600 × 598	598 (610)	6.0

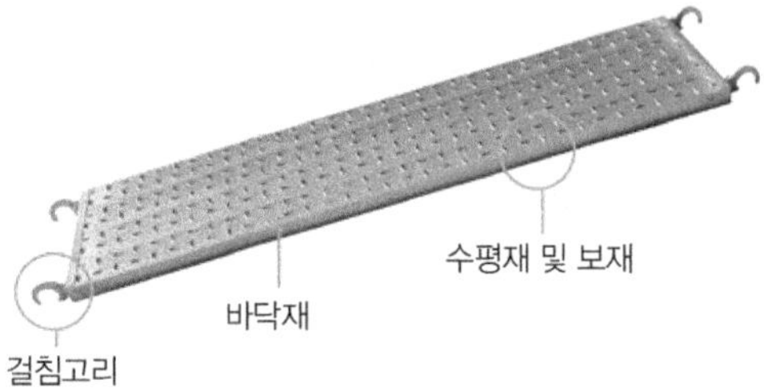

그림 4.10 시스템 비계 작업발판

8) 비계용 버팀대(벽 연결재)

- 구조물의 흔들림을 방지하고 전도 및 붕괴 위험을 막기 위해서 설치하는 지지물
- 강관, 클램프, 앵커 및 벽 연결용 철물 등의 부재를 사용하여 비계와 구조체 사이를 연결함으로써 풍하중, 충격 등의 수평 및 수직하중에 대하여 안전하도록 설치하는 버팀대
- 비계용 버팀대 규격 '예'

품명	사용길이(mm)	단중(kg)
비계용 버팀대	300 ~ 400	1.4
	430 ~ 650	1.7
	700 ~ 920	2.5

- 베이스판 앙카 구멍 : 16 mm(13 mm/3부 앙카 사용)

그림 4.11 시스템 비계용 버팀대

9) 코너 난간주

- 난간대를 구성하는 주용도로서 비계의 꺾어지는 코너 부위 등의 수평재 위에 수직으로 설치하는 자재

• 코너 난간주 규격 '예'

품명	사용길이(mm)	W(mm)
코너 난간주	1,025	3.4

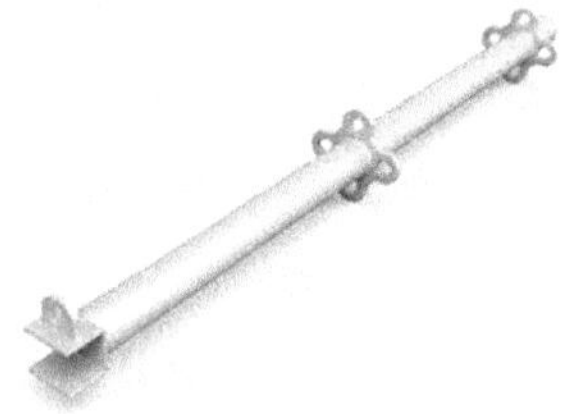

그림 4.12 시스템 비계 코너 난간주

10) 측벽 브라켓

• 비계가 바닥이 아닌 공중에서부터 설치가 될 경우 벽에 부착하는 비계 받침 브라켓
• 벽부 앙카구멍 20 mm(16 mm 앙카 사용), 단중 42 kg

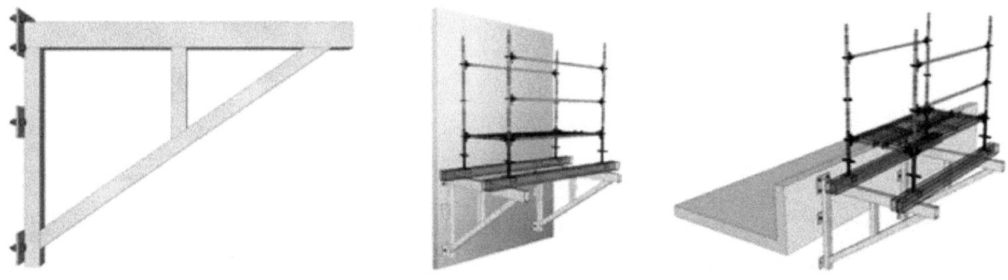

(a) 측벽 브라켓 (b) 측벽 설치 시 (c) 발코니 설치 시

그림 4.13 시스템 비계 측벽 브라켓

11) 슬래브 브라켓

• 비계가 바닥이 아닌 공중에서부터 설치가 될 경우 슬래브에 부착하여 내민 비계 받침 브라켓

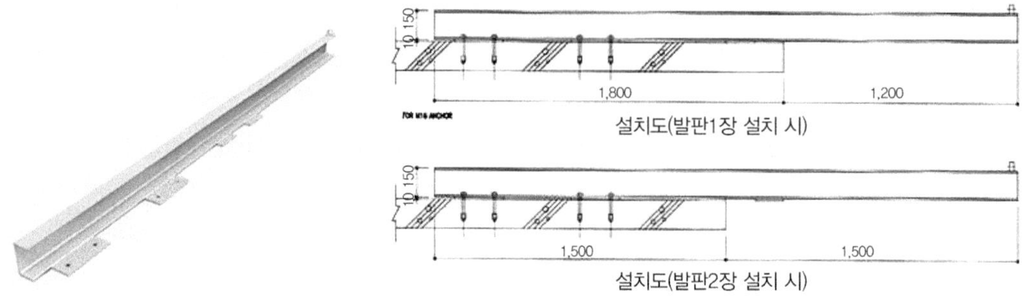

그림 4.14 시스템 비계 슬래브 브라켓

12) 안전계단(독립형)

• 독립적인 타워(Tower) 형태로 설치되는 조립식 계단

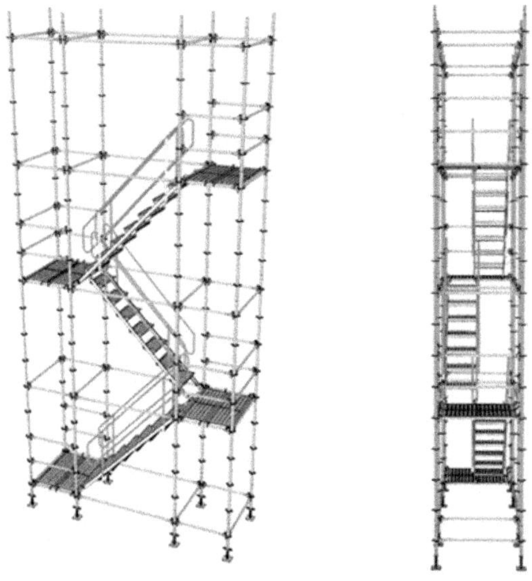

그림 4.15 시스템 비계 안전계단(독립형)

• 독립형 물량표 '예'

품명	규격(mm)	기초+상부	2단 추가	1단 추가
수직재	P 38		8	
	P 19			8
	P 04	8		
수직재	H 18	2	4	2
	H 15	4	8	4
	H 09	4	16	8
대각가새 (선택)	DB 1819		4	2
	DB 1519		2	1
안전발판	400 × 1,512		4	2
계단발판	640 × 2,629		2	1
핸드레일			4	2
쟈키베이스	고정	8		
TOTAL		26	52	30

13) 안전계단(연결형)

• 시스템 비계와 연결되어 설치되는 조립식 계단

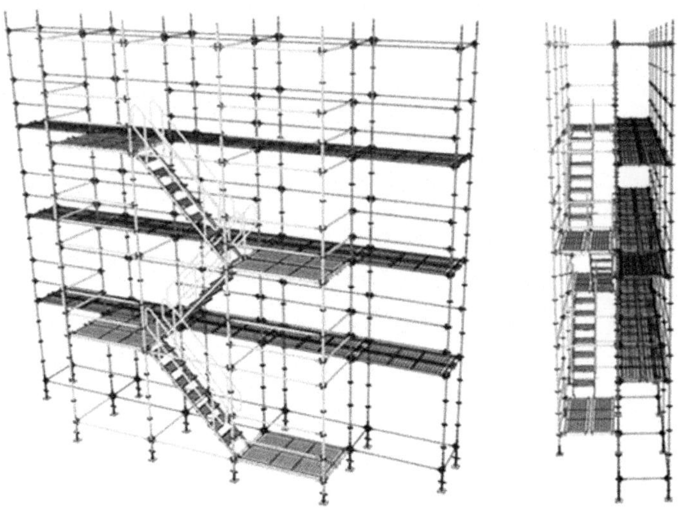

그림 4.16 시스템 비계 안전계단(연결형)

14) 패널

- 시스템 비계 구조물의 외부 면에 설치함으로써 공사소음이 외부로 전파되는 것을 방지하고 공사 현장의 비산 먼지를 차단할 수 있다.
- 각종 건설현장의 자재 낙하로 인한 인명 피해를 줄이고 건설 작업자의 추락 등 안전사고도 예방할 수 있다.
- 광고물의 부착을 통하여 광고의 효과도 볼 수 있는 친환경 에코(ECO) 가설재이다.
- 패널 규격 '예'

품명	길이(mm)	넓이(mm)	두께(mm)	단중(kg)
OK 패널	1,817	950	40	11.07
	1,512	950	40	9.52
	1,207	950	40	8.70
	902	950	40	7.83
	598	950	40	4.41

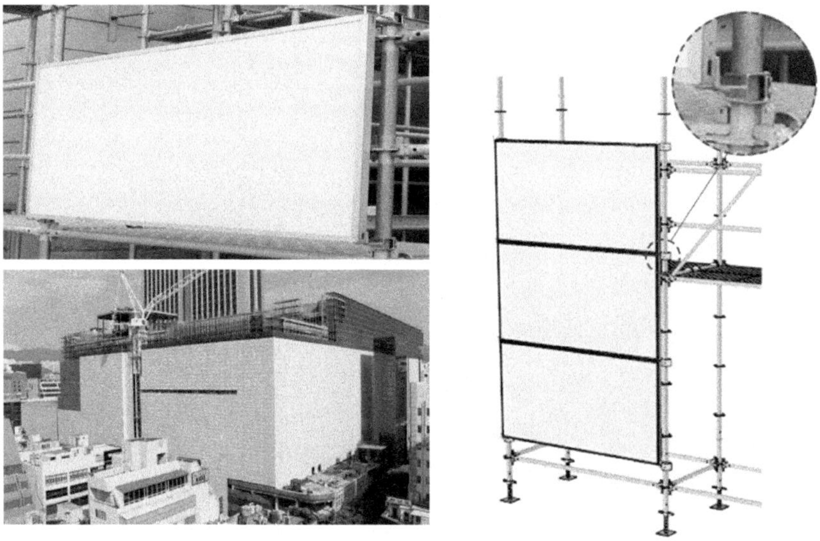

그림 4.17 시스템 비계 패널 설치[7)]

7) 출처 : http://www.saeum21.co.kr 홈페이지

3.3 시스템 비계 설치 유형

시스템 비계를 설치하는 유형은 통상 더블타입과 싱글타입이 있다.

1) 더블타입

- 발판 폭 40 cm 2장 설치(통로 폭 90 cm)
- 아파트, 빌딩 등 고층용 공사용
- 넓은 작업공간 확보로 다용도 공사가 가능한 표준타입

2) 싱글타입

- 발판 폭 50 cm 1장 설치(통로폭 60 cm)
- 주택, 상가 등 저층용 공사용
- 저렴한 비용으로 공사가 가능한 경제적인 타입

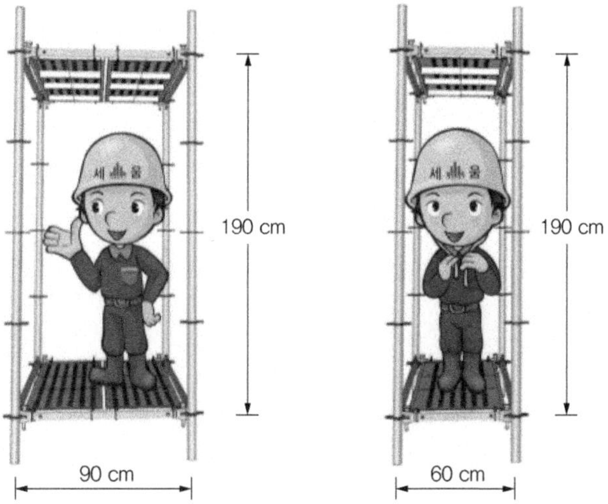

그림 4.18 더블타입(좌)과 싱글타입(우)[8)]

8) 출처 : http://www.saeum21.co.kr 홈페이지

4 시스템 비계 설치순서

시스템 비계를 설치하는 순서는 일반적으로 다음과 같다. 작업순서는 참고용이며 현장의 여건에 맞는 안전한 방법으로 작업하여야 한다. 시스템 비계를 설치·해체 작업 시에는 떨어질 위험이 있으므로 반드시 안전대를 부착 후 작업하여야 한다.

1) 평탄 및 침하방지 조치
2) 조절형 받침철물 설치
3) 수직재 설치
4) 하부 수평재 설치
5) 작업발판 및 상부 수평재 설치
6) 안전난간대 설치
7) 가설계단 설치
8) 상부 작업발판 설치
9) 가새 설치
10) 벽 이음 철물 설치
11) 수직보호망 설치

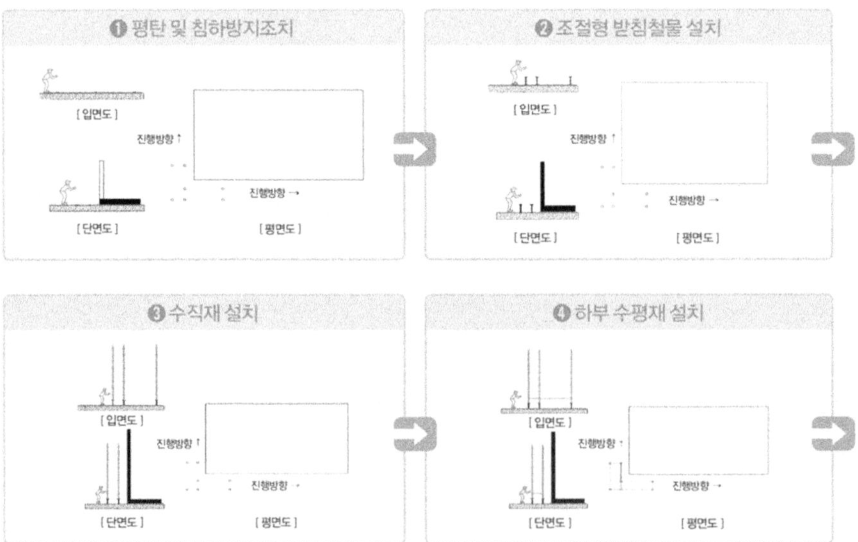

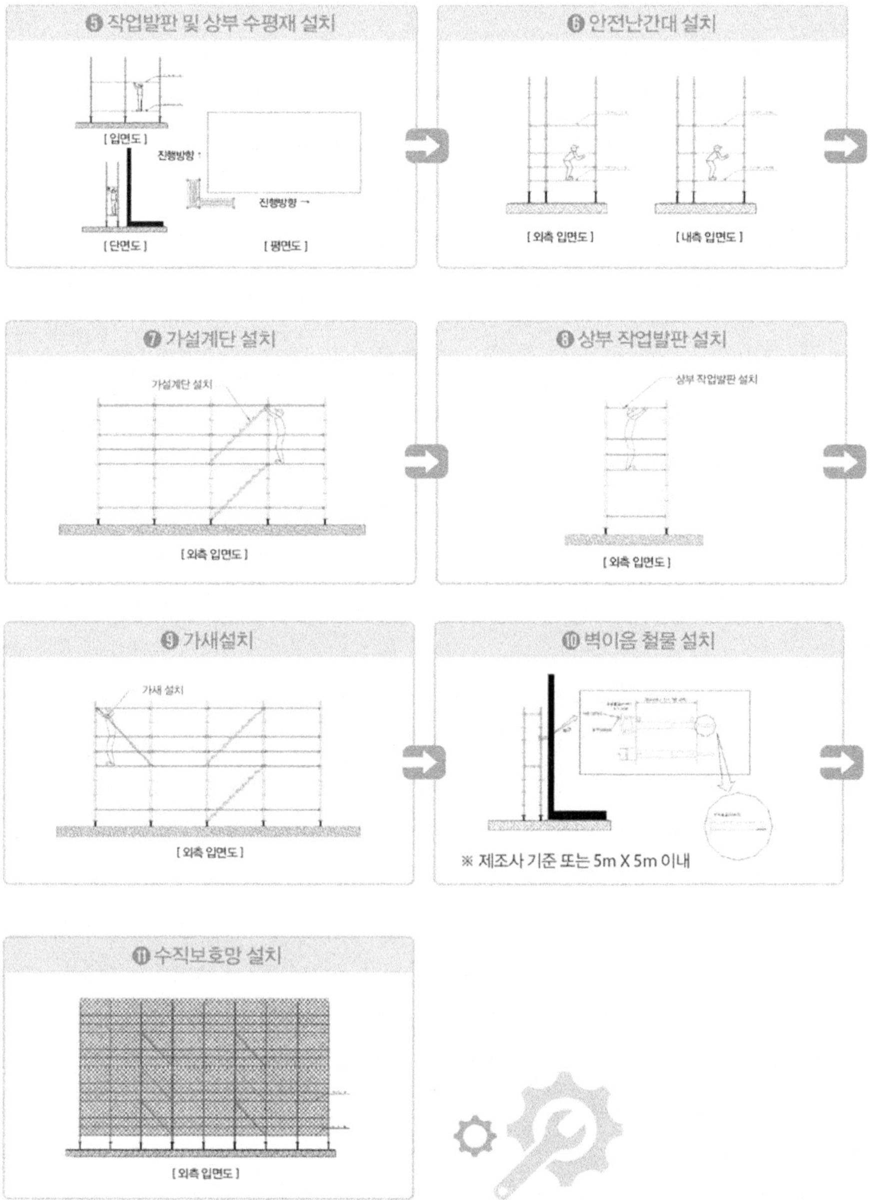

그림 4.19 시스템 비계 설치순서[9)]

9) 출처 : 안전보건공단 산업안전보건연구원(2019), 건설현장 비계작업안전 실무 안내서

5 시스템 비계 주요 위험요인과 예방대책

5.1 비계 종류별 사망사고 현황10)

2014년부터 2018년까지 5년간 비계작업 중 발생한 사망자는 488명으로 전체(2,134명) 대비 22.8%를 점유하고 있다.

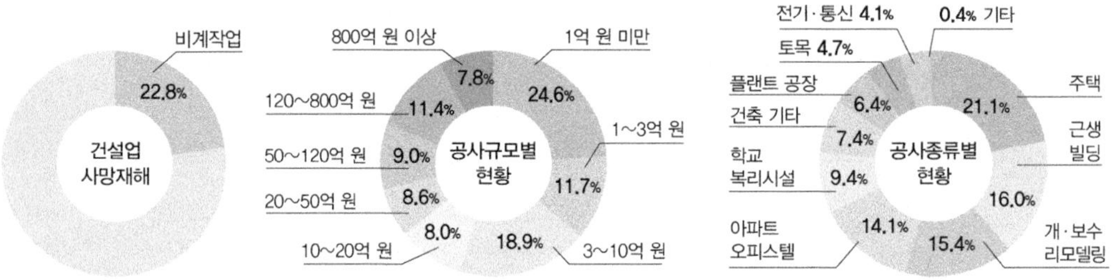

그림 4.20 비계 종류별 사망재해 현황(2014~2018년)

5년간 비계작업 사망재해 현황을 살펴보면 강관비계에서 사망사고는 43.7%가 발생한 데 비하여 시스템 비계는 불과 1.8%만 사고가 발생하였다. 이러한 통계 데이터에 따라 강관비계에 비하여 보다 안전한 시스템 비계를 사용한다면 추락사고를 감축할 수 있지 않을까 하는 기대감 속에서 시스템 비계 설치 의무화 정책을 추진하게 되었다.

표 4.2 비계 종류별 사망재해 현황(2014~2018년) (단위 : 명)

총 합계	강관 비계	시스템 비계	사다리	달비계	이동식 비계	작업 발판 일체형 비계	말비계	달대비계	강관틀 비계	기타
488 (100%)	213 (43.7%)	9 (1.8%)	97 (19.9%)	63 (12.95)	45 (9.2%)	37 (7.6%)	17 (3.5%)	3 (0.6%)	2 (0.4%)	2 (0.4)

10) 출처 : 안전보건공단 산업안전보건연구원(2019), 건설현장 비계작업안전 실무 안내서

표 4.3 발생 형태별 사망재해 현황(2014~2018년) (단위 : 명)

총 합계	떨어짐	불균형 동작	깔림	감전	무너짐	맞음	부딪힘	끼임	넘어짐	기타
488 (100%)	417 (85.5%)	21 (4.3%)	13 (2.7%)	9 (1.8%)	8 (1.7%)	7 (1.4%)	6 (1.2%)	4 (0.8%)	1 (0.2%)	2 (0.4%)

공사 규모별 현황을 살펴보면 1억 원 미만이 24.6%(120명)로 가장 많고, 이어서 3~10억 원 미만, 1~3억 원 미만, 120~800억 원 미만 등의 순으로 나타났다. 특히 20억 원 미만의 소규모 현장이 전체 사망자의 약 63%를 점유하고 있다.

표 4.4 공사 규모별 사망재해 현황(2014~2018년) (단위 : 명)

총 합계	1억 원 미만	1~3 억 원	3~10 억 원	10~20 억 원	20~50 억 원	50~120 억 원	120~800 억 원	800 억 원 이상
488 (100%)	120 (24.6%)	57 (11.7%)	92 (18.9%)	39 (8.0%)	42 (8.6%)	44 (9.0%)	56 (11.4%)	38 (7.8%)

공사 종류별 사망사고 발생 현황을 살펴보면 주택에서 22.1%(108명)를 차지해 가장 많이 발생하였고, 다음으로 근생·빌딩, 개·보수(리모델링), 아파트(오피스텔) 등의 순으로 발생하였다.

표 4.5 공사 종류별 사망재해 현황(2014~2018년) (단위 : 명)

총 합계	주택 (단독 다세대)	근생빌딩	개보수 리모델링	아파트 오피스텔	학교 복리시설	건축기타	플랜트 공장	토목	전기통신 소방설비	기타
488 (100%)	108 (22.1%)	78 (16.0%)	75 (15.4%)	69 (14.1%)	46 (9.45)	36 (7.4%)	31 (6.4%)	23 (4.7%)	20 (4.1%)	2 (0.4)

5.2 시스템 비계 주요 위험요인과 대책

시스템 비계에서 발생하는 사고는 주로 비계가 무너지거나 넘어지는 사고와 비계 위에서 작업 중 작업자가 추락하는 등의 사고가 주로 발생하고 있다. 시스템 비계에서 일반적으로 발생하는 주요 위험 요인과 대책을 살펴보면 다음과 같다.

1) 시스템 비계 벽 이음 철물 미설치와 비규격품의 벽 이음 설치와 마감 작업을 위해 벽 이음 철물 임의 해체로 시스템 비계가 무너질 위험
   - 시스템 비계의 좌굴 방지를 위해 전용철물을 사용하여 제조사가 정하는 기준으로 벽 이음 설치
   - 제조사의 기준이 없는 경우 가로 5 m 이내, 세로 5 m 이내로 설치
   - 마감작업과 간섭 시 벽 이음 해체 전 동등 이상의 강도를 확보한 벽 이음 철물로 보강하고 작업자 안전교육 실시
2) 시스템 비계 수직재 하부 지내력 미확보 및 침하 방지 조치 미실시로 지반 침하에 비계 변형 위험
   - 시스템 비계 수직재 하부에는 버림 콘크리트 타설, 잡석 다짐, 침하방지목 설치 등 침하 방지 조치하고 밑받침에 고저 차가 있는 경우 조절용 받침철물을 사용하여 항상 수평 및 수직 유지 필요
3) 시스템 비계 작업발판 상부에 석재 등의 자재 과적으로 비계 무너질 위험
   - 시스템 비계 작업발판에는 최대 적재하중 표지 설치 후 과적하지 않도록 관리
4) 시스템 비계 브레이싱 미설치로 비계 변형 또는 무너질 위험
   - 시스템 비계 브레이싱 설치
5) 시스템 비계 조립 시 작업발판 없이 비계 위에서 작업 중 떨어짐
   - 시스템 비계 조립 순서 준수 및 작업발판 설치 후 그 위에서 작업

6 시스템 비계의 작업발판 단부 안전난간대 미설치로 이동 또는 작업 중 떨어질 위험
   - 단부에 안전난간대 설치

7) 시스템 비계 조립·해체 작업 시 비계가 고압선에 접촉되며 감전 위험
   - 시스템 비계 설치·해체 작업 시 고압선과의 최소 3 m 이상 이격 거리를 유지하거나 고압선로 이설 또는 절연용 방호구를 설치
8) 시스템 비계 조립·해체 작업 시 안전대 등 개인보호구 미착용하고 시스템 비계 상에서 작업 중 부딪히거나 떨어질 위험
   - 시스템 비계 설치·해체 등 작업 시 안전모, 안전대 등 개인보호구 착용 철저
9) 구조물과 시스템 비계 간격 과다로 개구부 사이로 떨어질 위험
   - 추락방지망 설치 및 안전대 착용 후 작업

10) 작업구간 하부에서 작업자가 작업 중 낙하물에 맞을 위험
- 작업발판 단부 발끝막이판 설치, 낙하물 방지망 설치, 하부 노동자 통제 실시

11) 승강 설비 미설치상태에서 시스템 비계를 타고 무리하게 이동 중 떨어짐
- 시스템 비계에는 가설계단 등 승강설비 설치

12) 작업지휘자 미배치 상태로 작업자 단독 작업 중 떨어짐
- 비계 설치·해체 작업 시 작업지휘자 배치하여 관리감독 실시

13) 작업자가 안전작업수칙을 미숙지한 상태로 무리하게 작업 중 떨어짐
- 작업 시작 전 안전작업 수칙 교육

14) 시스템 비계를 구성하는 수평재 용접부의 균열 발생으로 설치된 수평재가 하부로 탈락
- 수직재, 수평재 가새재 등의 자재 검수 철저

15) 구조검토 불량 및 설계도면 대로 시공 불량
- 연결부 설치상태 철저 및 벽 이음 해체 시에는 단계별 해체순서에 따라 구조 검토 실시

5.3 시스템 비계 주요 사고사례 분석 결과

시스템 비계가 무너지는 주요 사고사례를 분석해 보면 주요 원인은 ① 작업발판에 석재 등의 자재를 과적(최대 적재하중 미준수) ② 벽 이음 미설치 또는 설치 불량(전용철물 미사용/설치 간격 과다) ③ 시스템 비계 모서리(코너)부 폐합 불량 등으로 발생한다.

그림 4.21 시스템 비계 무너짐 사고사례(원인 : ① + ②)

그림 4.22 시스템 비계 무너짐 사고사례(원인 : ① + ② + ③)

그림 4.23 시스템 비계 무너짐 사고사례(원인 : ① + ② + ③)

그림 4.24 시스템 비계 장선재 용접부 탈락사고

시스템 비계 장선재(수평재)의 용접부가 탈락하여 발생한 사고사례이다. 오피스텔 신축공사 현장에서 석공이 10층 시스템 비계와 벽체 사이가 벌어져 켄틸레버 형태로 달아낸 작업발판 위에서 석공사 중 장선재 부분의 용접 부위가 탈락되면서 30 m 아래 지상 1층으로 추락하여 2명이 부상당한 경우이다.

따라서 점검자는 시스템 비계 등의 용접부 균열 여부에 대한 자재 검수가 필요한 이유이다.

6 시스템 비계 설치 의무화 등 최근 정부의 정책

6.1 시스템 비계 공공공사 적용 의무화

국토교통부 등 정부는 2019년 3월 19일 공공기관 작업장 안전강화 대책과 2019년 4월 건설현장 추락사고 방지 종합대책(4.11)에 따른 공공공사 추락사고 방지에 관한 지침을 발표했다.

주요 핵심 내용은 건설 사망사고 주요 요인인 추락사고 감축을 위해 안전성이 검증된 시스템 작업대[11] 설치를 의무화하기로 한 것이다.

2017년 시스템 비계의 사용률은 전국 평균 16.7%였는데 2022년까지 사용률을 60%까지 상향시켜 건설현장의 추락사고를 감축시키겠다는 전략이다.

설계시행단계에서 건설공사에 작업발판(비계)을 설치할 때에는 일체형 작업발판(시스템 비계)을 의무적으로 설계에 반영하도록 했다. 다만, 일체형 작업발판 설치가 곤란한 경사지, 복잡한 구조형식, 비정형 구조물, 지반 등 현지 여건으로 강관비계를 사용할 수밖에 없는 경우에는 작업 전에 시공자가 강관비계의 조립도(단면도, 평면도, 작업발판 배치도 및 시공상세도) 및 구조계산서를 포함한 작업계획을 작성하여 건설사업관리기술인 또는 감독자에게 승인을 받은 후 작업에 착수해야 한다는 내용과 「산업안전보건기준에 관한 규칙」 제42조제2항에도 불구하고 추락방호망을 병행 설치하고 안전대를 착용한 후 작업토록 하는 내용을 시방서에 포함하도록 했다.

또한 발주청은 설계 발주단계에서 시스템 비계를 설계에 반영될 수 있도록 설계서(과업지시

11) 국토교통부에서는 시스템 비계를 시스템 작업대 또는 일체형 작업발판, 조립형 비계 등의 용어로 부르고 있다. 시스템 작업대는 작업발판과 난간이 일체로 조립된 작업대로 분리형 구조물(강관비계)보다 안전한 시스템 비계를 의미한다.

서)의 설계조건을 작성하여야 하고, 시스템 비계를 설계에 반영하도록 설계자에게 통보하도록 했다.

설계자가 작성한 설계도서와 예정가격에 시스템 비계가 반영되었는지 확인하여야 하고 설계자는 시스템 비계 설계 시 가설공사 표준시방 코드, 가시설물 설계기준 코드 및 산업안전보건기준에 관한 규칙에 따라 설계하도록 지침을 발표했다.

공사시행 단계에서 발주청은 공사계약을 할 때 건설공사에 사용할 비계 설치비를 시스템 비계 설치 기준으로 산정하여 공사금액에 계상하도록 했다. 공사감독자 또는 건설사업관리기술인은 비계 구조물 시공상세도의 작성 여부를 확인하고 제출된 시공상세도의 구조적인 안전성 등 적정성을 검토·확인하도록 했다. 또한 시공자는 안전성 계산에 따른 시공상세도를 준수하여 시스템 비계를 설치하여야 하며, 산업안전보건기준에 관한 규칙 등 관계 법령과 설계도서에 포함된 시방서, 가설공사 관련 국가건설기준, 납품자가 제시한 방법 및 안전 수칙을 준수하여 설치·해체하도록 했다.

발주청은 강관비계로 설계되어 착공 예정이거나, 이미 착공 되었지만 강관비계를 아직 설치하지 않은 공사에 대해서는 설계를 변경하여 시스템 비계를 적용토록 하고, 시스템 비계로 변경함에 따른 추가적인 비용은 발주청이 부담하도록 했다. 강관비계를 이미 설치하였거나 시스템 비계로 설계변경이 곤란한 공사에 대해서는 공사감독자 및 건설사업관리기술인이 안전수칙 준수 여부를 철저히 점검하여 안전사고 예방에 만전을 기하도록 했다.

따라서 비계를 점검하는 점검자 입장에서는 설계에서부터 강관비계가 아닌 시스템 비계를 적용하여 설계하였는지를 꼭 확인할 필요가 있다.

표 4.6 공공기관 작업장 안전강화 대책에 따른 시스템 작업대 설치 의무화

<table>
<tr><th colspan="3">공공기관 작업장 안전강화 대책(2019.3.19.)</th></tr>
<tr><td>4대 추진전략</td><td colspan="2">14대 중점 추진과제</td></tr>
<tr><td>사고를 예방하는 작업 현장</td><td>③ (환경) 안전한 작업환경 조성</td><td>시설·설비 안전성 제고</td></tr>
<tr><td colspan="3">산재 예방 핵심 시설 설비(예시)</td></tr>
<tr><td>건설</td><td colspan="2">▸ 건설 사망사고 주요 요인인 추락사고 감축을 위해 안전성이 검증된 '시스템 작업대' 설치 의무화('19.7~) 〈국토부〉
* 작업발판과 난간이 일체로 조립된 작업대로 분리형 구조물(강관비계)보다 안전
* 추락 위험요소를 관리하는 '추락사고 저감대책' 별도 수립('19.4)
▸ 작업자 협착사고 방지를 위하여 작업자 근접시 건설장비가 자동정지될 수 있는 시스템(장비 탈·부착식) 개발('19.4~) 〈국토부〉</td></tr>
</table>

표 4.7 건설현장 추락사고 방지대책에 따른 일체형 작업발판 설치 의무화

<table>
<tr><th colspan="2">건설현장 추락사고 방지대책(2019.4.11.)</th></tr>
<tr><td>구분</td><td>세부 추진과제</td></tr>
<tr><td>계획단계</td><td>[3] 일체형 작업발판 현장 사용 확대</td></tr>
<tr><td colspan="2">안전성이 검증된 일체형 작업발판(시스템 비계)의 현장 사용 확대</td></tr>
<tr><td>계획
단계</td><td>• 공공공사는 가설공사 설계·시공지침을 시달하여 설계와 계약(하도급 계약 포함)에 일체형 작업발판이 의무적으로 반영되게 하고
- 경사지 등 재래식 작업발판 사용이 불가피한 경우는 추락방지망, 안전벨트 등 이중 삼중의 안전조치 병행 후 사용('19.4. 지침 시달))〈국토부〉
* 일본의 경우 일체형 작업발판 적용 후 추락사망자 80% 감소('95~'08, 목조주택)
- 향후에는 표준시방서 및 설계기준 등 국가건설기준의 개정을 통해 일체형 작업발판의 사용을 민간에도 확산('19.12)
• 소규모 민간현장(20억 원 미만)에 일체형 작업발판의 사용이 획기적으로 확대되도록 일체형 발판 공사비에 대한 건설금융 지원

〈일체형 작업발판 설치 현장 건설금융지원 계획(안)〉

• (지원방법) 건설관련 공제조합에서 1,600억 원 규모로 자금을 확보하여 초저리(1.5%, 시중 신용대출 금리 11.5%)로 일체형 발판 설치비를 지원('19.5~'22.5, 3년간)
- 5억 원 건축공사(20억 원 미만 공사 평균 규모)의 일체형 작업발판 공사비는 1,550만 원, 재래식 작업발판 공사비는 1,400만 원으로 차액은 150만 원 수준
• (추가 인센티브) ① 하도급 대금 지급보증료 할인, 건설근로자 재해공제로 할인(5억 원 공사 기준 약 100만 원), ② 시공능력 평가 가점 부여, 상호협력 평가 우대 등

- 아울러 노동부가 실시중인 추락방지 시설(일체형 작업발판, 추락방지망 등) 설치비용에 대한 국비 지원도 적극 추진
* 억원/개소 ('16) 170/1,815 → ('17)200/2,250 → ('18)238/2,304 → ('19)352/4,000
☞ 이를 통해 추락사망자의 60%를 차지하는 20억 원 미만 소규모 건축공사(2.7만 개)의 절반 이상(1.4만 개)에 대해 일체형 발판 설치 지원</td></tr>
</table>

표 4.8 공공공사 추락사고 방지에 관한 지침에 따른 시스템 작업대 설치 의무화

건설현장 추락사고 방지 종합대책에 따른 공공공사 추락사고 방지에 관한 지침	
〈시스템 비계〉	
설계 시행 단계	• 발주청이 시행하는 건설공사에 작업발판(비계)을 설치할 때에는 일체형 작업발판(시스템 비계)을 의무적으로 설계에 반영하여야 한다. 다만, 일체형 작업발판(시스템 비계) 설치가 곤란한 경사지, 복잡한 구조형식, 비정형구조물, 지반 등 현지 여건으로 강관비계를 사용할 수밖에 없는 경우에는 작업 전에 시공자가 강관비계의 조립도(단면도, 평면도, 작업발판 배치도 및 시공상세도) 및 구조계산서를 포함한 작업계획을 작성하여 건설사업관리기술인 또는 감독자에게 승인을 받은 후 작업에 착수해야 한다는 내용과 「산업안전보건기준에 관한 규칙」 제42조제2항에도 불구하고 추락방호망을 병행 설치하고 안전대를 착용한 후 작업토록 하는 내용을 시방서에 포함하여야 한다. • 발주청은 설계 발주단계에서 시스템 비계를 설계에 반영될 수 있도록 설계서(과업지시서)의 설계조건을 작성하여야 한다. • 발주청은 시스템 비계를 설계에 반영하도록 설계자에게 통보하여야 하며, 설계자가 작성한 설계도서와 예정가격에 시스템 비계가 반영되었는지 확인하여야 한다. • 설계자는 시스템 비계 설계 시 가설공사 표준시방코드, 가시설물 설계기준 코드 및 산업안전보건기준에 관한 규칙에 따라 설계하여야 한다.
공사 시행 단계	• 발주청은 공사계약을 할 때 건설공사에 사용할 비계 설치비를 시스템 비계 설치 기준으로 산정하여 공사금액에 계상하여야 한다. • 공사감독자 또는 건설사업관리기술인은 비계구조물 시공상세도의 작성 여부를 확인하고 제출된 시공상세도의 구조적인 안전성 등 적정성을 검토·확인하여야 한다. • 시공자는 안전성 계산에 따른 시공상세도를 준수하여 시스템 비계를 설치하여야 하며, 산업안전보건기준에 관한 규칙 등 관계법령과 설계도서에 포함된 시방서, 가설공사 관련 국가건설기준, 납품자가 제시한 방법 및 안전수칙을 준수하여 설치·해체하여야 한다. • 발주청은 강관비계로 설계되어 착공 예정이거나, 이미 착공되었지만 강관비계를 아직 설치하지 않은 공사에 대해서는 설계를 변경하여 시스템 비계를 적용토록 하고, 시스템 비계로 변경함에 따른 추가적인 비용은 발주청이 부담한다. • 강관비계를 이미 설치하였거나, 시스템 비계로 설계변경이 곤란한 공사에 대해서는 공사감독자 및 건설사업관리기술인이 안전수칙 준수 여부를 철저히 점검하여 안전사고 예방에 만전을 기해야 한다.

6.2 민간공사에 적용을 위한 국가건설기준 개정

국가건설기준인 비계 및 안전시설물 설계기준(KDS 21 60 00 : 2020) 3. 설계(3.1 일반사항) 편에서는 비계를 선정할 때에는 설치·해체 및 이동 중 작업자의 안전성을 최우선으로 고려하여 시스템 비계를 우선 검토하되, 현장 여건을 고려하여 강관비계 등도 적용할 수 있다고 규정[12)]하고 있다. 이는 건설현장 추락사고 예방을 위하여 시스템 비계를 우선 적용하도록 하기 위해

명문화되었다. 또한 비계 설계 시 설계도면(평면도, 단면도, 작업발판 배치도 및 조립해체 순서도 등), 구조계산서 등을 작성하여야 한다고 규정되어 있다. 이는「건설기술진흥법」제48조 제5항에 따라 가설구조물의 안전성을 확보하기 위하여 명문화되었다.

국가건설기준인 비계 표준시방서(KCS 21 60 10 : 2020) 1. 일반사항(1.4 제출물) 편에서는 수급인은 시스템 비계를 강관비계로 변경할 경우 조립도(평면도, 단면도, 작업발판 배치도 및 조립해체 순서도 등), 구조계산서 등을 작성하여 공사감독자에게 제출하여 승인을 받도록 하고 있다.

표 4.9 국가건설기준에서의 시스템 비계 설치 우선 적용

비계 표준시방서(KCS 21 60 10 : 2020)	
일반사항	1.4 제출물 (1) KCS 21 60 05(1.4)를 따른다. (2) 수급인은 시스템 비계를 강관비계로 변경 할 경우 조립도(평면도, 단면도, 작업발판 배치도 및 조립해체 순서도 등), 구조계산서 등을 작성하여 공사감독자에게 제출하여 승인을 받아야 한다.

비계 및 안전시설물 설계기준(KDS 21 60 00 : 2020)	
3. 설계	3.1 일반사항 (10) 비계를 선정할 때에는 설치·해체 및 이동 중 작업자의 안전성을 최우선으로 고려하여 시스템 비계를 우선 검토하되, 현장여건을 고려하여 강관비계 등도 적용할 수 있다. (11) 비계 설계 시 설계도면(평면도, 단면도, 작업발판 배치도 및 조립해체 순서도 등), 구조계산서 등을 작성하여야 한다.

7 시스템 비계의 설계와 구조검토 점검요령

점검자가 시스템 비계 등에 대한 구조계산서를 점검할 경우에는 우선적으로 가설구조물에 대한 설계기준을 알고 접근해야 한다.

12) 2020년 1월 8일자로 개정

시스템 비계 등에 대한 설계기준은 국가건설기준인 비계 및 안전시설물 설계기준(KDS 21 60 00 : 2020)과 가시설물 설계 일반사항(KDS 21 10 00 : 2018)에서 정하고 있다. 이 기준에서는 시스템 비계를 포함하여 강관비계, 강관틀 비계, 이동식 비계, 안전시설물 등에 대하여 규정하고 있다. 또한 건설기술진흥법에서는 시공단계에서 시공사는 가설구조물에 대한 구조적 안전성을 확인하도록 규정하고 있다.

7.1 건설기술진흥법에 따른 구조검토와 구조적 안전성 확인

1) 구조검토와 설계도서 작성

「건설기술진흥법」 제48조(설계도서의 작성 등)에서 건설기술용역사업자인 설계자는 '설계도서를 작성할 때에는 구조물(가설구조물을 포함한다)에 대한 구조검토'를 하도록 규정하고 있다. 또한 그 설계도서의 작성에 참여한 건설기술인의 업무 수행내용을 국토교통부 장관이 정하는 바에 따라 적어야 하고 설계도서의 일부를 변경할 때에도 하도록 규정하고 있다.

설계도서를 작성하는 설계자는 가설구조물에 대해서도 구조검토를 하고 그에 따른 설계도서를 작성하도록 하고 있으나 최근까지는 거의 시행되지 않고 있었던 사장된 문구였다. 흙막이 구조물에 대해서는 구조검토와 설계도면을 작성하고 있었지만 비계나 동바리 등에 대해서는 사실 거의 유명무실한 법적 규정이었다. 그러나 최근 가설공사에 대한 법적 규제가 강화됨에 따라 비계나 동바리에 대해서도 구조 검토를 실시하고 설계도면을 작성하도록 유도하는 발주처가 늘어나고 있다.

또한 국가건설기준인 비계 및 안전시설물 설계기준(KDS 21 60 00)에서도 비계 설계 시 설계도면(평면도, 단면도, 작업발판 배치도 및 조립해체 순서도 등), 구조계산서 등을 작성하도록 하고 있다.

따라서 점검자는 가설구조물에 대한 구조적인 측면에서 검토할 때 설계 당시부터 구조검토와 설계도면이 작성되었는지의 여부를 확인해야 한다.

표 4.10 건설기술진흥법 제48조에 따른 설계도서의 작성

건설기술진흥법 제48조에 따른 설계도서의 작성	
설계 도서의 작성	▸제48조(설계도서의 작성 등) ① 설계 업무를 수행하는 건설기술용역사업자는 설계도서를 작성하여 해당 건설공사에 대한 건설사업관리 업무를 수행하는 건설기술용역사업자, 건설사업자 또는 주택건설등록업자에게 제출하여야 한다. ② 제1항에 따라 설계도서를 제출받은 건설기술용역사업자, 건설사업자 또는 주택건설등록업자는 해당 건설공사를 시공하기 전에 설계도서를 검토하고 그 결과를 발주청에 보고하여야 한다. ③ 제2항에 따른 설계도서의 검토 결과를 보고받은 발주청은 필요하면 설계도서를 작성한 건설기술용역사업자에게 시정·보완 등 필요한 조치를 요구하여야 한다. ④ 건설사업자와 주택건설등록업자는 건설공사의 품질 향상과 정확한 시공 및 안전을 위하여 다음 각호의 사항을 발주자가 선정한 건설사업관리를 수행하는 건설기술인 또는 제49조에 따른 공사감독자의 검토·확인을 받은 후 단계별로 시공하여야 한다. 1. 건설공사의 진행 단계별로 요구되는 시공 상태 2. 건설사업자와 주택건설등록업자가 작성하여야 하는 시공상세도면 ⑤ 건설기술용역사업자는 설계도서를 작성할 때에는 구조물(가설구조물을 포함한다)에 대한 구조검토를 하여야 하며 그 설계도서의 작성에 참여한 건설기술인의 업무 수행내용을 국토교통부 장관이 정하는 바에 따라 적어야 한다. 설계도서의 일부를 변경할 때에도 같다. ⑥ 제1항부터 제5항까지의 규정에 따른 설계도서의 작성, 검토 및 확인에 필요한 사항은 국토교통부령으로 정한다.

표 4.11 국가건설기준인 비계 및 안전시설물 설계기준(KDS 21 60 00)

국가건설기준인 비계 및 안전시설물 설계기준(KDS 21 60 00)	
3.설계	▸3.1 일반사항 (10) 비계를 선정할 때에는 설치·해체 및 이동 중 작업자의 안전성을 최우선으로 고려하여 시스템 비계를 우선 검토하되, 현장 여건을 고려하여 강관비계 등도 적용할 수 있다. (11) 비계 설계 시 설계도면(평면도, 단면도, 작업발판 배치도 및 조립해체 순서도 등), 구조계산서 등을 작성하여야 한다.

설계단계에서는 비계나 동바리류의 구조계산서를 작성하고 설계도면(평면도, 단면도, 작업발판 배치도 및 조립해체 순서도 등)을 작성해야 한다.

2) 가설구조물의 구조적 안전성 확인

「건설기술진흥법」 제62조(건설공사의 안전관리)에서는 시공단계에서 건설사업자 또는 주택건설등록업자로 하여금 동바리, 거푸집, 비계 등 가설구조물 설치를 위한 공사를 할 때 대통령령으로 정하는 바에 따라 가설구조물의 구조적 안전성을 확인하기에 적합한 분야의 「국가기술자격법」에 따른 기술사(관계전문가)에게 확인을 받도록 하고 있다. 이때 건축구조, 토목구조, 토질 및 기초와 건설기계기술사 등의 관계전문가는 가설구조물이 안전에 지장이 없도록 가설구조물의 구조적 안전성을 확인하도록 규정하고 있다.

가설구조물의 구조적 안전성을 확인을 받아야 할 대상 구조물은 높이가 31 m 이상인 비계, 브라켓(bracket) 비계, 작업발판 일체형 거푸집 또는 높이가 5 m 이상인 거푸집 및 동바리, 터널의 지보공(支保工) 또는 높이가 2 m 이상인 흙막이 지보공, 동력을 이용하여 움직이는 가설구조물, 높이 10 m 이상에서 외부작업을 하기 위하여 작업발판 및 안전시설물을 일체화하여 설치하는 가설구조물, 공사 현장에서 제작하여 조립·설치하는 복합형 가설구조물, 그 밖에 발주자 또는 인허가기관의 장이 필요하다고 인정하는 가설구조물 등이다. 이는 시공사가 가설구조물 설치 공사를 할 때 구조기술사 등의 관계전문가에게 구조적 안전성을 확인하도록 한 의무규정이다.

따라서 점검자들은 위의 가설구조물에 대한 구조적 안전성 확인을 관계전문가인 기술사들에게 받았는지 확인할 필요가 있다. 또한 구조적 안전성 확인에 소요되는 비용을 「건설기술진흥법」 제63조(안전관리비용)과 시행규칙 제60조(안전관리비)에 따라 적절하게 계상이나 집행되었는지도 확인해 볼 필요가 있다. 발주처가 안전관리비를 계상하지 않음에 따라 종합건설회사들은 전문건설회사들이나 가설기자재 임대 업체에게 안전성 확인에 소요되는 비용을 전가시키는 경우가 많기 때문이다.

가끔 현장 실무자들이 건설기술진흥법 제48조(설계도서의 작성 등)에 따른 설계단계에서 행해지고 있는 구조검토 및 설계도서 작성과 혼동하는 경우가 있다. 「건설기술진흥법」 제62조(건설공사의 안전관리)는 설계단계의 구조계산서와 설계도면이 현장 상황에 적합한지, 설계도면처럼 시공하였을 때 구조적으로 문제는 없는지를 시공단계에서 사전에 구조적으로 안전성을 확인하는 별도의 절차이다.

표 4.12 건설기술진흥법 제62조(건설공사의 안전관리)에 따른 구조적 안전성 확인

<table>
<tr><th colspan="2">건설기술진흥법 제62조(건설공사의 안전관리)에 따른 구조적 안전성 확인</th></tr>
<tr><td rowspan="4">가설구조물 구조적 안전성 확인</td><td>▸ 건설기술진흥법 제62조(건설공사의 안전관리)
⑪ 건설사업자 또는 주택건설등록업자는 동바리, 거푸집, 비계 등 가설구조물 설치를 위한 공사를 할 때 대통령령으로 정하는 바에 따라 가설구조물의 구조적 안전성을 확인하기에 적합한 분야의 「국가기술자격법」에 따른 기술사(이하 “관계전문가”라 한다)에게 확인을 받아야 한다.
⑫ 관계전문가는 가설구조물이 안전에 지장이 없도록 가설구조물의 구조적 안전성을 확인하여야 한다.</td></tr>
<tr><td>▸ 건설기술진흥법 시행령 제101조의2(가설구조물의 구조적 안전성 확인)
① 법 제62조제11항에 따라 건설사업자 또는 주택건설등록업자가 같은 항에 따른 관계전문가(이하 “관계전문가”라 한다)로부터 구조적 안전성을 확인받아야 하는 가설구조물은 다음 각호와 같다.
1. 높이가 31 m 이상인 비계
• 1의2. 브라켓(bracket) 비계
2. 작업발판 일체형 거푸집 또는 높이가 5 m 이상인 거푸집 및 동바리
3. 터널의 지보공(支保工) 또는 높이가 2 m 이상인 흙막이 지보공
4. 동력을 이용하여 움직이는 가설구조물
• 4의2. 높이 10 m 이상에서 외부작업을 하기 위하여 작업발판 및 안전시설물을 일체화하여 설치하는 가설구조물
• 4의3. 공사 현장에서 제작하여 조립·설치하는 복합형 가설구조물
5. 그 밖에 발주자 또는 인허가기관의 장이 필요하다고 인정하는 가설구조물
② 관계전문가는 「기술사법」에 따라 등록되어 있는 기술사로서 다음 각호의 요건을 갖추어야 한다.
1. 「기술사법 시행령」 별표 2의2에 따른 건축구조, 토목구조, 토질 및 기초와 건설기계 직무 범위 중 공사감독자 또는 건설사업관리기술인이 해당 가설구조물의 구조적 안전성을 확인하기에 적합하다고 인정하는 직무 범위의 기술사일 것
2. 해당 가설구조물을 설치하기 위한 공사의 건설사업자나 주택건설등록업자에게 고용되지 않은 기술사일 것
③ 건설사업자 또는 주택건설등록업자는 제1항 각호의 가설구조물을 시공하기 전에 다음 각호의 서류를 공사감독자 또는 건설사업관리기술인에게 제출해야 한다.
1. 법 제48조제4항제2호에 따른 시공상세도면
2. 관계전문가가 서명 또는 기명날인한 구조계산서</td></tr>
<tr><td>▸ 건설기술진흥법 제88조(벌칙)
다음 각호의 어느 하나에 해당하는 자는 2년 이하의 징역 또는 2천만 원 이하의 벌금에 처한다.
8. 제62조제11항에 따른 관계전문가의 확인 없이 가설구조물 설치공사를 한 건설사업자 또는 주택건설등록업자
9. 제62조제12항에 따라 가설구조물의 구조적 안전성 확인 업무를 성실하게 수행하지 아니함으로써 가설구조물이 붕괴되어 사람을 죽거나 다치게 한 관계전문가</td></tr>
<tr><td>▸ 건설기술진흥법 제91조(과태료)
② 다음 각호의 어느 하나에 해당하는 자에게는 1천만 원 이하의 과태료를 부과한다.
4. 제63조제1항에 따른 안전관리비를 공사금액에 계상하지 아니한 자 또는 같은 조 제2항을 위반하여 안전관리비를 사용한 자</td></tr>
</table>

건설기술진흥법 시행규칙 제60조(안전관리비)	
안 전 관 리 비	▸ 제60조(안전관리비) ① 법 제63조제1항에 따른 건설공사의 안전관리에 필요한 비용에는 다음 각호의 비용이 포함되어야 한다. 1. 안전관리계획의 작성 및 검토 비용 또는 소규모안전관리계획의 작성 비용 2. 영 제100조제1항제1호 및 제3호에 따른 안전점검 비용 3. 발파·굴착 등의 건설공사로 인한 주변 건축물 등의 피해방지대책 비용 4. 공사장 주변의 통행안전관리대책 비용 5. 계측장비, 폐쇄회로 텔레비전 등 안전 모니터링 장치의 설치·운용 비용 6. 법 제62조제11항에 따른 가설구조물의 구조적 안전성 확인에 필요한 비용 7. 「전파법」 제2조제1항제5호 및 제5호의2에 따른 무선설비 및 무선통신을 이용한 건설공사 현장의 안전관리체계 구축·운용 비용

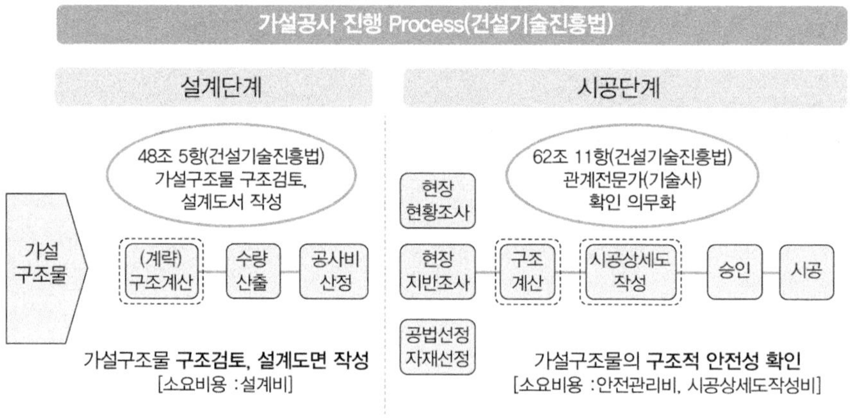

그림 4.25 가설구조물 설계단계의 구조검토 & 시공단계의 구조적 안전성 확인

7.2 국가건설기준에 따른 비계의 설계하중

비계 및 안전시설물의 설계 시에는 연직하중, 풍하중, 수평하중 및 특수하중 등에 대해 검토해야 한다. 따라서 점검자는 구조계산서에 4가지의 하중이 적절히 적용되었는지의 여부를 확인해볼 필요가 있다.

1) 연직하중

(1) 비계의 연직하중에는 비계 및 작업 발판의 고정하중(D)과 작업하중(L_i)이 있다.

연직하중 = 비계 및 작업 발판의 고정하중(D) + 작업하중(L_i)

(2) 작업 발판의 중량은 실제 중량을 반영하여야 하고, 0.2 kN/m^2 이상이어야 한다.
(3) 작업하중에는 근로자와 근로자가 사용하는 자재, 공구 등을 포함하며 다음과 같이 구분하여 적용한다.
   ① 통로의 역할을 하는 비계와 가벼운 공구만을 필요로 하는 경작업에 대해서는 바닥면적에 대해 1.25 kN/m^2 이상이어야 한다.
   ② 공사용 자재의 적재를 필요로 하는 중작업에 대해서는 바닥면적에 대해 2.5 kN/m^2 이상이어야 한다.
   ③ 돌 붙임 공사 등과 같이 자재가 무거운 작업인 경우에는 자재의 중량을 참고로 하여 단위면적당 작용하는 작업하중을 적용하여야 하며 최소 3.5 kN/m^2 이상이어야 한다.

2) 수평하중

(1) 비계의 수평 연결재나 가새, 벽 연결재의 안전성 검토는 풍하중과 연직하중의 5%에 해당하는 수평하중(M) 가운데 큰 값의 하중이 부재에 작용하는 것으로 한다.
(2) 수평하중은 비계 설치 면에 대하여 X 방향 및 Y 방향에 대하여 각각 적용한다.

3) 풍하중

(1) 비계 및 안전시설물 설계기준(KDS 21 60 00 : 2020) 기준에서 규정한 사항 이외의 경우에는 건축구조기준 설계하중(KDS 41 10 15 : 2019)에 따른다.
(2) 가시설물의 재현기간에 따른 중요도 계수(I_w)는 거푸집 및 동바리 설계기준(KDS 21 50 00 : 2018)에 따른다.
(3) 세장한 부재들로 이루어져 충실률이 낮고 보호망이나 패널 등을 붙여서 사용하는 안전시설물의 풍력계수(C_f)는 충실률에 따라 다음과 같이 산정한다.

$$C_f = (0.11 + 0.09\gamma + 0.945 C_0 \cdot R) \cdot F \qquad \text{(식 1)}$$

여기서, C_f : 안전시설물의 풍력계수

γ : 보호망, 네트 등의 풍력저감계수

C_0 : 안전시설물의 기본풍력계수

R : 안전시설물의 형상보정계수

F : 비계 위치에 대한 보정계수

(4) 보호망 등이 설치된 경우에 적용하는 풍력저감계수(γ)는 보호망 등으로 인한 충실률(ϕ)에 따라 다음의 식을 적용한다.

① 쌍줄비계에서 후면비계에 적용하는 풍력저감계수 :

$$\gamma = 1 - \phi$$

② 쌍줄비계의 전면이나, 외줄비계에 적용하는 풍력저감계수 :

$$\gamma = 0$$

(5) 안전시설물의 기본풍력계수(C_0)는 충실률(ϕ)에 따라 다음 표를 적용한다.

표 4.13 안전시설물의 기본풍력계수(C_0)

ϕ	C_0
0.1 미만	0.1
0.3	0.5
0.5	1.2
0.7	1.6
1.0	2.0

주 1) ϕ : 충실률(유효수압면적 / 외곽 전면적)
2) 사잇값은 직선보간값을 적용한다.

(6) 안전시설물의 형상보정계수(R)는 망 또는 시트, 패널의 길이(l), 패널의 높이(h), 지면에서 패널 상부까지의 높이(H)에 따른 형상보정계수(R)는 다음과 같이 구분하여 적용한다.

다만, (l/h) 또는 ($2H/l$)가 1.5 이하인 경우에는 $R = 0.6$을 적용하며, (l/h) 또는 ($2H/l$)가 59 이상인 경우에는 $R = 1.0$을 적용한다.

① 망이나 패널이 지면과 공간을 두고 설치되는 경우

$$R_{sh} = 0.5813 + 0.013(l/h) - 0.0001(l/h)^2 \quad \text{(식 2)}$$

여기서, l : 망 또는 패널의 길이

h : 망 또는 패널의 높이

② 망이나 패널이 지면에 붙어서 설치되는 경우

$$R_{sh} = 0.5813 + 0.013(2H/l) - 0.0001(2H/l)^2 \quad \text{(식 3)}$$

여기서, H : 망 또는 패널의 지면에서 상부까지의 높이

l : 망 또는 패널의 길이

(7) 비계의 지지방법에 의한 보정계수(F)는 비계의 설치 방법과 충실률에 따라 다음 표를 적용한다.

표 4.14 비계 위치에 대한 보정계수(F)

비계의 종류	풍력방향	적용부분	보정계수(F)
독립적으로 지지되는 비계	정압, 부압	전 부분	$F=1.0$
구조물에 지지되는 비계	정압	상부 2개층	$F=1.0$
		기타 부분	$F=1+0.31\phi$
	부압	개구부 인접부 및 돌출부	$F=-1.0$
		우각부에서 2스팬 이내	$F=-1+0.23\phi$
		기타 부분	$F=-1+0.38\phi$

주 1) ϕ : 충실률

4) 특수하중

(1) 비계에 선반 브래킷, 양중설비, 콘크리트 타설장비 및 낙하물 방지망 등 안전시설에 특수한 설비를 설치한 경우에는 그 영향을 고려하여야 한다.

(2) 낙하물의 충격하중은 낙하물의 중량과 낙하 시 충격 등의 영향을 고려하여야 한다.

7.3 비계의 하중조합

국가건설기준인 비계 및 안전시설물 설계기준(KDS 21 60 00 : 2020)에서는 하중조합을 하도록 정하고 있다.

따라서 점검자는 구조계산서를 검토하는 과정에서 4가지 하중을 적절하게 조합하였는지의 여부를 점검하여야 한다.

(1) 하중조합은 연직하중(자중 및 작업하중)과 수평하중을 동시에 고려하여야 한다. 수평하중은 각 방향에 대하여 서로 독립적으로 작용하며 중첩하여 적용하지 않는다.
(2) 풍하중의 적용은 작업하중의 영향을 고려하지 않는다.
(3) 비계 및 안전시설물에 적용하는 하중조합과 허용응력 증가계수는 가시설물 설계 일반사항(KDS 21 10 00)에 따른다.

표 4.15 가시설물 설계 일반사항(KDS 21 10 00)의 하중조합과 허용응력 증가계수

<table>
<tr><th colspan="2">가시설물 설계 일반사항(KDS 21 10 00)</th></tr>
<tr><td>3.3
하중
조합</td><td>3.3 하중조합
(1) 가시설물 설계 시에는 시공 중 또는 사용기간 중에 작용할 것으로 예상되는 하중들을 각 하중들의 발생 특성에 따라 합리적으로 조합하여 검토하여야 한다.
(2) 하중 종류에 따라 적용되는 하중조합 및 증가계수는 다음과 같다.

3.3.1 거푸집 및 동바리, 비계 및 안전시설물
(1) 거푸집 및 동바리, 비계 및 안전시설물 설계 시 하중조합 및 허용응력 증가계수는 표에 따라 적용한다.

비계 및 안전시설물 등의 하중조합 및 허용응력 증가계수
<table><tr><th>CASE</th><th>하중조합</th><th>허용응력 증가계수</th></tr><tr><td>1</td><td>$D+L_i+M$</td><td>1.00</td></tr><tr><td>2</td><td>$D+W$</td><td>1.25</td></tr><tr><td>3</td><td>$D+L_i+M+S$</td><td>1.50</td></tr></table></td></tr>
</table>

7.4 비계의 구조설계

국가건설기준인 비계 및 안전시설물 설계기준(KDS 21 60 00 : 2020)에서는 구조설계를 하도록 정하고 있다.

따라서 점검자는 구조계산서를 검토하는 과정에서 구조물의 형상, 평면선형 및 종단선형의 변화가 심하고 편재하의 영향을 고려할 경우와 높이 31 m 이상인 비계는 반드시 3차원(3D)

해석을 수행하였는지의 여부를 점검하여야 한다.

또한 각 부재의 연결조건을 임의로 적용하는 경우가 많으므로 반드시 아래 기준에 의거 적용하였는지 확인할 필요가 있다. 일반적으로 부실 구조검토서는 기준에 의거, 힌지 연결을 적용하여야 함에도 불구하고 일부 강성 조건을 부여하여 NG에서 OK로 만드는 경우가 많으므로 반드시 확인하여야 한다.

(1) 일반적으로 비계는 현장조건에 부합하는 각 부재의 연결조건과 받침조건을 고려한 2차원 또는 3차원 구조해석을 수행하여야 하나, 구조물의 형상, 평면선형 및 종단선형의 변화가 심하고 편재하의 영향을 고려할 경우와 높이 31 m 이상인 비계는 반드시 3차원 해석을 수행하여 안전성을 검증하여야 한다.

(2) 구조설계 순서는 거푸집 및 동바리 설계기준(KDS 21 50 00)에 따른다.

표 4.16 거푸집 및 동바리 설계기준(KDS 21 50 00)의 구조설계 순서

<table>
<tr><th colspan="2">거푸집 및 동바리 설계기준(KDS 21 50 00)</th></tr>
<tr><td>1.10
구조
설계</td><td>1.10 구조설계
(1) 일반적으로 동바리는 현장 조건에 부합하는 각 부재의 연결조건과 받침 조건을 고려한 2차원 또는 3차원 해석을 수행하여야 하나, 구조물의 형상, 평면선형 및 종단선형의 변화가 심하고 편재하의 영향을 고려할 경우에는 2차원 해석 결과와 3차원 해석결과를 비교하여 안전측 설계가 되도록 하여야 한다. 다만, 설치 높이가 5.0 m 미만인 동바리의 경우에는 2차원 또는 3차원 구조해석을 생략할 수 있으며, 구조설계는 아래 그림에 따라 수행한다.

하중계산 | 동바리에 작용하는 하중의 종류, 크기 산정
- 수직방향 하중, 수평방향 하중, 특수하중 등
↓
응력계산 | 하중에 의하여 각 부재에 발생되는 응력 산출
- 휨모멘트, 전단력, 처짐, 좌굴, 비틀림의 영향 검토
↓
단면배치 간격계산 | 각 부재에 발생되는 응력에 대하여 안전한 단면 및 배치간격 결정
- 장선, 멍에, 거푸집 널, 동바리 배치

그림 4.26 구조설계 순서도</td></tr>
</table>

(3) 강관비계 및 시스템 비계 각 부재의 연결조건을 다음과 같이 적용한다.

① 수직재와 수직재의 연결부 : 연속 부재

② 수직재와 수평재의 연결부 : 힌지 연결(수평재 단부)

③ 수직재와 경사재의 연결부 : 힌지 연결(경사재 단부)

④ 수평재와 경사재의 연결부 : 힌지 연결

(4) 강관틀 비계 및 이동식 비계의 경우에는 각 부재의 연결조건을 다음과 같이 적용한다.

① 수직재와 수직재의 연결부 : 연속 부재

② 수직재와 수평재의 연결부 : 연속 부재

③ 주틀과 교차가새의 연결부 : 힌지 연결(경사재 단부)

(5) 비계를 구성하는 수직재, 수평재 및 가새재 등 각 부재의 연결상세가 강성의 저하 없이 용접 연결되는 경우에는 연결조건을 다음과 같이 적용할 수 있다.

① 수직재와 수평재의 연결부 : 연속 부재

② 수직재와 경사재의 연결부 : 연속 부재

③ 수평재와 경사재의 연결부 : 연속 부재

(6) 비계 받침부의 경계조건은 원칙적으로 힌지로 간주한다.

(7) 위의 규정을 따르기 어려운 경우에는 공사감독자가 인정하는 구조분야 전문자격을 갖춘 기술자의 판단에 따라 적용할 수 있다.

7.5 비계 설계의 재료 적용

시스템 비계를 포함한 일반적인 비계의 구조설계 과정에서 비계 및 안전시설물의 재료는 일반적으로 단관비계용 강관, 클램프, 작업 발판 등으로 구분한다. 비계 및 안전시설물의 재료는 주로 국내에서 생산 및 사용되는 것으로 적용하고 각 재료에 대한 단면성능은 한국산업표준(KS) 또는 공인시험기관에서 시험한 결과를 적용한다.

비계 및 안전시설물의 재료는 가설공사 일반사항(KCS 21 10 00)에 적합한 것을 사용하여야 한다.

1) 시스템 비계

(1) 시스템 비계는 고용노동부 방호장치 안전인증기준 또는 KS F 8021(조립형 비계 및 동바

리 부재)에 적합하여야 한다.

(2) 시스템 비계 각 부재의 허용인장 성능은 허용인장응력을 따르고, 수직재의 안전인증기준은 거푸집 및 동바리 설계기준(KDS 21 50 00)에 따른다.

표 4.17 거푸집 및 동바리 설계기준(KDS 21 50 00)의 수직재의 안전인증기준

<table>
<tr><th colspan="2">거푸집 및 동바리 설계기준(KDS 21 50 00)</th></tr>
<tr><td>2.6
동바리</td><td>
2.6.2 시스템 동바리
(1) 시스템 동바리는 방호장치 안전인증기준 또는 KS F 8021에 적합하여야 한다.
(2) 시스템 동바리 각 부재의 허용인장 성능은 허용인장응력을 따르고, 수직재의 압축성능은 표와 같다.

수직재의 압축성능(P_{scr})
<table>
<tr><th rowspan="2">호칭길이 (mm)</th><th colspan="2">압축성능 (kN)</th></tr>
<tr><th>1종(동바리)</th><th>2종(비계)</th></tr>
<tr><td>900 미만</td><td>160</td><td>90</td></tr>
<tr><td>900 이상 1,200 미만</td><td>140</td><td>70</td></tr>
<tr><td>1,200 이상 1,500 미만</td><td>120</td><td>55</td></tr>
<tr><td>1,500 이상 1,800 미만</td><td>90</td><td>40</td></tr>
<tr><td>1,800 이상 2,100 미만</td><td>70</td><td>30</td></tr>
<tr><td>2,100 이상 2,400 미만</td><td>60</td><td>25</td></tr>
<tr><td>2,400 이상 2,700 미만</td><td>50</td><td>20</td></tr>
<tr><td>2,700 이상 3,000 미만</td><td>40</td><td>17</td></tr>
<tr><td>3,000 이상 3,300 미만</td><td>35</td><td>14</td></tr>
<tr><td>3,300 이상 3,600 미만</td><td>30</td><td>12</td></tr>
<tr><td>3,600 이상</td><td>25</td><td>10</td></tr>
</table>
주 ① 1종 : 수직재 바깥지름이 60.2 mm 이상인 부재
② 2종 : 수직재 바깥지름이 48.3 mm 이상 60.2 mm 미만인 부재

(3) 위 (1)항 외 제품은 공인시험기관에서 성능시험을 통하여 확인된 값을 적용하여야 한다.
</td></tr>
</table>

(3) 위 (1) 외 제품은 공인시험기관에서 성능시험을 통하여 확인된 값을 적용하여야 한다.

(4) 시스템 비계에 사용되는 기타 재료는 국가건설기준 비계 및 안전시설물 설계기준(KDS 21 60 00)의 2.7에 따른다.

표 4.18 비계 및 안전시설물 설계기준(KDS 21 60 00) 기타 재료

비계 및 안전시설물 설계기준(KDS 21 60 00)

2.7 기타 재료

2.7.1 클램프

(1) 클램프는 방호장치 안전인증기준 또는 조임철물(KS F 8013)에 적합하여야 한다.
(2) 클램프의 안전인증기준은 다음 표와 같다.

클램프의 안전인증기준

구분	안전인증기준(kN)
고정형	15.7 이상
회전형	10.8 이상

(3) 위 (1) 외 제품은 공인시험기관에서 성능시험을 통하여 확인된 값을 적용하여야 한다.

2.7.2 받침 철물

(1) 받침 철물은 거푸집 및 동바리 설계기준(KDS 21 50 00)의 2.7.1에 따른다.

거푸집 및 동바리 설계기준(KDS 21 50 00) - (2.7.1)

(1) 받침 철물은 방호장치 안전인증기준 별표16의5 파이프 서포트의 시험성능기준 또는 KS F 8014에 적합하여야 한다.
(2) 받침 철물의 종류 및 압축성능은 표와 같다.

받침철물 종류 및 압축성능(P_{scr})

종류	압축성능(kN)
조절형 받침철물	40
피벗형 받침철물	

(3) 위 (1) 외 제품은 공인시험기관에서 성능시험을 통하여 확인된 값을 적용하여야 한다.

2.7.3 작업대 및 통로용 작업 발판

(1) 작업대 및 통로용 작업 발판은 방호장치 안전인증기준 또는 작업발판(KS F 8012)에 적합하여야 한다.

2.7.4 벽이음 철물

(1) 벽이음 철물은 방호장치 안전인증기준 또는 KS F 8003(강관틀 비계)에 적합하여야 한다.
(2) 벽이음 철물의 안전인증기준은 다음 표와 같다.

벽이음 철물의 안전인증기준

부재	안전인증기준(N)	
벽 이음 철물	인장강도	9,810 이상
	압축강도	9,810 이상

(3) 위 (1) 외 제품은 공인시험기관에서 성능시험을 통하여 확인된 값을 적용하여야 한다.

2.7.5 브래킷

(1) 브래킷은 방호장치 자율안전기준 또는 강제 브래킷(KS F 8015)에 적합하여야 하며, 브래킷의 부재성능은 허용응력값을 따른다.
(2) 위 (1) 외 제품은 공인시험기관에서 성능시험을 통하여 확인된 값을 적용하여야 한다.

2.7.6 건설공사용 망

(1) 수직 보호망은 방호장치 안전인증기준 또는 수직보호망(KS F 8081)에 적합하여야 한다.
(2) 추락 방호망은 방호장치 안전인증기준 또는 추락방호망(KS F 8082)에 적합하여야 한다.
(3) 낙하물 방지망은 낙하물방지망(KS F 8083)에 적합하여야 한다.
(4) 수직형 추락방망은 수직형 추락방망(KS F 8084)에 적합하여야 한다.

2.7.7 달기틀 및 달기체인

(1) 달기틀 및 달기체인은 방호장치 자율안전기준에 적합하여야 한다.

2.7.8 앵커

(1) 앵커는 거푸집 및 동바리 설계기준(KDS 21 50 00)의 2.7.2에 따른다.

거푸집 및 동바리 설계기준(KDS 21 50 00) - (2.7.2)
2.7.2 앵커 (1) 앵커용 강재는 KS B 1016, KS B ISO 898-1에 적합하여야 한다. (2) 앵커 볼트는 봉강에 나사산을 가공한 후 단부에 정착을 위한 너트를 체결한 형태나 헤드 볼트 또는 갈고리 볼트의 형태이어야 한다.

2.7.9 와이어 로프

(1) 와이어 로프는 거푸집 및 동바리 설계기준(KDS 21 50 00)의 2.7.3에 따른다.

거푸집 및 동바리 설계기준(KDS 21 50 00) - (2.7.3)

2.7.3 와이어 로프

(1) 거푸집에 사용되는 와이어 로프는 KS D 3514에 적합하여야 하며, 와이어 로프 직경의 허용오차는 아래 표 이내이어야 한다.
(2) 일반적으로 거푸집에 사용되는 와이어 로프의 안전계수(와이어 로프의 파단하중을 와이어 로프에 걸리는 최대하중으로 나눈 값)는 5 이상이 되어야 하며, 가속도와 굴곡에 의한 하중효율을 고려한 안전계수는 2 이상이 되어야 한다.

와이어 로프 직경의 허용오차

와이어 로프 직경	허용오차
10 mm 미만	공칭 직경의 0% ~ +10%
10 mm 이상	공칭 직경의 0% ~ +7%

2) 강관비계

(1) 강관은 거푸집 및 동바리 설계기준(KDS 21 50 00)에 따른다.

(2) 강관비계에 사용되는 기타 재료는 국가건설기준 비계 및 안전시설물 설계기준(KDS 21 60 00)의 2.7에 따른다.

3) 강관틀 비계

(1) 강관틀 비계는 방호장치 안전인증기준 또는 강관틀비계용 부재 및 부속철물(KS F 8003)에 적합하여야 한다.

(2) 강관틀 비계 각 부재의 허용인장성능은 허용인장응력을 따르고, 주틀의 안전인증기준은 다음 표와 같다.

표 4.19 강관틀 비계 주틀의 안전인증기준

부재	안전인증기준(N)
주틀	78,500 이상

(3) 위 (1) 외 제품은 공인시험기관에서 성능시험을 통하여 확인된 값을 적용하여야 한다.

(4) 강관틀 비계에 사용되는 기타 재료는 국가건설기준 비계 및 안전시설물 설계기준(KDS 21 60 00)의 2.7에 따른다.

4) 이동식 비계

(1) 이동식 비계는 방호장치 안전인증기준 또는 이동식 비계(KS F 8011에) 적합하여야 한다.

(2) 이동식 비계 각 부재의 허용인장성능은 허용인장응력을 따르고, 주틀의 안전인증기준은 다음 표와 같다.

표 4.20 이동식 비계 주틀의 안전인증기준

부재	안전인증기준(N)
주틀	44,000 이상

(3) 위 (1) 외 제품은 공인시험기관에서 성능시험을 통하여 확인된 값을 적용하여야 한다.

(4) 이동식 비계에 사용되는 기타 재료는 국가건설기준 비계 및 안전시설물 설계기준(KDS 21 60 00)의 2.7에 따른다.

7.6 비계의 설계

국가건설기준인 비계 및 안전시설물 설계기준(KDS 21 60 00 : 2020)에서는 비계 설계에 대하여 정하고 있다.

1) 일반사항

(1) 비계 및 안전시설물의 설계는 강구조 설계 일반사항(허용응력설계법, KDS 14 30 00)에 따른다.

(2) 풍하중과 충격하중이 조합되는 경우에는 가시설물 설계 일반사항(KDS 21 10 00)의 3.3.1에 따른다.

(3) 비계 및 안전시설물에 사용되는 부속품의 안전율은 공인시험기관의 성능시험 값을 기초로 다음 표를 적용한다.

표 4.21 비계 및 안전시설물 부속품의 안전율

구분	안전율
인장	2
휨	2
전단	3
압축	3

(4) 비계에 사용되는 와이어 로프 및 강선의 안전율은 10 이상이어야 한다.

(5) 안전시설물에 사용되는 와이어 로프 및 강선의 안전율은 5 이상이어야 한다.

(6) 전도에 대한 안전성 검토 시의 안전율은 2 이상이어야 한다.

(7) 비계 및 안전시설물의 설계는 시공 시의 연직하중, 풍하중, 수평하중 및 특수하중 등의 하중에 대하여 검토하여야 한다.

(8) 비계 및 안전시설물의 설계는 시공 등을 고려하여 적정한 형식과 재료를 선택하고, 작용되는 하중을 안전하게 기초에 전달하도록 하여야 한다.

(9) 비계 및 안전시설물은 조립·해체가 편리한 구조로써 이음부나 교차부에서 하중을 안전하게 전달할 수 있는 것이어야 한다.

(10) 비계를 선정할 때에는 설치·해체 및 이동 중 작업자의 안전성을 최우선으로 고려하여 시스템 비계를 우선 검토하되, 현장여건을 고려하여 강관비계 등도 적용할 수 있다.

(11) 비계 설계 시 설계도면(평면도, 단면도, 작업발판 배치도 및 조립해체 순서도 등), 구조계산서 등을 작성하여야 한다.

2) 비계의 설계

(1) 비계의 설계는 강구조 설계 일반사항(허용응력설계법, KDS 14 30 00)에 따른다.

(2) 비계에 간이 크레인, 콘크리트 타설장비 등을 설치하는 경우는 운반하중으로 인한 전도 모멘트에 대하여 안전하도록 하여야 한다.

(3) 달비계 고정을 위해 건물에 설치하는 타이백(Tie - back)의 강도는 달기로프와 동등 이상의 강도를 가진 것이어야 하며, 직접적인 고정수단이 아닌 2차적인 고정수단으로 사용되어야 한다.

(4) 중량물을 작업발판 등에 놓아두는 경우와 같이 특수한 용도일 때는 각각의 경우에 따라 강도 계산을 하여 안전하도록 하여야 한다.

(5) 골조공사 및 외부 마감공사를 위해 설치하는 고소 가설작업대는 다음 사항을 고려하여 구조 안전성 여부를 검토하여야 한다.

① 고소 가설작업대 자중, 작업하중, 사용 장비하중 등 고소 가설작업대에 작용하는 하중을 고려하여 타워크레인 등 인양장비의 양중능력 또는 앵커의 지지능력, 고소 가설작업대의 안전성 여부를 검토하여야 한다.

② 고소 가설작업대를 지지하는 앵커 또는 와이어 로프는 고정하중, 작업하중, 풍하중 등의 모든 하중에 대하여 안전성을 확보하여야 한다.

③ 고소 가설작업대 인양고리에 대한 안전성 여부를 검토하여야 한다.

④ 고소 가설작업대를 지지하기 위한 콘크리트의 압축 강도를 확인하여야 한다.

(6) 비계 및 고소 가설작업대용 앵커의 구조설계에 관한 사항은 콘크리트용 앵커 설계기준(KDS 14 20 54)에 따른다.

(7) 비계가 설치되는 하부 기초설계는 거푸집 및 동바리 설계기준(KDS 21 50 00)의 3.3에 따른다.

표 4.22 거푸집 및 동바리 설계기준(KDS 21 50 00)의 하부 기초설계

	거푸집 및 동바리 설계기준(KDS 21 50 00)

3.3 하부 기초 설계

3.3 하부기초설계

(1) 동바리 하부에 별도의 기초가 사용될 경우에는 기초의 지지력을 결정하고, 동바리 시공상세도에는 설계 시에 적용한 지지력을 표시하여야 한다.

(2) 동바리 하부와 받침목 그리고 받침목과 기초콘크리트는 못이나 볼트 등으로 연결하여 변위를 구속하여야 한다. 이때 받침목은 상부하중에 의해 횡단면 비틀림이 발생되지 않는 단면으로 설계하여야 한다.

(3) 하부기초 설계는 다음 순서에 따라 실시한다.
① 동바리 본체로부터 기초로 전달되는 하중의 크기를 결정한다.
② 기초에 전달되는 하중을 고려하여 기초지반의 허용지지력을 산정한다.
③ 기초 지반 허용지지력에 근거한 하부 기초의 지지 형식을 결정한다.

㉮ 소요지지력이 지반 허용지지력보다 큰 경우

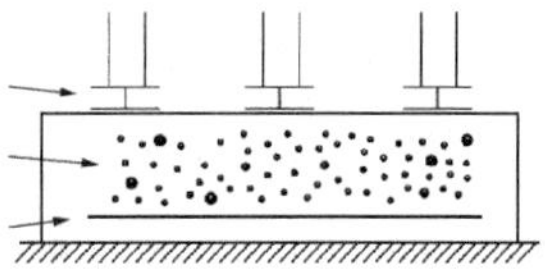

• 지반 허용지지력 및 기초철근콘크리트에 대한 응력검토

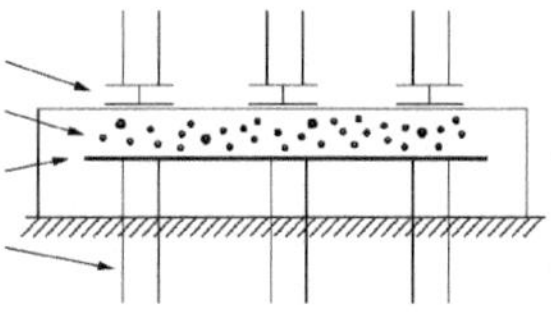

• 말뚝 허용지지력 및 기초철근콘크리트에 대한 응력검토

※ H형강에 의한 보 형식 동바리 가설의 경우 상기방법 검토

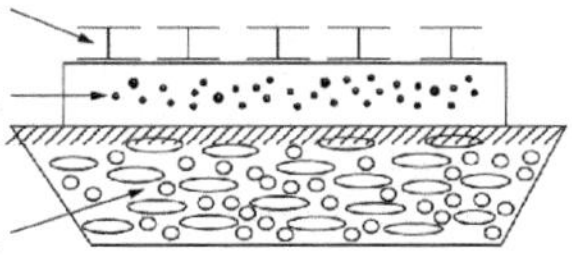

• 시험에 의한 치환깊이, 종류 등을 결정해 소요지지력 확보
• 하중분포를 위해 받침목 필히 설치

㉯ 소요지지력이 지반 허용지지력 이내일 경우

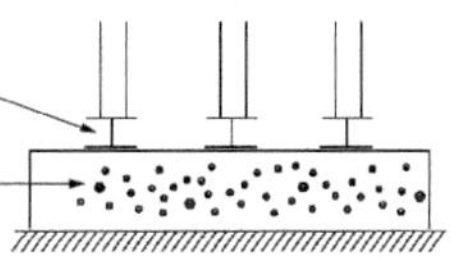

• 받침콘크리트는 기초가 아니므로 하중분포를 위해 받침목 필히 설치
• 받침콘크리트를 타설하지 않을 경우 받침목을 설치하더라도 국부적 부등침하 필히 검토

그림 4.27 허용지지력에 근거한 하부 기초의 지지 형식

(4) 지반의 지지력은 다음의 방법에 따라 결정한다.
① 평판재하시험(KS F 2444)에 따라 지반 지지력을 확인한다. 이때 지반 지지력은 항복강도의 1/2과 극한강도의 1/3 가운데 작은 값으로 한다.
② 지반침하량은 재하 폭 및 기초 폭에 종속적이므로 허용침하량 이내 인지를 검토하며 또한, 부등침하의 여부를 검토한다.
③ 평판재하시험에 의해 지반 지지력을 평가하는 경우에는 재하판 지름의 2배 깊이까지의 지층에 대한 지지력을 나타내므로 지하수 등에 유의하고, 지반 하부에 배수관 등이 있을 경우에는 강성보강 등 별도의 대책을 강구한다.
④ 허용지지력의 크기는 허용 침하량에 의한 지지력의 1/3과 평판재하시험에 의한 허용지지력을 비교하여 작은 값을 적용한다.
⑤ 말뚝기초의 경우에는 말뚝의 압축 정재하 시험(KS F 2445) 및 말뚝기초 동재하(KS F 2591)에 따라 지반 지지력을 확인하며 상세사항은 지반설계기준(KDS 11 00 00)에 따르고, 해머하중 및 침하량에 의해 지지력을 산정한다.
(4) 지반 기초의 설계 시에는 다음의 시공에 관련한 사항을 고려하여야 한다.
① 동바리를 지반에 설치할 때에는 침하를 방지하기 위하여 최소 100 mm 이상 콘크리트를 타설하고, 두께 45 mm 이상의 받침목이나 전용받침철물 혹은 받침판 등을 설치한다.
② 동절기에는 기초 슬래브를 타설하지 않도록 함을 원칙으로 하나, 불가피하게 동절기 공사가 요구되는 경우에는 동결심도 아래에서 기초가 형성되도록 조치한다.

7.7 현장에서 수행하는 비계의 구조해석 문제점

일반적으로 구조계산 과정에서 빈번하게 행해지고 있는 문제점을 기술하면 다음과 같다.

1) 각 부재의 경계조건 적용

구조해석 과정에서 수직재의 경계조건은 연결부재로 그리고 수평재의 경계조건은 설계기준에 따르면 힌지 연결로 설정하도록 되어 있다. 그러나 일부 사무장 기술사무소에서는 임대사의 요구에 따라 자재 누락을 통한 원가도모 차원에서 20% 정도의 회전강성을 부여하여 NG→OK로 만들고 있다. 따라서 점검자는 구조해석 보고서를 보고서 힌지 연결부위에 이러한 회전강성을 임의로 부여하지는 않았는지를 꼭 확인할 필요가 있다.

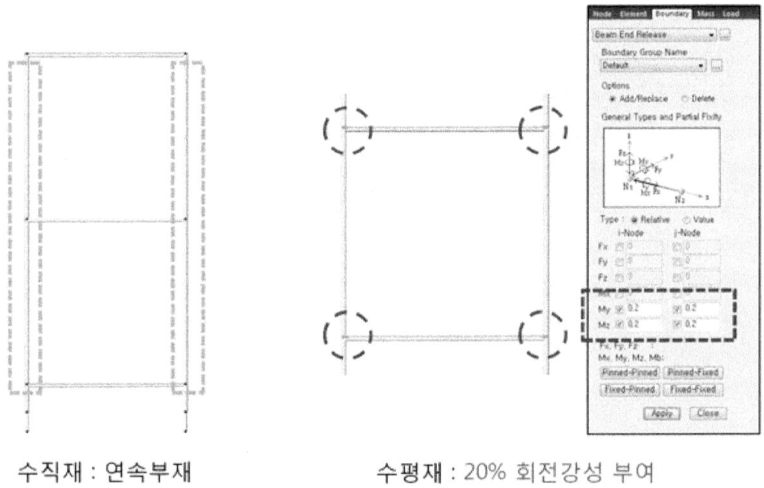

그림 4.28 각 부재의 경계조건 적용

2) 수평변위 비교(가새 미설치 시)

현행 철골구조물의 구조해석 시에는 웨브 핀접합을 사용하는 경우에 힌지로 해석한다. 하지만 가설구조물 구조설계에서만 현행 기준을 위배하는 행위들이 이루어지고 있다.

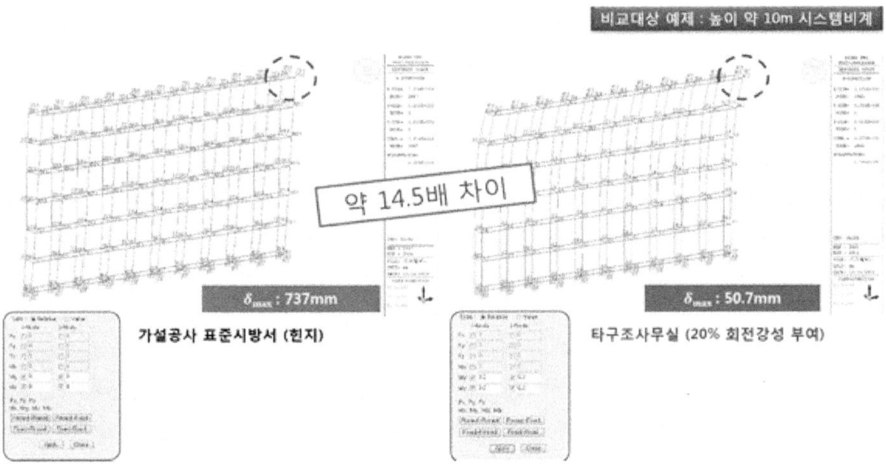

그림 4.29 수평변위 비교 : 가새 미설치 시

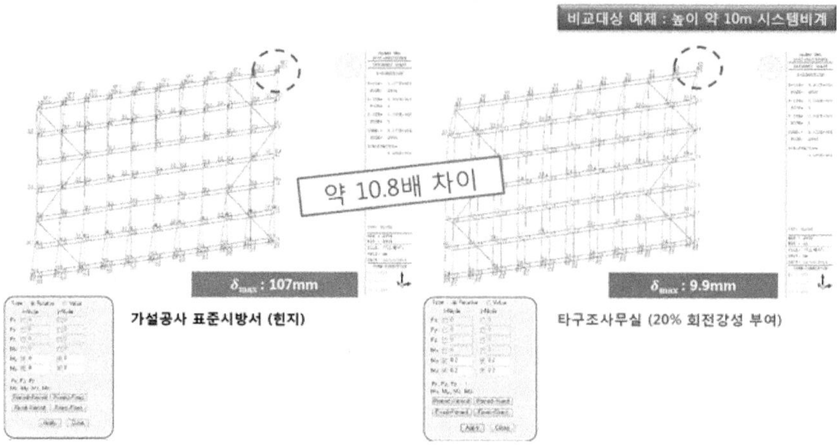

그림 4.30 수평변위 비교 : 가새 설치 시

이는 불확실한 접합부에 일정 수준 이상의 성능을 부여하게 된다. 이로 말미암은 불안전한 가설구조물로 인해 시공단계에서 전도나 붕괴를 일으키는 주요 요인 중의 하나이다.

따라서 시험을 통한 접합부의 적절한 평가가 이루어져 이를 설계에 반영함으로써 불확실성을 해소할 필요가 있다.

3) 회전강성 유무에 따른 Ratio 비교

접합부의 회전강성 유무에 따라 부재응력에 대한 해석 결과는 많은 차이가 발생한다.

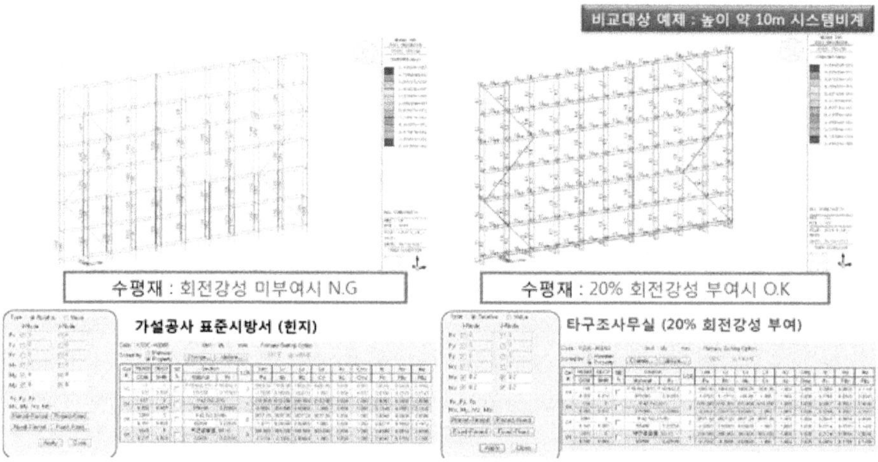

그림 4.31 회전강성 유무에 따른 Ratio 비교

회전강성을 임의로 조정하는 것이 마치 기술력을 가지고 있는 것으로 오인되지만 사실은 국가건설기준의 설계기준을 위반한 불법행위에 해당한다.

4) 벽 연결철물 유무에 따른 비교

비계가 전도되거나 무너지는 원인의 대부분은 벽 연결철물을 제대로 설치하지 않았거나 또는 설치된 벽 연결철물을 마감공사 시에 해체하는 경우에 발생하고 있다.

벽 연결철물을 일부 구간에 미설치 시에는 Y 방향의 변위가 아래 그림에서 보는 바와 같이 대폭 증가하게 된다.

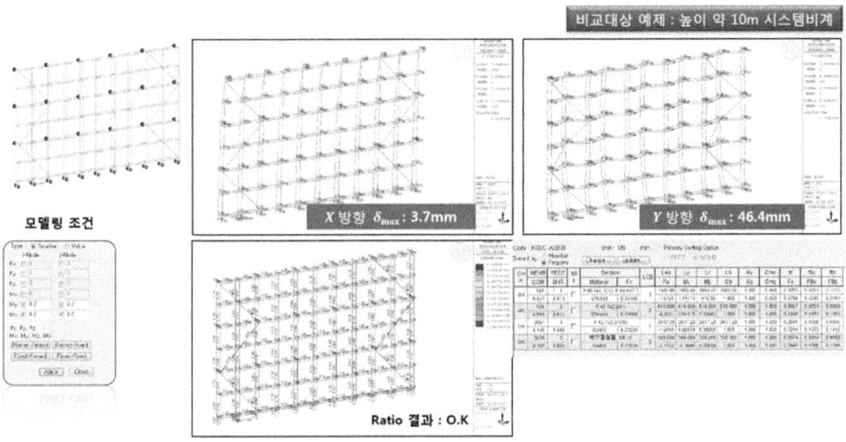

그림 4.32 벽 연결철물 유무에 따른 비교(가로×세로 각각 5 m 이내 간격 배치 시)

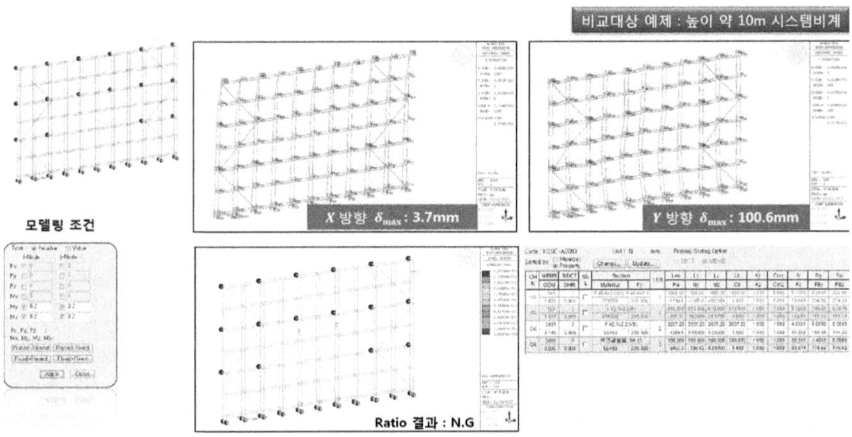

그림 4.33 벽 연결철물 유무에 따른 비교(벽 연결철물 일부구간 미설치 시)

5) 지점조건에 따른 비교(Spring 조건과 비교)

스프링 조건과 일반 지점경계조건과 결과 차이가 매우 미소하게 나타나고 있다. Ratio와 처짐은 비슷한 결과를 나타낸다.

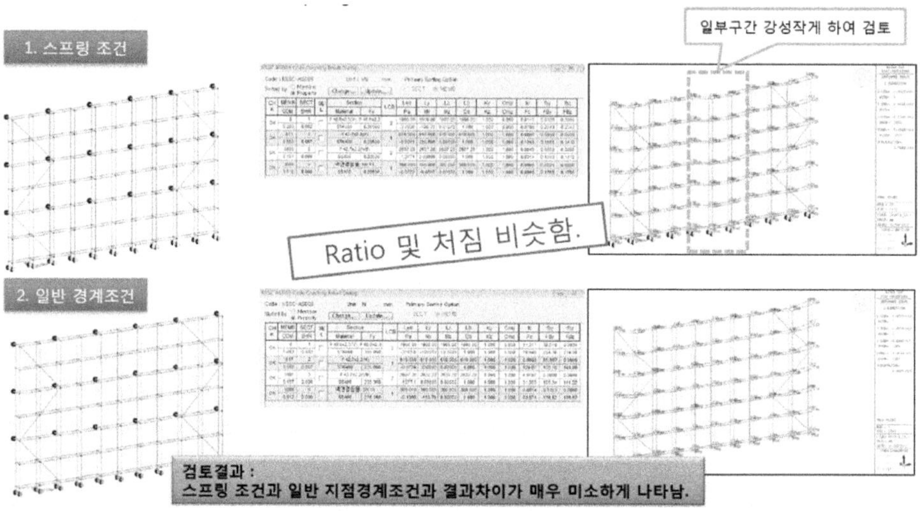

그림 4.34 지점조건에 따른 비교(Spring 조건과 비교)

7.8 비계 구조계산서 검토 요령 '예'

구 조 계 산 서

STRUCTURAL DESIGN CALCULATION SHEET

시스템 비계

2017. 4.

목 차

1. 일반사항
   - 1.1 검토개요
   - 1.2 적용 규격 및 표준
   - 1.3 사용프로그램
   - 1.4 사용재료
   - 1.5 설계하중
2. 구조검토
   - 2.1 비계 설치높이 : 55.5 m
   - 2.2 Bracket 비계 설치높이 : 52.8 m
   - 2.3 TRUSS 비계 설치높이 : 24.3 m
   - 2.4 SLAB Bracket 비계 설치높이 : 26.6 m

※ 첨부자료 1 (비계 설치시 주의사항)
※ 첨부자료 2 (시험성적서)
※ 첨부자료 3 (설치도면)

비계 설치 평면도

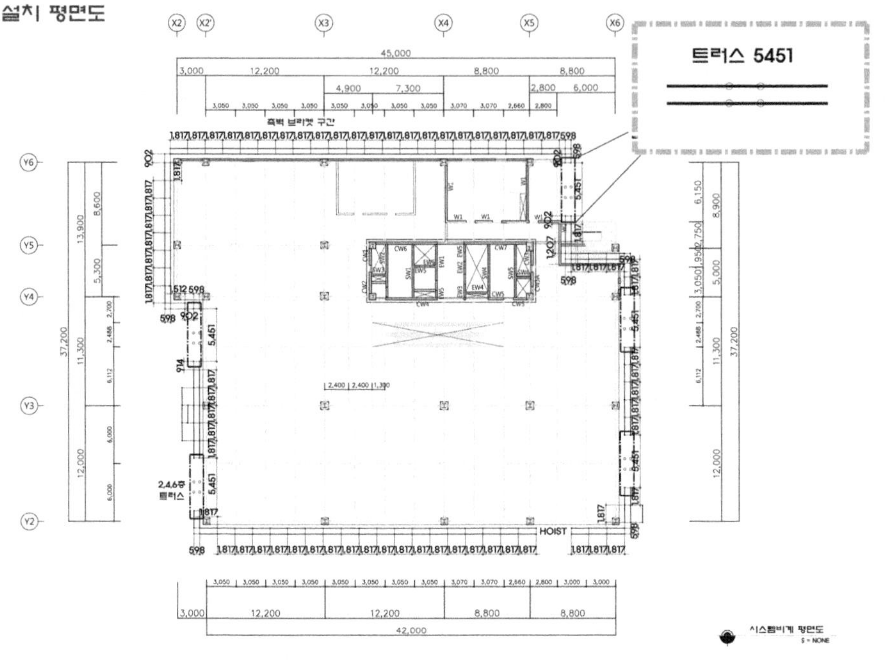

비계 설치 발판도

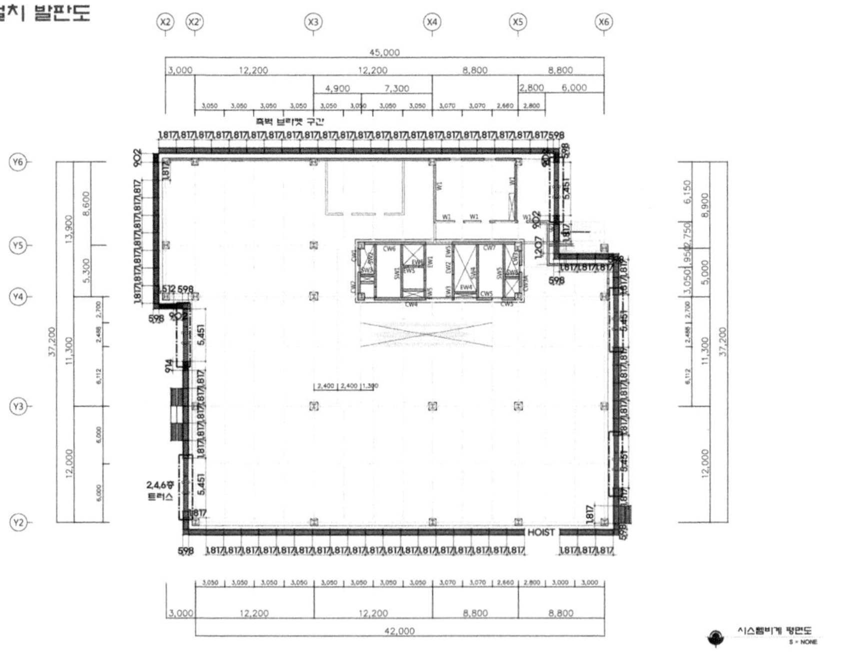

브라켓 위치 확인

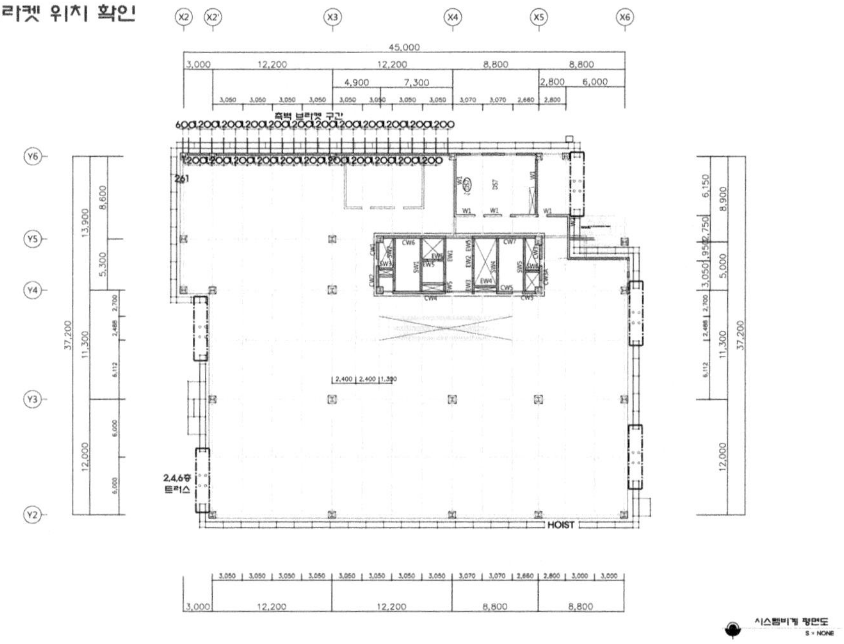

브라켓 위치 하부 멍에 확인

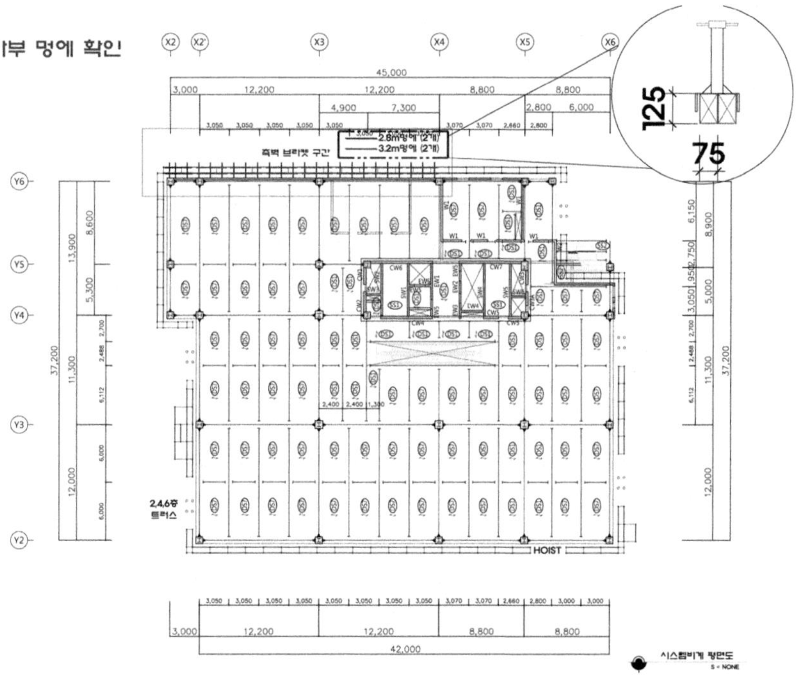

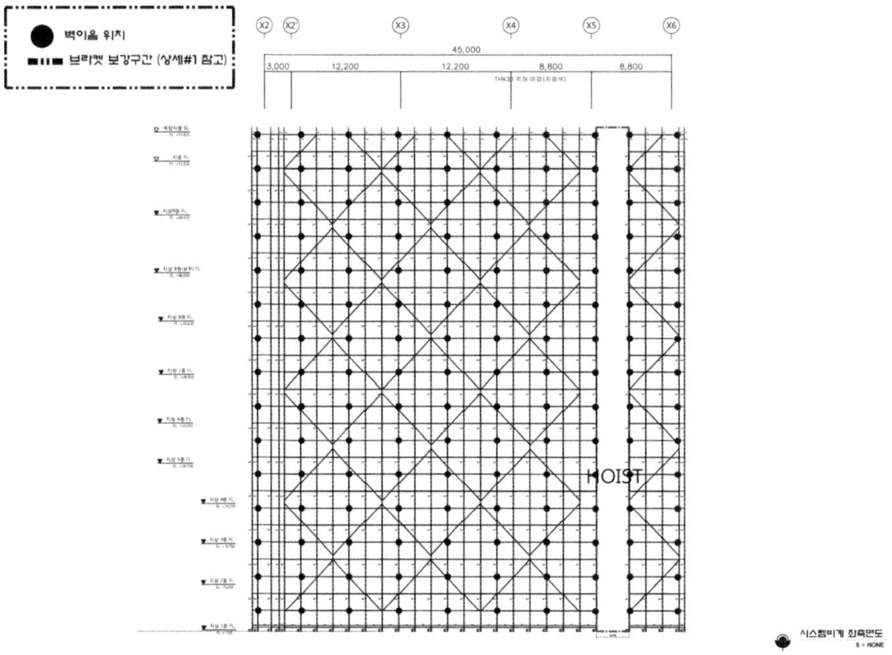
벽이음 위치
브라켓 보강구간 (상세#1 참고)
X2
X2'
X3
X4
X5
X6
45,000
3,000
12,200
12,200
8,800
8,800
HOIST
시스템비계 좌측면도
S = NONE

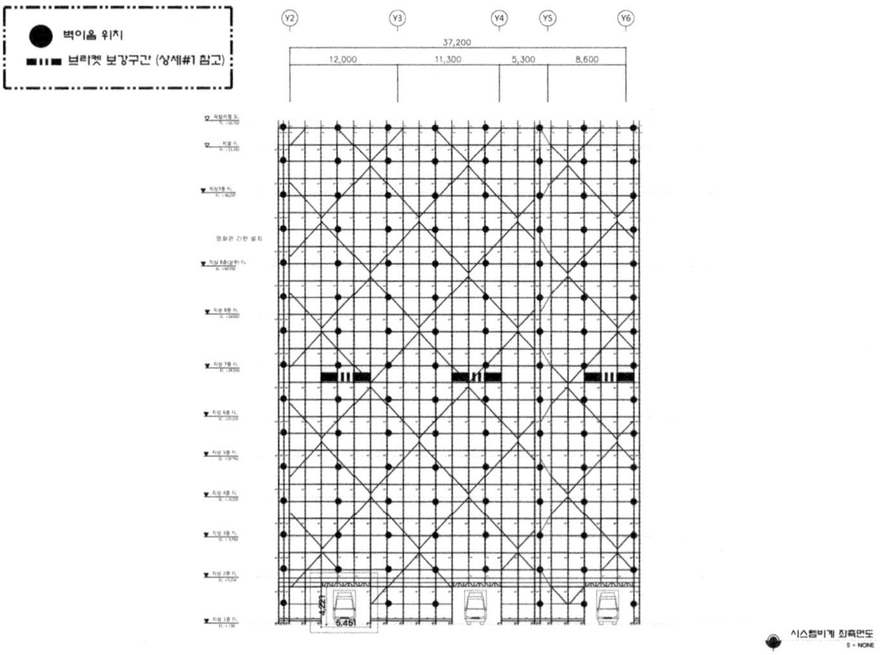
벽이음 위치
브라켓 보강구간 (상세#1 참고)
Y2
Y3
Y4
Y5
Y6
37,200
12,000
11,300
5,300
8,600
시스템비계 좌측면도
S = NONE

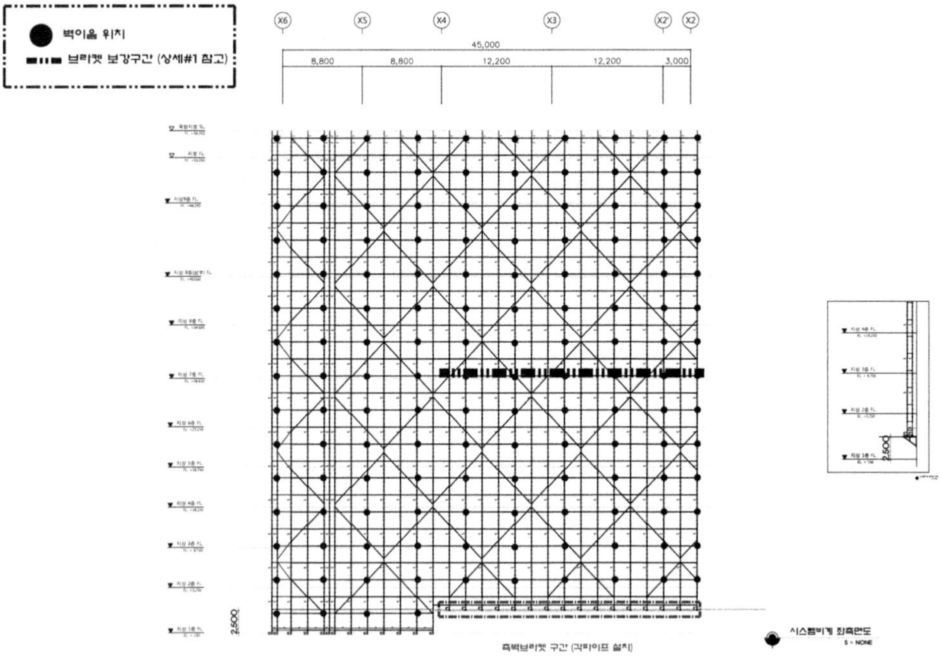

벽이음 위치
브라켓 보강구간 (상세#1 참고)
X6
X5
X4
X3
X2'
X2
45,000
8,800
8,800
12,200
12,200
3,000
2,500
측벽브라켓 구간 (각파이프 설치)
시스템비계 좌측면도
S = NONE

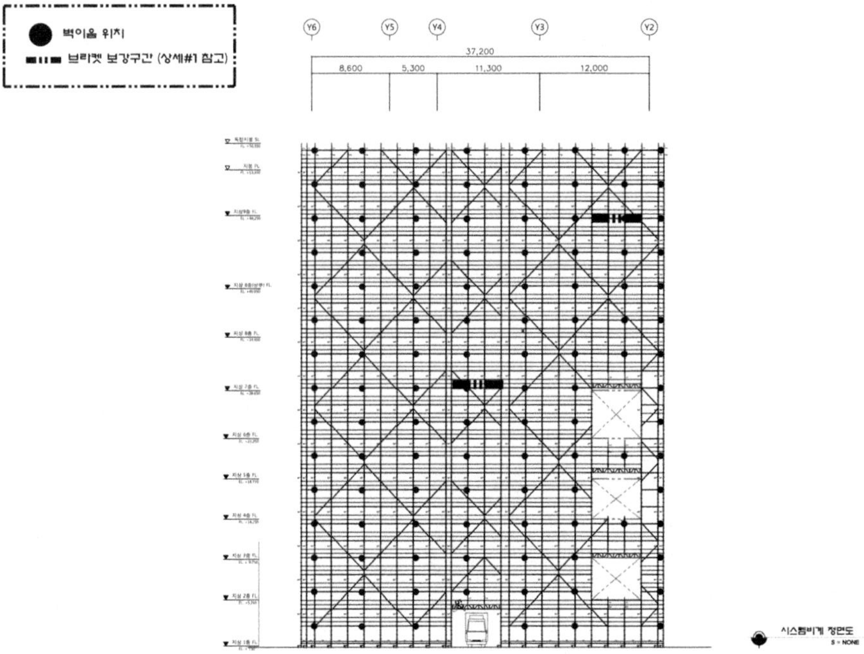

벽이음 위치
브라켓 보강구간 (상세#1 참고)
Y6
Y5
Y4
Y3
Y2
37,200
8,600
5,300
11,300
12,000
시스템비계 정면도
S = NONE

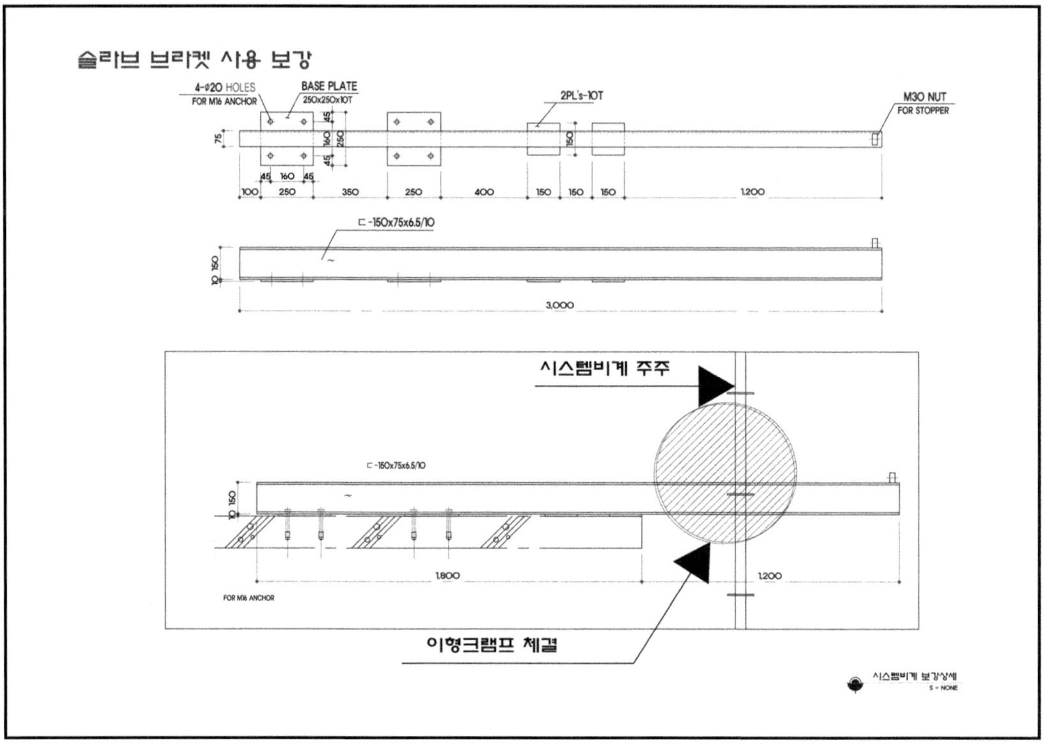
슬라브 브라켓 사용 보강
4-φ20 HOLES
FOR M16 ANCHOR
BASE PLATE
250x250x10T
2PL's-10T
M30 NUT
FOR STOPPER
ㄷ-150x75x6.5/10
3,000
시스템비계 주주
1,800
1,200
이형크램프 체결

1. 일반사항 [ ] : check point

1.1 검토개요

1) 본 구조계산서는 0 현장에 적용되는 가설공사의 구조안정성 검토를 위한것임.
2) 안전성 검토는 제공한 도면 및 시공조건을 바탕으로 검토함.
3) 안전성 검토는 개별부재의 응력 및 변위에 대하여 검토함.
4) 구조물 전체 외부에 설치되는 비계 구조물 중, 높이와 간격이 최고 불리한 일부 구간에 대하여 구조해석을 통한 안정성 검토를 수행함.
5) 풍하중 적용은 서울시 의 기본풍속 26 m/s 노풍도 B 를 기준으로 검토하며, 산업안전보건기준에 관한 규칙에 의거하여 10m/sec이상일 경우 작업을 금지함.
6) 비계의 수평하중은 수직하중의 5%를 적용하여 검토함.
7) 비계 외부의 난간 설치 구간에 보호망은 충실률 0.3으로 검토함.
8) 비계 기둥간격은 띠장 방향으로 1.817 m 이하, 장성방향 0.598 m 조건임
9) 벽연결용 철물은 영구구조물에 고정 되는 조건으로 검토함.
10) 벽연결용 철물은 수직재와 수평재의 교차부에서 비계면에 대하여 직각이 되도록하여 수직재에 설치하고, 비계의 최상단과 가장자리 끝에도 벽 이음재를 설치함.
11) 비계 기둥에는 미끄러지거나 침하하는 것을 방지하기 위하여 밑받침철물을 사용하거나 깔판, 깔목 등을 사용하여야 하며, 밑둥잡이 등의 조치를 할 것.
12) 설치되는 바닥은 시방기준에 적합하도록 하여, 기초에 안전하게 전달할 수 있는 조건으로 검토함.
13) 설치 및 구조적으로 산업안전보건기준에 관한 규칙 및 가설공사표준시방서를 준수 할 것.
14) 풍하중에 대하여 부재의 내력은 허용범위 이내이나 일부구간의 변위가 과다 발생될 우려가 있으므로 폭풍시에는 작업을 중단하고 보호망을 제거하는 등의 조치를 취함.
15) 적재는 집중적재를 금지하므로 분산하여 적재하여야 하며 작업하중과 적재하중을 포함하여 허용이내로 적재함.
16) 검토 내용과 현장상황이 상이할 경우 확인을 요함.

1.2 적용 규격 및 표준

1) 한국산업표준(KS), 한국표준협회
2) KDS 21 10 00 가시설물 설계 일반사항, 국토교통부(2016)
3) KDS 21 60 00 비계 및 안전시설물 설계기준, 국토교통부(2016)
4) KDS 14 30 00 강구조 설계 (허용응력설계법), 국토교통부(2016)
5) KDS 41 00 00 건축 설계기준 , 국토교통부(2016)
6) KCS 21 60 00 비계공사, 국토교통부(2016)
7) 산업안전보건 기준에 관한 규칙(개정 2011.7.6)

1.3 사용프로그램

- MIDAS Gen 8.0.0

KDS 21 10 00 가시설물 설계 일반사항
가시설물 설계시 기준은 가시설물 설계기준을 따르되 구체적으로 명시되지 않은 경우에 대해서는 강구조 허용응력설계법, 건축구조기준, 각종 시험성적서를 바탕으로 한다.

▸ 5) 풍하중 적용은 현장이 소재하는 지역의 기본풍속과 노풍도를 적절하게 적용하였는지 확인
▸ 8) 비계기중 간격(띠장, 장선 방향) 확인하고 설계도면과 일치여부 확인
▸ 1.2 적용규격 및 표준은 최신 개정된 규격이나 표준을 적용하였는지 확인
- 국가건설기준인 비계 및 안전시설물 설계기준(KDS 21 60 00 : 2020)은 2020년에 개정되었음

안전인증기준 정의
안전인증기준 성능값은 kcs마크(안전인증마크) 즉, 안전인증대상품에 대해 마크를 득할 수 있는 최소치에 대한 규정이다.
실제 안전인증기준에서는 부재직경에 대해 규정하고 두께를 규정하고 있지 않으므로 회사별로 다른 두께를 사용함.
따라서 두께별로 해당제품의 성능값이 상이함으로 일률적으로 안전인증기준을 적용하는 것은 합리적이지 않다.
만약 시험성적서가 존재하지 않는 경우 안전인증기준을 따른다.

1.4 사용재료

- 수직재 : Φ48.6 x 2.3 (STK500) — 시험성적서 확인
  - 최대 압축하중 : 37.5 kN/본 (시험성적서기준)

시험성적서 사용시 주의사항
각종 시험방법을 파악(수평재 휨시험, 비계 브라켓시험)하여야 한다.
즉, 시험방법과 실제적용되는 하중조건이 서로 상이할 수 있다.

- 수평재 Φ-42.7 x 2.2, STK400 — 시험성적서 확인
  - 최대 휨하중 : 8.5 kN (시험성적서기준)
- 가새 Φ-34 x 2.3, STK500 — 시험성적서 확인
  - 최대 압축하중 : 8.3 kN (시험성적서기준)
  - 최대 인장강도 : 18.1 kN (시험성적서기준)
- 벽 연결용 철물 : KS F 8003 — 시험성적서 확인
  - 최대 압축하중 : 10.61 kN (시험성적서기준)
  - 최대 인장강도 : 10.64 kN (시험성적서기준)
- 클램프 : KS F 8013 — 안전인증기준 확인
  - 최대 인장강도 : 15.70 kN (안전인증기준)

1.5 설계하중

1) 고정하중 및 활하중

고정하중은 KDS 21 50 00 1.3.2 연직하중에서 발판하중은 0.2kN/m²으로 규정함.

		D.L	L.L	D.L+L.L
작업발판	(kN/m^2)	0.20		
작업하중	(kN/m^2)		1.25	
		0.20	1.25	1.45

※ 수평하중은 수직하중의 5%를 적용함.
※ 작업하중은 적재 및 작업에 대한 하중임.
※ 자중은 프로그램 자동계산됨.

고정하중은 KDS 21 60 00 1.3.2 연직하중에서 다음의 3종류로 분류되며 이중 택1하여 설계자가 판단하여 적용한다.
1) 경작업 : 1.25kN/m²
2) 중작업 : 2.5kN/m²
3) 돌붙임작업 : 3.5kN/m²

▸ 1.4 사용재료의 수직재, 수평재, 가새, 벽연결철물, 클램프 등의 규격(φ, 두께, 강종)이 실제 사용재료와 일치하는지 측정(두께측정, 직경측정 등)

▸ 1.4 사용재료에서 시스템 비계 각 부재의 허용인장성능은 허용인장응력을 따르고, 수직재의 안전인증기준은 거푸집 및 동바리 설계기준(KDS 21 50 00)에 따랐는지 여부 확인(시험값보다는 안전인증값을 적용하여야 함)

- 시스템 비계 각 부재의 허용인장성능은 허용인장응력을 따르고, 수직재의 압축성능(P_{scr})은 안전인증 기준값을 적용하였는지 확인

▸ 1.5 설계하중의 고정하중은 KDS 21 60 00 1.3.2 연직하중에서 다음의 3종류로 분류되며 이중 택1하여 적용하였는지 확인(특히 중작업, 돌붙임 작업의 적용 여부)

1) 경작업 : 1.25 kN/m^2 2) 중작업 : 2.5 kN/m^2 3) 돌붙임작업 : 3.5 kN/m^2

풍하중산정 순서
설계풍속 -> 설계속도압->설계풍압->풍하중 산정

2) 풍하중

KDS 41 10 15의 풍하중기준을 적용한다.

설계 풍하중산정은 KDS 41 10 15 건축구조기준을 적용한다. 다만 중요도계수와 풍력계수는 KDS 21 50 00(1.3.4)와 KDS 21 60 00(1.3.4)을 준용하여 산정한다.

a. 가시설물의 설계용 풍하중

$W_D = P_F \times A$

P_F : 가시설물의 설계풍압 (N/m^2)

A : 유효수압면적 (m^2)

b. 설계속도압

$q_H = 1/2 \times \rho \times V_H^2 =$ 193.30 N/m²

ρ : 공기밀도로서 균일하게 1.22kg/m³적용

V_H : 설계풍속(m/s)

c. 설계풍속 (기본계수는 건축구조기준을 참조하여야 함.)

$V_H = V_0 \times K_{zr} \times K_{zt} \times I_w =$ 17.59 m/s

V_0	: 기본풍속 (m/s)	:	26 m/s 서울
K_{zt}	: 가시설물이 위치한 지형에 의한 계수	:	1.00 (평탄한 지역)
I_w	: 재현기간에 따른 중요도계수	:	0.6
	I_w = 0.56 + 0.1In(T)		(존치기간 1년이하의 경우 0.6 적용)
	T = 1 / (1-P^(1/N)) = 2.5 년	:	재현주기(년)
	P = 0.6	:	비초과 확률(60%)
	N = 1 년	:	가시설물의 존치기간(년)
K_{zr}	: 풍속고도분포계수	:	1.13
	노풍도	:	B
	지표면에서의 높이, Z	:	65 m
	대지경계층의 시작높이, Z_b	:	15 m
	기준경도풍높이, Z_g	:	450 m
	풍속고도분포지수, α	:	0.22

비계 설치 지역 입력

비초과 확률은 확률론에 근거하며, 현재 설계자가 판단하게 되어있으나 그 규정이 모호하다. 토목교량설계기준에서는 비초과 확률을 80%로 규정하고 있으나 이 또한 모호한 규정이다.

가시설물에서는 중요도가 작음.

K_{zr} 산정
A : 0.58, 0.22 Z^{α}
B : 0.81, 0.45 Z_{α}
C : 1.0, 0.71 Z_{α}
D : 1.13, 0.98 Z_{α}

KDS 41 10 15 건축구조기준에서는 노풍도을 다음과 같이 규정한다.
1) A : 고층건물
2) B : 중저층건물이 산재
3) C : 저층(10m이하)
4) D : 초원, 바닷가

d. 풍력계수

정압 : 바람이 불어오는 방향의 작용압력
부압 : 바람이 불어 나가는 방향에서의 작용압력

$C_f = (0.11+0.09\gamma+0.945C_0 \cdot R) \cdot F =$ 0.454 (정압)

(전면기둥+후면기둥+보호망)xF(보정계수) -0.422 (부압)

C_f	: 가시설물의 풍력계수		
γ	: 보호망, 네트 등의 풍력저감계수	:	0.7
	충실률, Φ	:	0.3
C_0	: 가시설물의 기본풍력계수	:	0.5

보호망에 대한 충실률은 설치업체가 제공하여야 하지만 기본자료를 제공하지 않는 경우 0.3을 적용한다. 기본풍력계순느 KDS 21 60 00(1.3.4) 에서 충실률에 따라 결정한다.

▸ 설계 풍하중 산정은 건축구조기준(KDS 41 10 15)을 적용하였는지 확인
 - 다만 중요도계수와 풍력계수는 KDS 21 50 00(1.3.4)와 KDS 21 60 00(1.3.4)을 준용하여 산정
▸ 기본풍속(m/s)은 비계 설치 지역의 값을 입력하였는지 확인

R : 가시설물의 형상보정계수 : 0.594

패널의 길이, l : 1.817

패널의 높이, h : 1.9

지면에서 패널상부까지의 높이, H : 65 m

> 형상보정계수(R)는 ①항, ②항, ③항 중 택1일하여 적용하여야 하지만 ③항은 기준이 모호하기 때문에 ①,② 중 택1하여 적용한다.

① 망이나 패널이 지면과 공간을 두고 설치되는 경우

R_{sh} = 0.5813+0.013(l/h)-0.000(l/h)^2 = 0.594

② 망이나 패널이 지면에 붙어서 설치되는 경우

R_{sh} = 0.5813+0.013(2H/l)-0.000(2H/l)^2 = 1.000

③ l/h 또는 2H/l가 1.5이하인 경우에는 R=0.6을 적용하며, l/h 또는 2H/l가 59 이상인 경우에는 R=1.0을 적용

l/h = 0.96

2H/l = 71.55

F : 비계 위치에 대한 보정계수 : 1 (정압)

: -0.931 (부압)

비계의 종류	풍력방향	적용부분	보정계수(F)
독립적으로 지지되는 비계	정압, 부압	전 부분	F=1.0
구조물에 지지되는 비계	정압	상부 2개층	F=1.0
		기타 부분	F=1+0.31Φ
	부압	개구부 인접부 및 돌출부	F=-1.0
		우각부에서 2스팬 이내	F=-1+0.23Φ
		기타 부분	F=-1+0.38Φ

> 비계 위치에 대한 보정계수는 정압과 부압에 대해 각각 산정하여 적용하며, 구조물에 지지되는 경우 각각 표시된 수식이 지배하게 된다.

e. 가스트영향계수 (강체구조물)

$G_D = 1 + 4\gamma_D \cdot \sqrt{B_D} =$ 1.876

γ_D : 풍속변동계수=((3+3α)/(2+α))xI_H : 0.278

I_H : 기준높이에서의 난류강도

=0.1(H/Z_g)$^{-\alpha-0.05}$: 0.169

B_D :비공진계수

=1-[1/{1+5.1(L_H/√HB)$^{1.3}$(B/H)^k]$^{1/3}$] : 0.620

H : 가시설물의 기준높이 : 65 m

B : 가시설물의 대표폭 : 40 m

L_H : 기준높이에서의 난류스케일

=100(H/30)$^{0.5}$: 147 m

k : 0.33 : H ≥ B

-0.33 : H < B : 0.33

n_D : 풍방향 1차 고유진동수

=46/H (근사식) : 0.71 Hz

(고유진동수가 1Hz를 초과하는 경우 강체구조물로 본다.)

> 강체구조물의 정의는 1Hz가 초과하는 경우 이지만 일반적으로 비계는 구조물과 벽연결철물로 연결되어 같이 거동하게 되므로 강체구조물로 정의하여도 무리가 없다.

주기가 짧은 경우 강체로 분류

▶ 형상보정계수(R)는 ①항, ②항, ③항 중 택1일하여 적용하여야 하지만 ③항은 기준이 모호하기 때문에 ①,② 중 택1하여 적용하였는지 여부 확인

d. 적용 풍하중

$P_F = q_H \cdot G_D \cdot C_f$ = **170.0 N/m²** (정압)

= **-160.0 N/m²** (부압)

3) 하중조합

a) (D + L)

b) (D + L + M)

c) (D + W) / 1.25

D: 고정하중　　M: 수평하중 연직하중의 **5%** 적용

L: 활하중　　W: 풍하중

KDS 41 10 15 건축구조기준과 KDS 21 10 00(3.3.1)의 하중조합은 상이하며, KDS 21 10 00(3.3.1)에서는 풍하중이나 지진하중과 같은 단기하중에 대해서는 하중저감계수를 사용하지 않고 강도를 증가시키는 증대계수를 사용하여 검토한다. 추후 개정편에서 건축구조기준에서 제시하는 하중저감계수를 사용하여 변경이 필요하리라 판단된다.

풍하중저감하여 설계에 반영방법
1. 중요도 계수
2. 노풍도 B 적용
3. 보호망 충실율
4. 가시설물의 형상계수 등을 조정
5. 고도분포계수를 높이별로 적용

▸ 가시설물 설계 시에는 시공 중 또는 사용기간 중에 작용할 것으로 예상되는 하중들을 각 하중들의 발생특성에 따라 합리적으로 조합하여 검토하였는지 여부를 확인

▸ 하중 종류에 따라 적용되는 하중조합 및 증가계수는 다음과 같이 적용하였는지 여부 확인

비계 및 안전시설물 등의 하중조합 및 허용응력 증가계수

CASE	하중조합	허용응력 증가계수
1	$D+L_i+M$	1.00
2	$D+W$	1.25
3	$D+L_i+M+S$	1.50

2. 구조검토

2.1 비계 설치높이 : 55.5m

1) 설계조건

- 작업은 1개층으로 검토하며, 발판은 전층에 설치되는 것으로 함.
- 각 부재의 교차부는 클램프로 체결하여 이상이 없는 것으로 함.
- 수직재 간격
  - 띠장방향 : 1817 mm
  - 장선방향 : 598 mm
- 수평재 간격
  - 기준층 : 1900 mm
  - 최하층 : 400 mm
- 작업층수 : 30 층
- 비계설치 높이 : 55.50 m

설계도면의 수직재의 간격, 수평재의 간격, 작업층수, 설치높이등을 검토한다. 일반적으로 시스템비계는 규격이 회사별로 조금씩 차이가 있으므로 주의를 요한다.

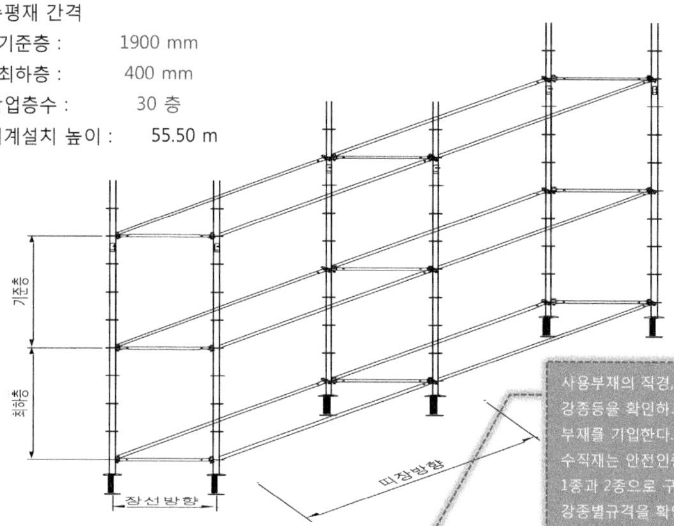

사용부재의 직경, 두께, 강종등을 확인하고 해당 부재를 기입한다. 수직재는 안전인증기준에서 1종과 2종으로 구분되며, 강종별규격을 확인한다.

2) 사용부재의 단면성능

부재	규격	강종	강도	단면2차반경
작업발판	안전인증기준	-	-	-
수평재	Φ- 42.7 x 2.2	STK400	Fy = 235 MPa	14.34
수직재	Φ- 48.6 x 2.3	STK500	Fy = 355 MPa	16.38
가새	Φ- 34 x 2.3	STK500	Fy = 355 MPa	11.23

3) 설계하중

- 작업발판 : = 0.2 kN/m²
- 작업하중 : 경작업 = 1.25 kN/m²
- 설계하중 : 0.0015 N/mm² = 1.45 kN/m²

설계하중에서 작업하중은 작업자의 중량, 적재하중을 포함하며 경, 중, 돌붙임작업 등을 구분하여 적절한 하중을 적용하여 설계에 반영한다.

▶ 설계도면의 수직재의 간격, 수평재의 간격, 작업층수, 설치높이 등을 검토한다. 일반적으로 시스템 비계는 규격이 회사별로 조금씩 차이가 있으므로 주의를 요함

▶ 사용부재의 직경, 두께, 강종 등을 확인하고 해당 부재를 기입 여부 확인

- 수직재는 안전인증기준에서 1종과 2종으로 구분되며, 강종별 규격을 확인

▶ 설계하중에서 작업하중은 작업자의 중량, 적재하중을 포함하며 경, 중, 돌붙임작업 등을 구분하여 적절한 하중을 적용하여 설계에 반영 여부 확인

4) 발판 검토

- 발판이 받는 하중,ω

  설계하중 x 수직재 간격(L1) = 0.9 N/mm

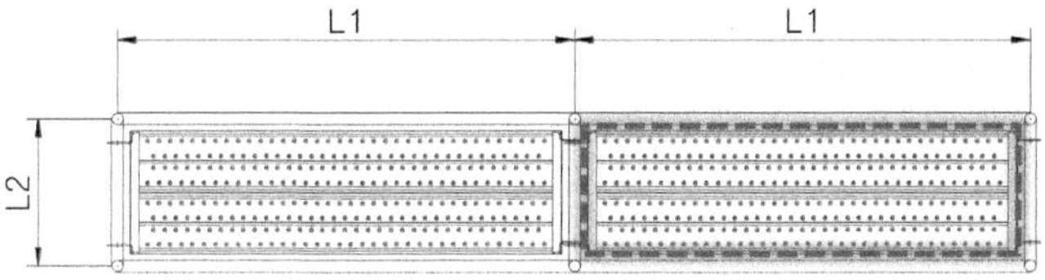

① 휨강도 검토

$$M_s = \frac{\omega \cdot L1^2}{8} = 0.36\ kN\cdot m$$

$$M = \frac{P \cdot L1}{4} = 2.99\ kN\cdot m$$

여기서, P는 안전인증기준 11N x 나비

S.F = M / M_s = 8.35 > 2.0 --- **O.K**

작업발판의 안전율 : 2.0

② 처짐 검토

안전인증기준 작업발판의 허용처짐기준

δ_{max} = 17.81mm : 시험성적서 참조

δ_a = L1 / 100 = 18.17mm > 17.81mm --- **O.K**

발판의 경우 작업하중이 400kg을 초과하는 경우 검토가 필요하며, 상기와 같이 스팬에서는 1.25x0.598x1.817=1.36kN에 이므로 4kN을 초과하지 않으므로 해당이 되지 않는다.
또한, 현행 기준에서는 이와같이 특별한 요소에 대한 안전율이 명확하지 않아 혼란스러울 수 있다.

▸ 발판의 경우 작업하중이 400 kg을 초과하는 경우 검토가 필요하며, 상기와 같이 스팬에서는 1.25×0.598×1.817=1.36 kN에 이므로 4 kN을 초과하지 않으므로 해당이 되지 않는다.

장선재에 작용하중은 실제로 안전발판 걸침고리에서 집중하중으로 발생한다. 하지만 보수적으로 단순보에 등분포하중으로 적용한다.

5) 장선재 검토

- 장선재가 받는 하중,ω

설계하중 x 수직재 간격(L1) = 2.6 N/mm

띠장간격 : 1817mm 적용
경작업(1.25) : 최대장선 간격 1100mm
중작업(2.5) : 최대장선 간격 800mm
돌붙임작업(3.5) : 최대장선 간격 700mm

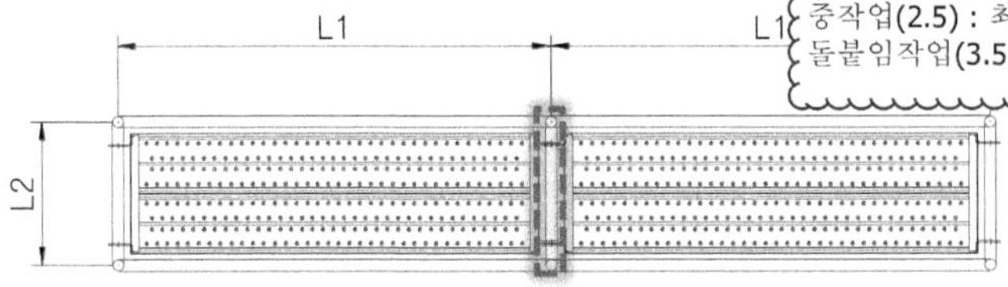

- 장선의 단면성능

탄성계수(E) :	205000 MPa	단면적(A) :	280 mm²
단면2차 모멘트(I) :	57561 mm⁴		
단면계수(Z) :	2696 mm³		
허용 휨응력(Fb) :	155.1 MPa		
허용 전단응력 (τ_a) :	94 MPa		

강구조설계기준에서
휨응력 : 0.66Fy
전단응력 : 0.4Fy를 적용하며 현기준에서는 특별한 안전율 규정은 없으나 추후 안전율 규정을 도입할 필요가 있음.

- 휨응력 검토

$$M_s = \frac{\omega \cdot L2^2}{8} = 0.12\ kN{\cdot}m$$

$$M_a = fb \cdot Z = 0.42\ kN{\cdot}m$$

$M_s < M_a \rightarrow 0.12 < 0.42$ --- **O.K**

- 처짐 검토

$$\delta_s = \frac{5 \cdot \omega \cdot L2^4}{384 \cdot E \cdot I} = 0.37\ mm$$

AISC 장선의 허용처짐기준

$\delta_a = L2 / 360 = 1.66mm > \delta_s = 0.37mm$ --- **O.K**

현 KDS 21 60 00 에서는 장선재의 허용처짐을 규정하지 않고 있어 AISC 허용처짐 규정을 적용하였다.
추후 허용처짐 규정을 도입할 필요가 있음.

- 전단응력 검토

$$V_{max} = \frac{\omega \cdot L2}{2} = 788\ N$$

$$\tau_s = 2\frac{V_{max}}{A} = 5.63\ MPa$$

$\tau_s < \tau_a \rightarrow 5.63 < 94$ --- **O.K**

▸ 띠장 간격(수직재 간격 L1)은 일반적인 경우 1,817 mm 적용하였는지 확인하고, 특히 중작업, 돌붙임 작업의 장선간격 여부 확인

- 경작업(1.25) : 최대 장선간격 1,100 mm, - 중작업(2.5) : 최대 장선간격 800 mm
- 돌붙임작업(3.5) : 최대 장선간격 700 mm

Ps 산정시 강재의 자중할증을 1.1배 고려한 값이며, 부재의 순간격을 고려하지 않고 중심간 간격으로 산정된 값이다.

6) 수직재 검토

- 수직재 1본의 하중, P_s

작업하중	띠장방향 간격 x 장선방향 간격/2 x 작업하중 = 1.817 x 0.598 / 2 x 1.25 =	0.68 kN
발판 자중	띠장방향 간격 x 장선방향 간격/2 x 작업발판 자중 x 층수 = 1.817 x 0.598 / 2 x 0.2 x 30 =	3.26 kN
수직재 자중	수직재 단위길이당 중량 x 길이 x 층수 = 0.02889 x 1.9 x 30 =	1.65 kN
수평재 자중	수평재 단위길이당 중량 x 길이 x 층수 = 0.02418 x 2.116 x 30 =	1.53 kN
안전난간 자중	안전난간 단위길이당 중량 x 길이 x (층수-1) x 개수 = 0.02418 x 1.817 x 29 x 2 =	2.55 kN
대각재 자중	대각재 단위길이당 중량 x 길이 x 층수 / 가새 간격 = 0.02418 x 2.629 x 30 / 3 =	0.64 kN
수직재 1본의 하중, P_s		10.30 kN

- 수직재의 단면성능

탄성계수(E) : 205000 MPa　　단면적(A) : 335 mm^2

단면2차 모멘트(I) : 89867 mm^4

단면계수(Z) : 3698 mm^3

허용 휨응력(Fb) : 234.3 MPa

허용 전단응력 (τ_a) : 142 MPa

- 허용압축하중 산정, (KDS 14 30 00 강구조 설계)

KDS 14 30 00 강구조설계의 압축좌굴하중에서 안전율은 1/(12/23)=1.92 정도이다. 이는 현 기준에서 제시하는 안전율의 개념과는 차이가 있다. 따라서 강구조설계기준을 참조하는 경우 주의를 요한다.

KL = 1900 mm

KL / r = 116 < 200 - **O.K**

$C_c = \sqrt{(2\pi^2 E / Fy)}$ = 106.8

KL/r ≤ Cc

$Fc=12*\pi^2*E/23/(KL/r)^2=$ 78.5 MPa

$\therefore P_{cr}$ = Fc x A = 26.2 kN > P_s = 10.30 kN - **O.K**

- 가설공사표준시방서 허용압축하중

현행기준을 적용
대부분의 구조사무실 계산방식
3D구조해석 -> 강구조기준 적용

$$P_a = \frac{P_{scr}}{RF_1 \times RF_2} = \frac{P_{scr}}{2.0 \times 1.3} = \frac{P_{scr}}{2.6}$$

비계 수직재의 시험성적서 기준 : P_{scr} = 37.5 kN

비계의 안전율 : RF_1 = 2.0

재사용 가설기자재의 성능저하에 따른 안전율 : RF_2 = 1.3

▸ 가설공사 표준시방서 허용압축응력 산정 시 재사용 가설기자재의 성능저하에 따른 안전율 (RF_2)= 1.3 적용에 대한 사항은 폐지되었으므로 적용하였는지 여부 확인

오타
Pd=Ps-Pi=10.3-0.68=9.6kN

$$S.F = \frac{f_a}{f_d + f_i} = \frac{P_a/A}{(P_d + \alpha P_i)/A} = \frac{P_a}{(P_d + \alpha P_i)} = \frac{P_{scr}}{(RF_1 \times RF_2)(P_d + \alpha P_i)}$$

비계의 자중에 의한 압축력 : P_d = 7.1 kN

작업하중에 의한 압축력 : P_i = 0.7 kN

작업하중에 대한 할증계수 : α = 2.0

실제 시스템비계 수직재에 대한 안전율
(현행 기준 적용)

$\therefore$ $(RF_1 \times RF_2)(P_d/P_s + \alpha P_i/P_s)/P_s$ = 2.6 x (0.93 + 0.13) P_s = 2.77 P_s

$$S.F = \frac{P_{scr}}{(RF_1 \times RF_2)(P_d + \alpha P_i)} = \frac{P_{scr}}{2.77\ P_s} = 1.31 > 1.0$$ - **O.K**

허용응력설계법
Rn/S.F > Qi
Pscr/(2.77 Ps) > 1.0
Pscr/2.77 > Ps

- 검토결과, **가설공사표준시방서** 및 KDS 14 30 00 **강구조 설계** 이내의 하중이 재하되므로 구조적으로 이상이 없음을 확인함.

동바리의 안전율 = 3.25
비계의 안전율 = 상황별로 다름
(현기준에서는 비계에서 3.5 kN/m² 이하에서는 동바리의 안전율이 더 크다.)

시험성적서 유,무에 따른 계산방법
시험성적서 유 : 시험성적서 +안전율 적용하여 계산
강구조설계기준 적용(주의)
시험성적서 무 : 안전인증기준 + 안전율 적용하여 계산
강구조설계기준 적용(주의)

▶ 수치 값에서 오타 유무 여부 확인

※ 고찰 : 안전율 (S.F)

1. 강관 수직재및 수평재의 지름-두께비는 조밀단면을 만족하여야 한다.

   D/t (지름/두께) < λ = (23000/Fy) : 조밀단면

전체좌굴이 발생하기 이전에 국부좌굴(판좌굴)이 발생하는 경우 안정적인 거동이 불가.

2. 각 부재에 대한 안전율

가설구조물	압축좌굴강도	휨강도	인장강도	전단강도	비고
파이프 서포트	3.0 (별도의 S.F 지정)	0.66Fy (S.F=1.51)	0.6Fy (S.F=1.67)	0.4Fy (S.F=2.5)	
시스템 서포트	2.5 (별도의 S.F 지정)	0.66Fy (S.F=1.51)	0.6Fy (S.F=1.67)	0.4Fy (S.F=2.5)	
강관 비계	계산 (L.L의 2배)	0.66Fy (S.F=1.51)	0.6Fy (S.F=1.67)	0.4Fy (S.F=2.5)	수직재 7kN 이하 높이 30m 제한
시스템 비계	계산 (L.L의 2배)	0.66Fy (S.F=1.51)	0.6Fy (S.F=1.67)	0.4Fy (S.F=2.5)	별도규정 없음

※ 재사용가설재 성능저하에 따른 안전율 : 1.3 적용

재사용가설재 성능저하에 따른 안전율 **1.3**은 현재 출처가 불분명하고 지나친 안전율을 추가로 적용하는 것임.

사실은 검토하면 안됨. 그러나 시험성적서나 안전인증 기준이 없는 경우 검토함.

3. 고찰

   1) 강구조설계기준 : 허용응력설계법

   강구조설계기준에서는 압축좌굴강도 산정시 안전율은 약 1.92 정도이다.

   현 기준으로 3D 구조검토시 안전율이 다르므로 각별한 주의가 요구된다.

   2) 비계 안전율

   미국 ANSI 기준에는 활하중을 4배 할증하여 비계에 대한 안전성을 검토하게 되어있다. 2006년에 발간된 가설공사표준시방서에 비계에 대한 안전율이 4.0으로 적용됨은 기준을 옮겨오면서 오류로 판단된다.

   현 국내 기준은 활중을 2배 할증하고 재사용 성능저하에 따른 안전율 1.3을 추가로 적용한다.

   KDS 21 60 00(3.1) 성능시험 값을 기초로 한 허용하중 값에 대한 안전율

구분	안전율
인장	2
휨	2
전단	3
압축	2

   또한 상기 안전율을 제시함으로써 강구조기준과의 혼란을 야기한다. 이러한 부분은 개정작업시 명확한 안전율이 제시되어야 한다.

▶ 재사용 가설기자재의 성능저하에 따른 안전율(RF2)= 1.3 적용에 대한 사항은 2018년 폐지되었으므로 적용하였는지 여부를 확인

7) 가새재 검토

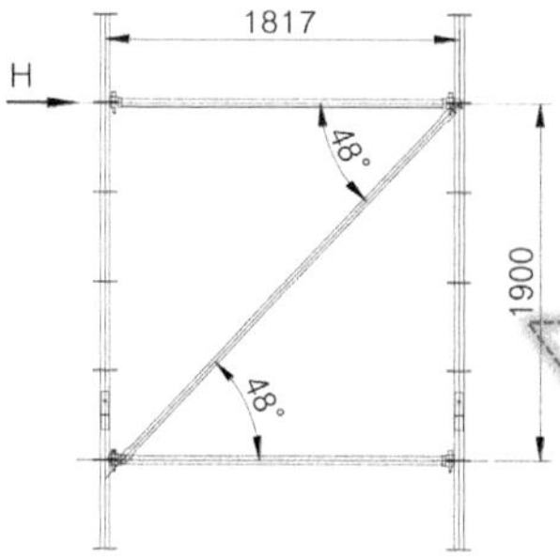

강관비계에서는 가새재는 10m 이하로 설치하게 되어있다. 시스템비계에서는 가새재의 설치간격은 별도로 정의 되지 않고 있다. 그러나 대략 10~15m 이내로 설치되어야 불확실성을 제거할 수 있다.

- 가새재의 인장력 및 압축력, P_s

가새재의 설치각도 : θ = 48°

수평하중은 해당층 중력하중의 5% 고려하며, 가새설치 간격은 5.5m 이하로 한다.

H = 1.45 x 1817 x 598 x 0.05 x 3 = 0.24kN

$$P_s = \frac{H}{\cos\theta} = 0.24 \frac{2.63}{1.817} = 0.34 \text{ kN}$$

- 가새재의 단면성능

탄성계수(E) :	205000 MPa	단면적(A) :	229 mm^2
단면2차 모멘트(I) :	28923 mm^4		
단면계수(Z) :	1701 mm^3		
허용 휨응력(Fb) :	234.3 MPa		
허용 전단응력 (τ_a) :	142 MPa		

가새재는 허용응력설계법을 따르거나 시험성적서를 바탕으로 안전율을 산정하여야 한다. 본 계산서에서는 시험성적서를 기반으로 계산함으로 안전율을 2.0을 사용한다.

- 허용압축 및 인장강도 검토

가새재의 인장과 압축강도는 시험성적서를 기준으로 한다.

시험 압축하중, P_c = 8.34kN

시험 인장하중, P_t = 18.10kN

안전율 검토

압축력 S.F = P_c / P_s = 24.39 > 2.0 --- **O.K**

인장력 S.F = P_t / P_s = 52.93 > 2.0 --- **O.K**

가새재의 허용안전율 = 2.0

▸ 강관비계에서 가새재는 10 m 이하로 설치하게 되어 있고 시스템 비계에서는 가새재의 설치간격은 별도로 정의 되지 않고 있다. 따라서 가새재의 설치간격이 적절하게 배치되었는지 여부를 확인 필요
 - 그러나 대략 10~15 m 이내로 설치되어야 불확실성을 제거할 수 있다.

8) 풍하중에 의한 안정성검토

벽이음철물은 강관비계에서는 5m x 5m 이하로 규정하나 시스템비계에서는 별도의 규정은 없다. 다만 풍하중에 대한 수평재의 안전성을 확보하기 위해서는 5m x 5m 이하가 바람직 하다.

- 벽이음철물 간격
  수직간격 : 3.80 m
  수평간격 : 5.451 m

- 풍하중에 의한 벽이음철물 압축력 및 인장력

풍하중과 조합되는 경우 단기하중을 적용한다.

정압에 의한 압축력(단기하중 적용)

P_{w1} = P_f x 유효수압면적 / 1.25
= 170.0 x 3.80 x 5.451 / 1.25 x 10^{-3} = 2.82kN

부압에 의한 인장력(단기하중 적용)

P_{w2} = P_f x 유효수압면적 / 1.25
= 160.0 x 3.80 x 5.451 / 1.25 x 10^{-3} = 2.65kN

- 벽이음철물의 허용압축 및 인장강도 검토

벽이음철물의 인장과 압축강도는 시험성적서를 기준으로 한다.
시험 압축하중, P_c = 10.61kN
시험 인장하중, P_t = 10.64kN

안전율은 시험성적서를 바탕으로 하고 있으므로 2.0을 적용한다.

안전율 검토
압축력 S.F = P_c / P_s = 3.77 > 2.0 --- **O.K**
인장력 S.F = P_t / P_s = 4.01 > 2.0 --- **O.K**
벽이음철물의 허용안전율 = 2.0

- 앵커강도 검토

인장하중 : 앵커강재파괴, 콘크리트 파괴, 앵커뽑힘
전단하중 : 앵커강재파괴, 콘크리트 파괴, 프라이아웃
조합강도에 의한 쪼갬파괴

Hilti HAS Stud Anchor

앵커규격	M8	M10	M12	M16	M20
유효설치깊이	70	80	100	120	115
인장강도(kN)	7.6	11.9	16.7	23.8	29.7
전단강도(kN)	6.1	10.8	16.9	29.1	49

사용앵커 : 1-M10 Stud Anchor (설치깊이는 80mm)
F_{st} = 2.7 kN/ea
F_{at} = 11.9 kN/ea / 2.0 (S.F) = 6.0 kN/ea > 2.7 kN/ea --- **O.K**

앵커는 HILTI 매뉴얼을 참조하며, 특별한 경우는 강재의 인장강도와 전단강도를 평가하여야 한다.

▸ 벽이음 철물은 강관비계에서는 5 m×5 m 이하로 규정되어 있지만 시스템 비계에서는 별도의 규정은 없다. 따라서 벽이음 철물의 간격이 적절하게 배치되었는지 여부를 확인 필요
- 다만 풍하중에 대한 수평재의 안전성을 확보하기 위해서는 5 m×5 m 이하로 배치하는 것이 바람직 함

2.2 Bracket 비계 설치높이 : 52.8m

1) 측벽 Bracket 검토

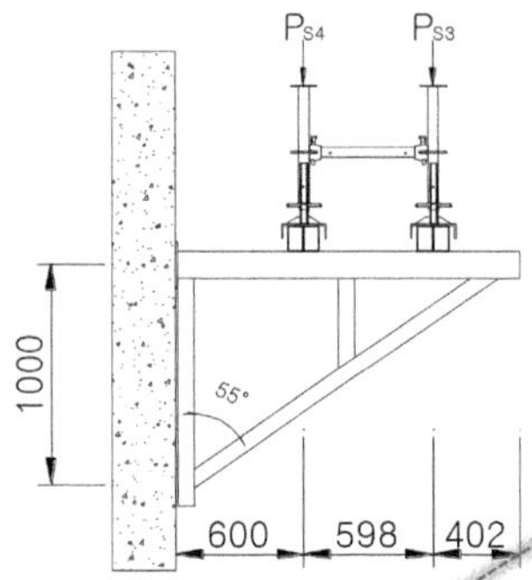

설계도면의 수직재의 간격, 수평재의 간격, 작업층수, 설치높이등을 검토한다. 일반적으로 시스템비계는 규격이 회사별로 조금씩 차이가 있으므로 주의를 요한다.

- 수직재 간격
  - 띠장방향 : 1817 mm
  - 장선방향 : 598 mm
- 수평재 간격
  - 기준층 : 1900 mm
  - 최하층 : 1500 mm
- 작업층수 : 28 층
- 비계설치 높이 : 52.8 m

Ps3는 브라켓 상부수직재 하중이다. 산정시 강재의 자중할증을 1.1배 고려한 값이며, 부재의 순간격을 고려하지 않고 중심간 간격으로 산정된 값이다.

- 측벽 Bracket 상부 외부 수직재 1본의 하중, P_{s3}

구분	산정식	하중
작업하중	띠장방향 간격 x 장선방향 간격/2 x 작업하중 = 1.817 x 0.598 / 2 x 1.25 =	0.68 kN
발판 자중	띠장방향 간격 x 장선방향 간격/2 x 작업발판 자중 x 층수 = 1.817 x 0.598 / 2 x 0.2 x 28 =	3.04 kN
수직재 자중	수직재 단위길이당 중량 x 길이 x 층수 = 0.02889 x 1.9 x 28 =	1.54 kN
수평재 자중	수평재 단위길이당 중량 x 길이 x 층수 = 0.02418 x 2.116 x 28 =	1.43 kN
안전난간 자중	안전난간 단위길이당 중량 x 길이 x (층수-1) x 개수 = 0.02418 x 1.817 x 27 x 2 =	2.37 kN
대각재 자중	대각재 단위길이당 중량 x 길이 x 층수 / 가새 간격 = 0.02418 x 2.629 x 28 / 3 =	0.59 kN
수직재 1본의 하중, P_{s3}		9.66 kN

- 측벽 Bracket 상부 내부 수직재 1본의 하중, P_{s4}

P_{s4} = P_{s3} - 대각재 자중 = 9.66 - 0.59 = 9.06 kN

▶ 설계도면의 수직재의 간격, 수평재의 간격, 작업층수, 설치높이 등을 검토
- 일반적으로 시스템 비계는 규격이 회사별로 조금씩 차이가 있으므로 주의를 요함

- 측벽 Bracket 자유물체도

3D 구조해석을 실시하는 경우 작용하중 모델을 사용하여 직접적으로 부재응력 평가가 가능하다.

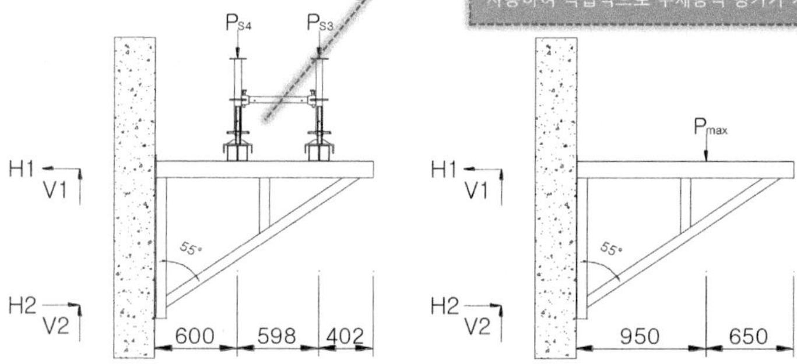

실제 작용하중 모델 　　　　 시험하중 모델

실제 작용하중에 의한 수평, 수직반력

H2 = $(P_{s3} \times (0.6 + 0.598) + P_{s4} \times 0.6) / H$ = 17.01 kN (압축)

H1 = 17.01 kN (인장)

V1 = V2 = $(P_{s3} + P_{s4}) / 2$ = 9.36 kN

하부 Knee Brace 압축력

T·cos35 + H2 = 0 　　∴ T = 20.77 kN (압축)

시험하중에 의한 수평, 수직반력

P_{max} = 80.60 kN (시험 성적서 참조)

H2 = $(P_{max} \times 0.95) / H$ = 76.57 kN (압축)

H1 = 76.57 kN (인장)

V1 = V2 = $(P_{max}) / 2$ = 40.30 kN

하부 Knee Brace 압축력

T·cos35 + H2 = 0 　　∴ T = 93.49 kN (압축)

- 측벽 Bracket 인장강도 검토

$$S.F = \frac{\text{시험인장력}}{\text{실제 작용인장력}} = \frac{76.57\ kN}{17.01\ kN} = 4.50 > 2.0 \quad - \textbf{O.K}$$

- 측벽 Bracket 압축강도 검토

$$S.F = \frac{\text{시험압축력}}{\text{실제 작용압축력}} = \frac{93.49\ kN}{20.77\ kN} = 4.50 > 2.0 \quad - \textbf{O.K}$$

가새재는 허용응력설계법을 따르거나 시험성적서를 바탕으로 안전율을 산정하여야 한다. 본 계산서에서는 시험성적서를 기반으로 계산함으로 안전율을 2.0을 사용한다.

▸ 3D 구조해석을 실시하는 경우 작용하중 모델을 사용하여 직접적으로 부재응력 평가가 가능
3D 구조해석을 실시하였는지 여부 확인

2) 측벽 Bracket Anchor 검토

- 지압 검토(하부지압판)

F_p = H_2 / A = 17.0 / 36000 x 10^{-3} = 0.47 MPa

F_l = $F_c \cdot (0.5 - 0.2 \cdot A_1/A_2)$ = 6.30 MPa

Fc = 21 MPa 가정

A_1 / A_2 = 1.0 가정

$F_p < F_l$ → 0.47 MPa < 6.30 MPa --- **O.K**

- 앵커강도 검토

Hilti HAS Stud Anchor

앵커규격	M8	M10	M12	M16	M20
유효설치깊이	70	80	100	120	115
인장강도(kN)	7.6	11.9	16.7	23.8	29.7
전단강도(kN)	6.1	10.8	16.9	29.1	49

적용 Anchor

상부측 앵커 : 4-M16 Stud Anchor (설치깊이는 120 mm)

하부측 앵커 : 2-M16 Stud Anchor (설치깊이는 120 mm)

상부측 앵커검토

F_{st} = H_1 / 4 = 17.0 / 4 = 4.3 kN/ea

F_{at} = 23.8 kN/ea / 2.0 (S.F) = 11.9 kN/ea > 4.3 kN/ea --- **O.K**

F_{sv} = V_1 / 4 = 9.4 / 4 = 2.3 kN/ea

F_{av} = 29.1 kN/ea / 3.0 (S.F) = 9.7 kN/ea > 2.3 kN/ea --- **O.K**

하부측 앵커검토

F_{sv} = V_2 / 4 = 9.4 / 2 = 4.7 kN/ea

F_{av} = 29.1 kN/ea / 3.0 (S.F) = 9.7 kN/ea > 4.7 kN/ea --- **O.K**

앵커는 HILTI 매뉴얼을 참조하며, 특별한 경우는 강재의 인장강도(S.F=2.0)와 전단강도(S.F=3.0)를 평가하여야 한다.

▸ 앵커는 HILTI 매뉴얼을 참조하며, 특별한 경우는 강재의 인장강도(S.F=2.0)와 전단강도(S.F=3.0)를 평가하였는지 여부 확인

2.3 TRUSS 비계 설치높이 : 24.3m

설계도면의 수직재의 간격, 수평재의 간격, 작업층수, 설치높이등을 검토한다. 일반적으로 시스템비계는 규격이 회사별로 조금씩 차이가 있으므로 주의를 요한다.

1) 3Bay Truss 수직재 검토

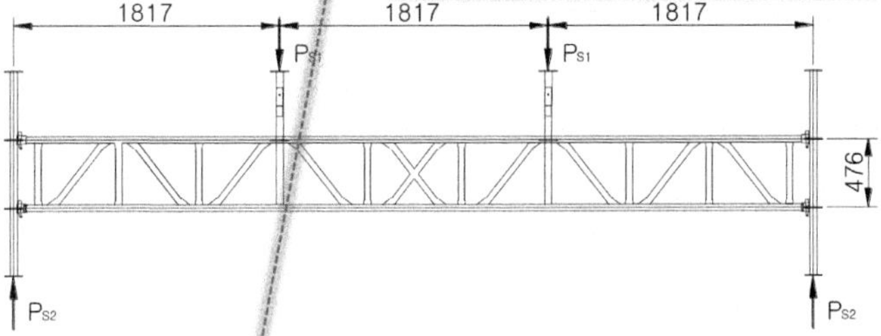

- 수직재 간격
  - 띠장방향 : 1817 mm
  - 장선방향 : 598 mm
- 수평재 간격
  - 기준층 : 1900 mm
  - 최하층 : 1500 mm
- 작업층수 : 13 층 (트러스 상부)
- 비계설치 높이 : 24.3 m

Ps는 일반적인 비계의 수직재의 축하중이다. 산정시 강재의 자중할증을 1.1배 고려한 값이며, 부재의 순간격을 고려하지 않고 중심간 간격으로 산정된 값이다.

- 수직재 1본의 하중, P_s

작업하중	띠장방향 간격 x 장선방향 간격/2 x 작업하중 = 1.817 x 0.598 / 2 x 1.25 =	0.68 kN
발판 자중	띠장방향 간격 x 장선방향 간격/2 x 작업발판 자중 x 층수 = 1.817 x 0.598 / 2 x 0.2 x 30 =	3.26 kN
수직재 자중	수직재 단위길이당 중량 x 길이 x 층수 = 0.02889 x 1.9 x 30 =	1.65 kN
수평재 자중	수평재 단위길이당 중량 x 길이 x 층수 = 0.02418 x 2.116 x 30 =	1.53 kN
안전난간 자중	안전난간 단위길이당 중량 x 길이 x (층수-1) x 개수 = 0.02418 x 1.817 x 29 x 2 =	2.55 kN
대각재 자중	대각재 단위길이당 중량 x 길이 x 층수 / 가새 간격 = 0.02418 x 2.629 x 30 / 3 =	0.64 kN
수직재 1본의 하중, P_s		10.30 kN

▶ 설계도면의 수직재의 간격, 수평재의 간격, 작업층수, 설치높이 등을 검토
- 일반적으로 시스템 비계는 규격이 회사별로 조금씩 차이가 있으므로 주의를 요함

- Truss 상부 수직재 1본의 하중, P_{s1}

Ps1는 트러스 상부비계의 수직재 축하중이다.

작업하중	띠장방향 간격 x 장선방향 간격/2 x 작업하중 = 1.817 x 0.598 / 2 x 1.25 =	0.68 kN
발판 자중	띠장방향 간격 x 장선방향 간격/2 x 작업발판 자중 x 층수 = 1.817 x 0.598 / 2 x 0.2 x 13 =	1.41 kN
수직재 자중	수직재 단위길이당 중량 x 길이 x 층수 = 0.02889 x 1.9 x 13 =	0.71 kN
수평재 자중	수평재 단위길이당 중량 x 길이 x 층수 = 0.02418 x 2.116 x 13 =	0.67 kN
안전난간 자중	안전난간 단위길이당 중량 x 길이 x (층수-1) x 개수 = 0.02418 x 1.817 x 12 x 2 =	1.05 kN
대각재 자중	대각재 단위길이당 중량 x 길이 x 층수 / 3 = 0.02418 x 2.629 x 13 / 3 =	0.28 kN
수직재 1본의 하중, P_{s1}		4.80 kN

- Truss 측면 수직재 1본의 하중, P_{s2}

Ps2는 트러스 측면 수직재의 축하중이다.

Truss 자중 : 0.27 kN (구조해석에 의한 산정)

고정하중 산정 : P_d = 13.0 kN

작업하중 산정 : P_i = 1.36 kN

Truss 측면 수직재 하중 : $P_{s2} = P_d + P_i = 13.0 + 1.36 = 14.32$ kN

Pa = Pscr/S.F
= 37.5/2.6
= 14.4 kN

- 가설공사표준시방서 허용압축하중

오타
시험성적서 기준

$$P_a = \frac{P_{scr}}{RF_1 \times RF_2} = \frac{P_{scr}}{2.0 \times 1.3} = \frac{P_{scr}}{2.6}$$

비계 수직재의 안전인증 기준성능 : P_{scr} = 37.5 kN

비계의 안전율 : RF_1 = 2.0

재사용 가설기자재의 성능저하에 따른 안전율 : RF_2 = 1.3

$$S.F = \frac{f_a}{f_d + f_i} = \frac{P_a/A}{(P_d + \alpha P_i)/A} = \frac{P_a}{(P_d + \alpha P_i)} = \frac{P_{scr}}{(RF_1 \times RF_2)(P_d + \alpha P_i)}$$

비계의 자중에 의한 압축력 : P_d = 13.0 kN

작업하중에 의한 압축력 : P_i = 1.36 kN

작업하중에 대한 할증계수 : α = 2.0

$\therefore\ (RF_1 \times RF_2)(P_d/P_s + \alpha P_i/P_s)/P_s = 2.6 \times (0.91 + 0.09)\ P_s = \boxed{2.60}\ P_s$

$$S.F = \frac{P_{scr}}{(RF_1 \times RF_2)(P_d + \alpha P_i)} = \frac{P_{scr}}{2.60\ P_s} = 1.01 > 1.0$$ - **O.K**

▶ 오타 여부 확인(안전인증기준 성능 → 시험성적서 기준)

2) 3Bay Truss 구조해석

- Truss 자유물체도

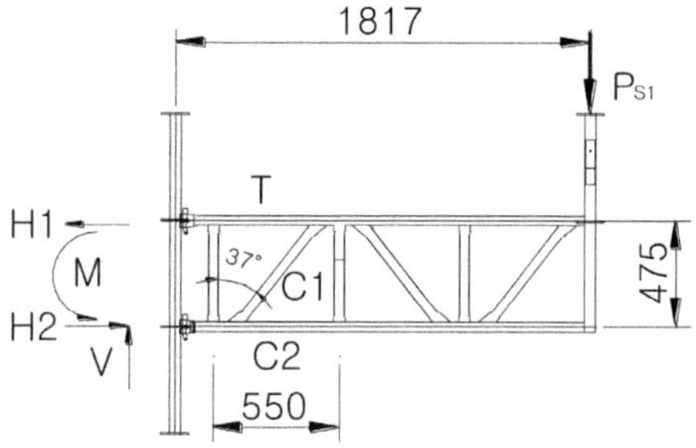

- 부재력 산정

P_{s1} = 4.80 kN

M = P_{s1} x L = 8.72 kN·m

H1 = H2 = M / d = 18.36 kN (인장 & 압축)

V = P_{s1} + 자중 = 5.1 kN

트러스 부재력

T = 18.36 kN (인장)

C1·sin53 + V = 0 ∴ C1 = 6.35 kN (압축)

C1·cos53 + H2 + C2 = 0 ∴ C2 = 14.54 kN (압축)

- Truss 인장강도 검토

F_{st} = T / A = 18.4 / 292 = 62.9 MPa

F_{at} = 177.5 MPa > 62.9 MPa --- O.K

- Truss 압축강도 검토

F_{sc} = C2 / A = 14.54 / 292 = 49.8 MPa

KL = 550 mm

KL / r = 38 < 200 - **O.K**

$C_c = \sqrt{(2\pi^2 E / Fy)}$ = 106.8

KL/r ≤ Cc

Fc=(1-(KL/r)²/2/Cc²)*Fy/(5/3+3*(KL/r)/8/Cc-(KL/r)³/8/Cc³)= 184.9 MPa

F_{ac} = 184.9 MPa > 62.9 MPa --- O.K

트러스는 안전인증 대상품이 아니라서 시험성적서가 없음. 따라서 강구조 허용응력으로 검토하여야 한다.

∴ **Truss 상부 비계 설치 높이는 13층 24.3m 로 제한하며, 그 이후는 슬래브 Bracket 을 설치한다.**

▶ 트러스는 안전인증 대상품목이다. 따라서 시험성적서 값을 사용하든지 아니면 강구조 허용응력으로 검토하였는지 여부를 확인

2.4 SLAB Bracket 비계 설치높이 : 26.6 m

1) SLAB Bracket 수직재 검토

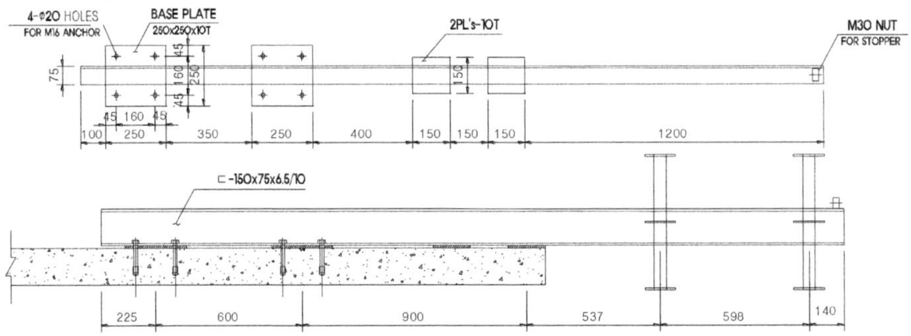

- 수직재 간격
  - 띠장방향 : 1817 mm
  - 장선방향 : 598 mm
- 수평재 간격
  - 기준층 : 1900 mm
  - 최하층 : 1900 mm
- 작업층수 : 14 층 (Bracket 상부)
- 비계설치 높이 : 26.6 m

- SLAB Bracket 상부 외부 수직재 1본의 하중, P_{s1}

구분	산식	하중
작업하중	띠장방향 간격 x 장선방향 간격/2 x 작업하중 = 1.817 x 0.598 / 2 x 1.25 =	0.68 kN
발판 자중	띠장방향 간격 x 장선방향 간격/2 x 작업발판 자중 x 층수 = 1.817 x 0.598 / 2 x 0.2 x 14 =	1.52 kN
수직재 자중	수직재 단위길이당 중량 x 길이 x 층수 = 0.02889 x 1.9 x 14 =	0.77 kN
수평재 자중	수평재 단위길이당 중량 x 길이 x 층수 = 0.02418 x 2.116 x 14 =	0.72 kN
안전난간 자중	안전난간 단위길이당 중량 x 길이 x (층수-1) x 개수 = 0.02418 x 1.817 x 13 x 2 =	1.14 kN
대각재 자중	대각재 단위길이당 중량 x 길이 x 층수 / 가새 간격 = 0.02418 x 2.629 x 14 / 3 =	0.30 kN
수직재 1본의 하중, P_{s1}		5.12 kN

- 외부 수직재 (P_{s1}) 고정하중 및 작업하중 산정
  - 고정하중 산정 : P_d = 4.4 kN
  - 작업하중 산정 : P_i = 0.68 kN

▸ 수직재 간격, 수평재 간격과 도면의 일치여부 확인

- 가설공사표준시방서 허용압축하중

$$P_a = \frac{P_{scr}}{RF_1 \times RF_2} = \frac{P_{scr}}{2.0 \times 1.3} = \frac{P_{scr}}{2.6}$$

비계 수직재의 안전인증 기준성능 : P_{scr} = 37.5 kN

비계의 안전율 : RF_1 = 2.0

재사용 가설기자재의 성능저하에 따른 안전율 : RF_2 = 1.3

$$S.F = \frac{f_a}{f_d + f_i} = \frac{P_a/A}{(P_d + \alpha P_i)/A} = \frac{P_a}{(P_d + \alpha P_i)} = \frac{P_{scr}}{(RF_1 \times RF_2)(P_d + \alpha P_i)}$$

비계의 자중에 의한 압축력 : P_d = 4.4 kN

작업하중에 의한 압축력 : P_i = 0.68 kN

작업하중에 대한 할증계수 : α = 2.0

$\therefore\ (RF_1 \times RF_2)(P_d/P_s + \alpha P_i/P_s)/P_s$ = 2.6 x (0.87 + 0.13) P_s = 2.60 P_s

$$S.F = \frac{P_{scr}}{(RF_1 \times RF_2)(P_d + \alpha P_i)} = \frac{P_{scr}}{2.60\ P_s} = 2.81 > 1.0 \quad \text{- O.K}$$

2) SLAB Bracket 구조해석

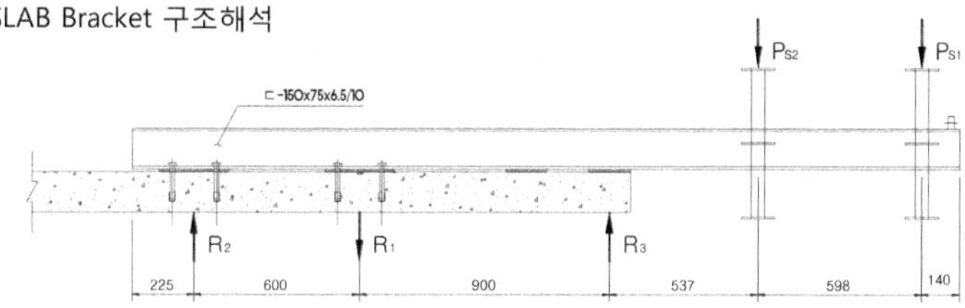

- R_3 반력 산정

$$\delta_1 = \frac{P_{s2} \cdot a^2}{3E \cdot I}(l + a) + \left(\frac{P_{s2} \cdot a^2}{2E \cdot I} + \frac{P_{s2} \cdot a \cdot l}{3E \cdot I}\right)(b - a)$$

= 1.98mm

$$\delta_2 = \frac{P_{s1} \cdot a^2}{3E \cdot I}(l + a) + \left(\frac{P_{s1} \cdot a^2}{2E \cdot I} + \frac{P_{s1} \cdot a \cdot l}{3E \cdot I}\right)(c - a)$$

= 3.12mm

$$\delta_3 = \frac{R_3 \cdot a^2}{3E \cdot I}(l + a) = 0.0002310\ R_3$$

$\therefore\ R_3 = (\delta 1 + \delta 2)\ /\ 0.0002310 = 22.10$ kN

적합조건식으로 반력을 산정.

- SLAB Bracket 상부 내부 수직재 1본의 하중, P_{s2}

  P_{s2} = P_{s1} - 대각재 자중 = 5.12 - 0.30 = 4.83 kN

- 반력산정

  R_1 = 16.35 kN (인장)

  R_2 = 4.20 kN (압축)

  R_3 = 22.10 kN (압축)

2경간 연속 내민보가 아니라 1경간 연속 내민보인 경우 평형방정식으로 부재력을 산정할 수 있으며 이하 검토식은 동일하다.

- 브라켓 검토 : ㄷ-150x75x6.5x10

탄성계수(E) :	205000 MPa	단면적(A) :	780 mm^2
단면2차 모멘트(I) :	8553000 mm^4		
단면계수(Z) :	114000 mm^3		
허용 휨응력(Fb) :	155.1 MPa		
허용 전단응력 (τ_a) :	94 MPa		

강재가 시험성적서가 아니므로 강구조설계기준을 따라 0.66Fy 사용.

① 휨강도 검토

M_s = 8.41 kN·m

M_a = Fb · Z = 155.1 x 114000 x 10^{-6} = 17.7 kN·m

$M_s < M_a$ → 8.41 < 17.68 --- **O.K**

② 전단강도 검토

강재가 시험성적서가 아니므로 강구조설계기준을 따라 0.4Fy 사용.

V_{max} = 12.1 kN

$$\tau_{max} = \frac{V_{max} \cdot h}{2t_f \cdot I}(b \cdot t_w + h \cdot t_f/4) = 8.32 \text{ MPa}$$

$\tau_{max} < \tau_a$ → 8.32 < 94 --- **O.K**

③ 처짐 검토

$$\delta_{max} = \frac{P_{s1} \cdot a_1^2}{3E \cdot I}(l + a_1) + \left(\frac{P_{s1} \cdot a_1^2}{2E \cdot I} + \frac{P_{s1} \cdot a_1 \cdot l}{3E \cdot I}\right)(a_2 - a_1) + \frac{P_{s2} \cdot a_2^2}{3E \cdot I}(l + a_2) = 3.34\text{mm}$$

δ_a = L / 250 = 4.54mm

$\delta_{max} < \delta_a$ → 3.34 < 4.5 --- **O.K**

3) 지압강도 및 앵커 검토 (검토하지 않아도 무리가 없음.)

- 지압 검토

F_p = R_3 / A = 22.1 / 22500 x 10^{-3} = 0.98 MPa

F_l = F_c · (0.5 - 0.2 · A_1/A_2) = 6.30 MPa

Fc = 21 MPa 가정

A_1 / A_2 = 1.0 가정

F_p < F_l → 0.98 MPa < 6.30 MPa --- **O.K**

- 앵커강도 검토

Hilti HAS Stud Anchor

앵커규격	M8	M10	M12	M16	M20
유효설치깊이	70	80	100	120	115
인장강도(kN)	7.6	11.9	16.7	23.8	29.7
전단강도(kN)	6.1	10.8	16.9	29.1	49

사용앵커 : 4-M16 Stud Anchor (설치깊이는 120mm)

F_{st} = R_1 / 4 = 16.3 / 4 = 4.1 kN/ea

F_{at} = 23.8 kN/ea / 2.0 (S.F) = 11.9 kN/ea > 4.1 kN/ea --- **O.K**

4) 접합부 클램프강도 검토

- 접합부 상세 (일반적인 상세는 아님.)

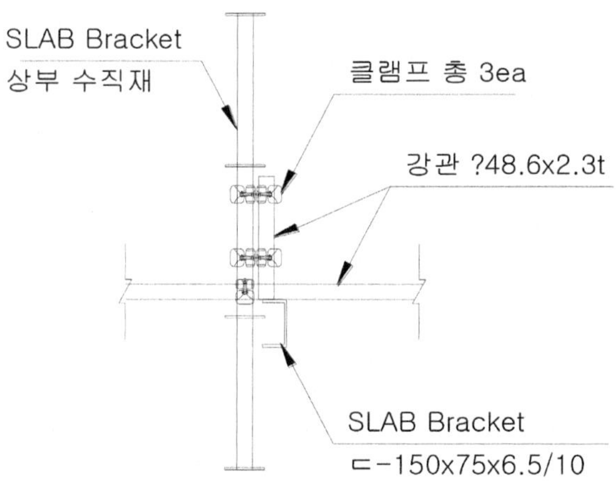

▸ 지압강도 및 앵커 검토는 하지 않아도 무리가 없음

- 클램프 인장강도 검토

SLAB Bracket 상부 최대하중 검토

P_{max} = 5.12 kN

접합부 클램프는 총 3개를 설치하며, 허용인장강도는 안전인증기준을 적용한다.

P_{at} = 15.70 kN x 3 ea / 2.0 (S.F) = 23.6 kN

P_{max} < P_{at} → 5.12 kN < 23.6 kN --- **O.K**

∴ **SLAB Bracket 상부 비계는 14층 26.6m 이상 설치가 가능하다.**

※ 첨 부 자 료 1

- 비계 설치 상세 및 시공

1. 가새설치
   - 가새 설치간격은 약 10 m 내외로 설치한다. 강관비계 설치 제한사항
   - 가새는 하부 받침철물까지 연결하여 하중을 전달시키도록 한다.
   - 가새의 설치 각도는 40~60°로 설치한다.

2. 받침철물 및 밑둥잡이 설치 강관비계 설치 제한사항
   - 받침 철물은 상세도면과 같이 설치한다.
   - 밑둥잡이 200 mm 이하로 설치하며 현장여건에 따라 조절 설치한다.

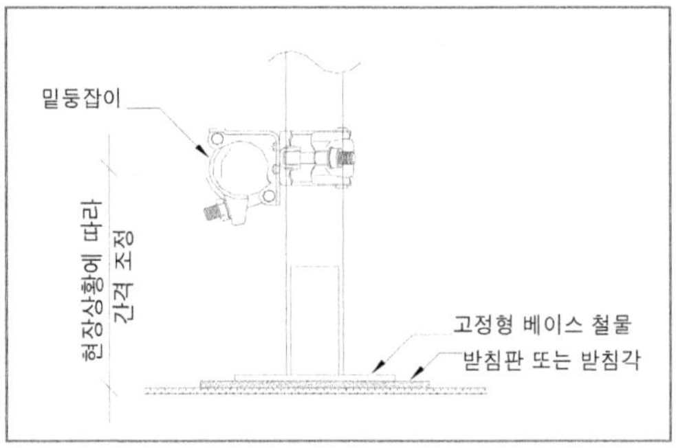

받침 철물 상세도면

▶ 비계 설치 제한사항 확인

벽이음재는 절점구속가새에 해당되므로 절점위치에서 많이 벗어나는 경우 수직재에 부가 휨응력이 발생하여 수직재가 부적합하게 된다.

3. 벽이음재 설치

- 벽연결재는 수직재와 수평재의 교차부에서 비계면에 대하여 직각이 되도록하여 수직재에 설치하고, 비계의 최상단과 가장자리 끝에도 벽이음재를 설치한다.
- 작업중 벽이음재를 제거할시 관리감독자의 승인을 받고 제거한다.
- 띠장에 부착된 벽이음 철물은 비계기둥으로 부터 30cm 이내에 부착한다.
- 벽이음 철물 설치가 어려울시에는 벽이음재 보강도면과 같이 설치한다.

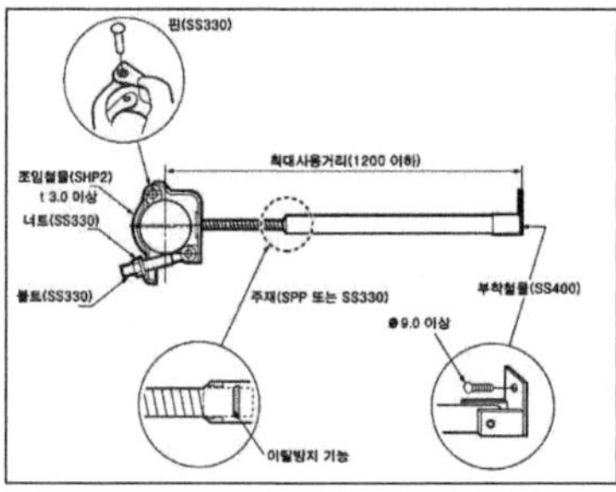

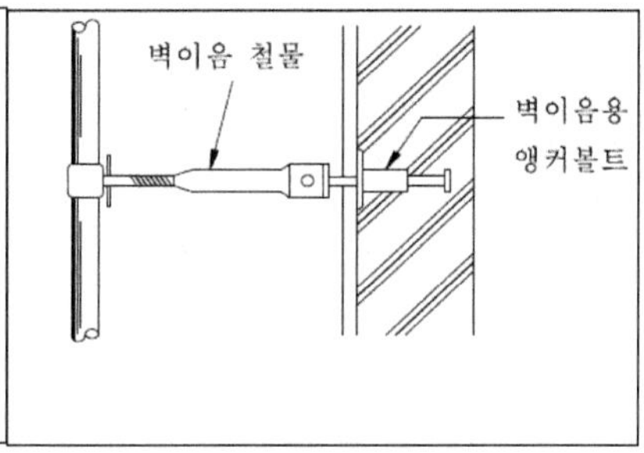

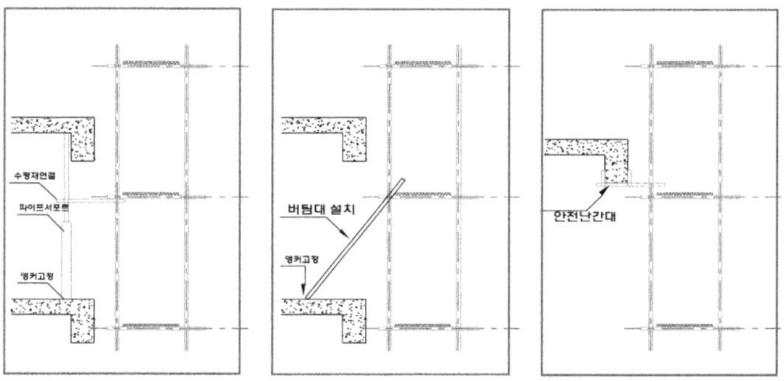

벽이음재 보강안

- ▶ 벽 이음재는 절점구속가새에 해당하므로 절점 위치에서 많이 벗어나는 경우 수직재에 부가 휨응력이 발생하여 수직재가 부적합하게 된다. 따라서 벽이음재가 구조계산에서 가정하였던 위치에 설치되었는지 확인 필요
- ▶ 마감공사 시에 벽 이음재 해체에 따른 단계별 시공과정에 따라 공사단계별로 구조검토를 실시하였는지의 여부 확인

8 시스템 비계의 재료와 품질 성능 점검요령

시스템 비계를 포함한 비계류 등의 재료는 크게 법적으로 2가지 조건을 모두 만족한 제품을 사용하여야 한다.

첫째, 고용노동부의 산업안전보건법에 따른 안전인증을 받은 제품을 사용하여야 한다. 또한 안전인증표시(Kcs)가 된 제품을 사용하여야 한다.

둘째, 건설기술진흥법에 따른 품질시험에 합격한 제품을 사용하여야 한다.

8.1 산업안전보건법에 따른 안전인증 취득 제품 사용

1) 산업안전보건법에 따른 안전인증 법적 근거

시스템 비계 등을 포함한 비계류들의 가설기자재는 산업안전보건법에 따른 안전인증이나 자율안전 확인 [13)]의 신고를 받은 제품만을 사용하여야 한다. 또한 안전인증표시이나 자율안전 확인의 신고 표시가 된 제품만을 사용하도록 하고 있다.

시공사들의 경우에는 안전인증대상기계 등의 제조 등의 금지 및 자율안전확인대상기계 등의 제조 등의 금지에 따라 안전인증(자율안전확인 신고)을 받지 아니한 가설기자재를 사용해서는 안 된다. 또한 안전인증기준(자율안전확인 신고기준)에 맞지 아니하게 된 경우에도 사용해서도 안 된다. 안전인증(자율안전확인 신고)이 취소되거나 안전인증(자율안전확인 신고)표시의 사용 금지 명령을 받은 경우에도 사용해서는 안 된다.

13) 안전인증 대상은 위험기계·기구의 방호장치와 유해 위험한 작업장에서 근로자가 착용하는 보호구이다. 의무안전인증을 받아야 하는 품목과 제조하는 자가 방호장치·보호구 안전인증기준에 의거하여 스스로 안전성을 확인하고 이를 안전보건공단에 자율안전확인 신고를 하는 품목으로 구분된다. 이를 통해 안전인증기준을 만족하는 제품에 KCs마크를 부착·판매토록 하여 근원적인 안전성과 신뢰성이 확보된 제품이 제조, 유통 및 사용 되도록 함으로써 산업재해를 예방하고자 추진하는 제도이다.

표 4.23 산업안전보건법에 따른 안전인증 법적 근거

의무안전 인증	• 법적근거 : 산업안전보건법 제84조 • 의무안전인증 대상 방호장치·보호구를 제조(외국에서 제조하여 대한민국으로 수출하는 경우 등을 포함)하는 자는 고용노동부 장관이 실시하는 안전인증을 받아야 한다. • 위반 시 : 3년 이하의 징역 또는 2천만 원 이하의 벌금 • 안전인증 의무자(서면심사, 기술능력 및 생산체계 심사, 형식별 제품심사) - 제조자(외국에서 제조하여 대한민국으로 수출하는 경우 등을 포함). 다만, 고용노동부 장관이 정하여 고시하는 수량(10개)이하로 수입하는 경우에는 수입자가 안전인증을 받을 수 있다
자율안전 확인신고	• 법적근거 : 산업안전보건법 제89조 • 자율안전확인 대상 방호장치·보호구를 제조 또는 수입하는 자는 고용노동부 장관이 정하여 고시하는 안전기준에 맞는 것임을 확인하여 고용노동부 장관에게 신고해야 한다. • 위반 시 : 1년 이하의 징역 또는 1천만 원 이하의 벌금 • 자율안전확인 신고 의무자 : 제조자 또는 수입자

표 4.24 산업안전보건법의 안전인증과 자율안전 확인 신고

산업안전보건법	
제2절 안전인증	
안전 인증	▸ 제84조(안전인증) ① 유해·위험기계 등 중 근로자의 안전 및 보건에 위해(危害)를 미칠 수 있다고 인정되어 대통령령으로 정하는 것(이하 "안전인증대상기계 등"이라 한다)을 제조하거나 수입하는 자(고용노동부령으로 정하는 안전인증대상기계 등을 설치·이전하거나 주요 구조 부분을 변경하는 자를 포함한다. 이하 이 조 및 제85조부터 제87조까지의 규정에서 같다)는 안전인증대상기계 등이 안전인증기준에 맞는지에 대하여 고용노동부 장관이 실시하는 안전인증을 받아야 한다. ② 고용노동부 장관은 다음 각호의 어느 하나에 해당하는 경우에는 고용노동부령으로 정하는 바에 따라 제1항에 따른 안전인증의 전부 또는 일부를 면제할 수 있다. 1. 연구·개발을 목적으로 제조·수입하거나 수출을 목적으로 제조하는 경우 2. 고용노동부 장관이 정하여 고시하는 외국의 안전인증기관에서 인증을 받은 경우 3. 다른 법령에 따라 안전성에 관한 검사나 인증을 받은 경우로서 고용노동부령으로 정하는 경우 ③ 안전인증대상기계 등이 아닌 유해·위험기계 등을 제조하거나 수입하는 자가 그 유해·위험기계 등의 안전에 관한 성능 등을 평가받으려면 고용노동부 장관에게 안전인증을 신청할 수 있다. 이 경우 고용노동부 장관은 안전인증기준에 따라 안전인증을 할 수 있다. ④ 고용노동부 장관은 제1항 및 제3항에 따른 안전인증(이하 "안전인증"이라 한다)을 받은 자가 안전인증기준을 지키고 있는지를 3년 이하의 범위에서 고용노동부령으로 정하는 주기마다 확인하여야 한다. 다만, 제2항에 따라 안전인증의 일부를 면제받은 경우에는 고용노동부령으

안전 인증	로 정하는 바에 따라 확인의 전부 또는 일부를 생략할 수 있다. ⑤ 제1항에 따라 안전인증을 받은 자는 안전인증을 받은 안전인증대상기계 등에 대하여 고용노동부령으로 정하는 바에 따라 제품명·모델명·제조수량·판매수량 및 판매처 현황 등의 사항을 기록하여 보존하여야 한다. ⑥ 고용노동부 장관은 근로자의 안전 및 보건에 필요하다고 인정하는 경우 안전인증대상기계 등을 제조·수입 또는 판매하는 자에게 고용노동부령으로 정하는 바에 따라 해당 안전인증대상기계 등의 제조·수입 또는 판매에 관한 자료를 공단에 제출하게 할 수 있다. ⑦ 안전인증의 신청 방법·절차, 제4항에 따른 확인의 방법·절차, 그 밖에 필요한 사항은 고용노동부령으로 정한다. ▸ 제87조(안전인증대상기계등의 제조 등의 금지 등) ① 누구든지 다음 각호의 어느 하나에 해당하는 안전인증대상기계 등을 제조·수입·양도·대여·사용하거나 양도·대여의 목적으로 진열할 수 없다. 1. 제84조제1항에 따른 안전인증을 받지 아니한 경우(같은 조 제2항에 따라 안전인증이 전부 면제되는 경우는 제외한다) 2. 안전인증기준에 맞지 아니하게 된 경우 3. 제86조제1항에 따라 안전인증이 취소되거나 안전인증표시의 사용 금지 명령을 받은 경우 ② 고용노동부 장관은 제1항을 위반하여 안전인증대상기계 등을 제조·수입·양도·대여하는 자에게 고용노동부령으로 정하는 바에 따라 그 안전인증대상기계 등을 수거하거나 파기할 것을 명할 수 있다. ▸ 제169조(벌칙) - 다음 각호의 어느 하나에 해당하는 자는 3년 이하의 징역 또는 3천만 원 이하의 벌금에 처한다. • 제84조제1항, 제87조제1항 • 제84조제1항 및 제3항에 따른 안전인증 업무를 제165조제2항에 따라 위탁받은 자로서 그 업무를 거짓이나 그 밖의 부정한 방법으로 수행한 자 ▸ 제175조(과태료) - 다음 각호의 어느 하나에 해당하는 자에게는 5천만 원 이하의 과태료를 부과한다. • 제84조제6항에 따른 자료 제출 명령을 따르지 아니한 자
제3절 자율안전확인의 신고	
자율 안전 확인의 신고	▸ 제89조(자율안전확인의 신고) ① 안전인증대상기계 등이 아닌 유해·위험기계 등으로서 대통령령으로 정하는 것(이하 "자율안전확인대상기계 등"이라 한다)을 제조하거나 수입하는 자는 자율안전확인대상기계 등의 안전에 관한 성능이 고용노동부 장관이 정하여 고시하는 안전기준(이하 "자율안전기준"이라 한다)에 맞는지 확인(이하 "자율안전확인"이라 한다)하여 고용노동부 장관에게 신고(신고한 사항을 변경하는 경우를 포함한다)하여야 한다. 다만, 다음 각호의 어느 하나에 해당하는 경우에는 신고를 면제할 수 있다. 1. 연구·개발을 목적으로 제조·수입하거나 수출을 목적으로 제조하는 경우 2. 제84조제3항에 따른 안전인증을 받은 경우(제86조제1항에 따라 안전인증이 취소되거나 안전인증표시의 사용 금지 명령을 받은 경우는 제외한다)

자율 안전 확인의 신고

3. 다른 법령에 따라 안전성에 관한 검사나 인증을 받은 경우로서 고용노동부령으로 정하는 경우

② 고용노동부 장관은 제1항 각호 외의 부분 본문에 따른 신고를 받은 경우 그 내용을 검토하여 이 법에 적합하면 신고를 수리하여야 한다.

③ 제1항 각호 외의 부분 본문에 따라 신고를 한 자는 자율안전확인대상기계 등이 자율안전기준에 맞는 것임을 증명하는 서류를 보존하여야 한다.

④ 제1항 각호 외의 부분 본문에 따른 신고의 방법 및 절차, 그 밖에 필요한 사항은 고용노동부령으로 정한다.

▸ 제91조(자율안전확인표시의 사용 금지 등)

① 고용노동부 장관은 제89조제1항 각호 외의 부분 본문에 따라 신고된 자율안전확인대상기계 등의 안전에 관한 성능이 자율안전기준에 맞지 아니하게 된 경우에는 같은 항 각호 외의 부분 본문에 따라 신고한 자에게 6개월 이내의 기간을 정하여 자율안전확인표시의 사용을 금지하거나 자율안전기준에 맞게 시정하도록 명할 수 있다.

② 고용노동부 장관은 제1항에 따라 자율안전확인표시의 사용을 금지하였을 때에는 그 사실을 관보 등에 공고하여야 한다.

③ 제2항에 따른 공고의 내용, 방법 및 절차, 그 밖에 필요한 사항은 고용노동부령으로 정한다

▸ 제92조(자율안전확인대상기계 등의 제조 등의 금지 등)

① 누구든지 다음 각호의 어느 하나에 해당하는 자율안전확인대상기계 등을 제조·수입·양도·대여·사용하거나 양도·대여의 목적으로 진열할 수 없다.

1. 제89조제1항 각호 외의 부분 본문에 따른 신고를 하지 아니한 경우(같은 항 각호 외의 부분 단서에 따라 신고가 면제되는 경우는 제외한다)
2. 거짓이나 그 밖의 부정한 방법으로 제89조제1항 각호 외의 부분 본문에 따른 신고를 한 경우
3. 자율안전확인대상기계 등의 안전에 관한 성능이 자율안전기준에 맞지 아니하게 된 경우
4. 제91조제1항에 따라 자율안전확인표시의 사용 금지 명령을 받은 경우

② 고용노동부 장관은 제1항을 위반하여 자율안전확인대상기계 등을 제조·수입·양도·대여하는 자에게 고용노동부령으로 정하는 바에 따라 그 자율안전확인대상기계 등을 수거하거나 파기할 것을 명할 수 있다.

▸ 제170조(벌칙)

- 다음 각호의 어느 하나에 해당하는 자는 1년 이하의 징역 또는 1천만 원 이하의 벌금에 처한다.
  - 제92조제1항
  - 제92조제2항에 따른 명령을 위반한 자

▸ 제171조(벌칙)

- 다음 각호의 어느 하나에 해당하는 자는 1천만 원 이하의 벌금에 처한다.
  - 제89조제1항, 제90조제2항·제3항, 제90조제4항

▸ 제175조(과태료)

- 다음 각호의 어느 하나에 해당하는 자에게는 500만 원 이하의 과태료를 부과한다.
  - 제90조제1항

2) 안전인증·자율안전확인신고 대상 품목

안전인증대상이나 자율안전확인 신고를 하여야 할 가설기자재 대상 품목은 방호장치 안전인증 고시(고용노동부 고시 제2020-33호)와 방호장치 자율안전기준 고시(고용노동부 고시 제2020-34호) 및 안전인증·자율안전확인신고의 절차에 관한 고시(고용노동부 고시 제2020-40호)에 따라 다음 표와 같다.

표 4.25 안전인증·자율안전확인신고 대상 품목

안전인증 대상 기계·기구 등의 규격 및 형식별 적용범위	
기계·기구	규격 및 형식별 적용범위
추락·낙하 및 붕괴 등의 위험방호에 필요한 가설기자재	추락·낙하 및 붕괴 등의 위험방호에 필요한 가설기자재로서 다음 각 목의 어느 하나에 해당하는 것 • 파이프 서포트 및 동바리용 부재 • 조립식 비계용 부재 • 이동식 비계용 부재 • 작업발판 • 조임철물 • 받침철물 • 조립식 안전난간
자율안전확인대상 기계·기구 등의 규격 및 형식별 적용범위	
기계·기구	규격 및 형식별 적용범위
추락·낙하 및 붕괴 등의 위험방호에 필요한 가설기자재	추락·낙하 및 붕괴 등의 위험방호에 필요한 가설기자재 부품으로서 다음 각 목의 어느 하나에 해당하는 것 • 선반지주 • 단관비계용 강관 • 고정형 받침철물 • 달비계용 및 부재(달기체인 및 달기틀) • 방호선반 • 엘리베이터 개구부용 난간틀 • 측벽용 브래킷

시스템 비계 등에 대한 안전인증과 KS규격과의 비교는 아래 표와 같다. 안전인증 대상품목과 한국산업규격(KS) 대상품목이 대부분 유사한 성격을 가지면서 구성되어 있다. 전체적으로 한국산업규격이 안전인증 대상품목보다 세부적으로 구분되어 있다. 향후 안전인증과 한국산업규격과의 품목과 관리코드 일체화를 이루는 것이 가설기자재 관련 성능기준 및 시험방법 적용 시 혼선을 초래하지 않을 것으로 판단된다.

3) 안전인증·자율안전확인신고 제도 현황

안전인증·자율안전확인신고 제도에 대한 현황은 다음 표와 같다.

표 4.26 국·내외 가설기자재 관련 안전인증제도 현황

안전인증			한국산업규격	
구분	종류	품목	규격번호	품목
의무 안전 인증	1. 파이프 서포트		KS F8001	• 강재 파이프 서포트
	2. 틀형 동바리형 부재	• 주틀 • 가새재 • 연결조인트	KS F8022	• 강관틀 동바리용 부재 - 주틀 - 가새재 - 연결조인트 - 받침철물(KS F8014)
	3. 시스템동바리용 부재	• 수직재 • 수평재 • 가새재 • 트러스 • 연결조인트	KS F8021	• 조립형 비계 및 동바리 부재 - 수직재 - 연결조인트 - 수평재 - 가새재 - 트러스 - 받침철물
	4. 강관비계용 부재	• 강관 조인트 • 벽연결용 철물	KS F8002	• 강관비계용 부재 - 비계용 강관 - 강관 조인트
	5. 틀형 비계용 부재	• 주틀 • 교차가새 • 띠장틀 • 연결조인트	KS F8003	• 강관틀비계용 부재 및 부속 철물 - 주틀 - 띠장틀 - 교차가새 - 주틀의 연결핀 - 주틀의 암록 - 벽 연결용 철물
	6. 시스템 비계용 부재	• 수직재 • 수평재 • 가새재 • 연결조인트	KS F8021	• 조립형 비계 및 동바리 부재 - 수직재 - 연결조인트 - 수평재 - 가새재 - 트러스 - 받침철물
	7. 이동식 비계용 부재	• 주틀 • 발바퀴 • 난간틀 • 아웃트리거	KS F8011	• 이동식 강관비계용 부재 - 주틀 - 발바퀴 - 난간틀 - 교차 가새 - 작업대 - 아웃트리거
	8. 작업발판	• 작업대 • 통로용작업발판	KS F8012	• 작업 발판 - 통로용 작업 발판 - 작업 계단 - 작업대

의무 안전 인증	9. 조임철물	• 클램프 • 철골용 클램프	KS F8013	• 강관용 클램프 • 철골용 클램프
	10. 받침철물	• 조절용 받침철물 • 피벗형 받침철물	KS F8014	• 고정형 받침철물 • 조절형 받침철물 • 피벗(pivot)형 받침철물
	11. 조립식 안전난 간			
자율 안전 확인 신고	1. 선반지주			
	2. 단관비계용 강관		KS F8002	• 강관비계용 부재 - 비계용 강관 - 강관 조인트
	3. 고정형 받침철물		KS F0814	• 고정형 받침철물 • 조절형 받침철물 • 피벗(pivot)형 받침철물
	4. 달기체인			
	5. 달기틀		KS F8020	• 달기틀
	6. 방호선반		KS F0816	• 방호 선반
	7. 엘리베이터 개구부용 간틀		KS F0818	• 엘리베이터 개구부용 • 난간틀
	8. 측벽용 브래킷		KS F8015	• 강재 브래킷 - 벽용 브래킷 - 선반용 브래킷
	-		KS F8017	• 안전 난간 기둥 - 슬래브용 - 발코니용
	-		KS F8019	• 리프트 승강구 안전문 - 여닫이식 - 접이식
방망 (인증 제외)	추락 또는 낙하 방지망 (2018.12.29. 인증에서 제외)	• 안전방망 • 수직보호망 • 수직형 추락방망	KS F8082	• 추락 방호망 - 무매듭 - 매듭 - 라셀
			KS F8081	• 수직 보호망 - 메시시트형 - 그물망형
			KS F8083	• 낙하물 방지망 - 메시시트형 - 그물망형
			KS F8084	• 수직형 추락방망

4) 안전인증 취득 제품 확인 방법

점검자 입장에서는 현장에서 사용하고 있는 시스템 비계 등을 포함한 가설기자재가 안전인증이나 자율안전확인 신고를 한 정상적인 제품인지의 여부를 확인하여야 한다. 확인하는 방법은 아래 그림과 같이 임대업체에서 제출한 안전인증서나 자율안전확인 신고증명서를 육안으로 직접 확인하는 방법이 있다.

안전인증서나 자율안전확인 신고증명서는 가설기자재를 제조하는 제조회사에서 한국산업안전보건공단에 신청하여 안전인증서나 자율안전확인 신고증명서를 발급받는다.

제 2018 7 호

안 전 인 증 서

(주)휴:

충청남도 당진군 1-5

위 사업장에서 제조하는 아래의 품목이 산업안전보건법 제34조 및 같은 법 시행규칙 제58조의4제4항에 따른 안전인증 심사 결과 안전·보건기준에 적합하므로 안전인증표시의 사용을 인증합니다.

품 목

가설기자재(시스템 비계용 수평재)

형식·모델/용량·등급/인증번호

형식·모델	용량·등급	인증번호
HUS-SSHP-0256	2종	18-AV2BP-0157

인 증 기 준

방호장치 안전인증 고시(고용노동부고시 제2016-54호)

인 증 조 건

아래 주소에서 생산되는 제품에 한함.

2018년 08월 03일

한국산업안전보건공단 이사장

자율안전확인 신고증명서

신청인	사업장명	(주)휴	사업장관리번호	31 90
	사업자등록번호	11)	대표자성명	최
	소재지	충남 당진군	1-5 (1-7)	
제조자	사업장명	(주)휴		
	소재지	충남 당진군	-5 (1-7)	
자율안전인증대상 기계·기구명	가설기자재(단관비계용강관)			
자율안전확인번호	17-AV1FK-0012			
형식(규격)	HUP-P1		용량(등급)	1.2m

「산업안전보건법」제35조제1항 및 같은 법 시행규칙 제61조제3항에 따라 자율안전확인 신고증명서를 발급합니다.

2017 년 12 월 08 일

한국산업안전보건공단 이사장

그림 4.35 안전인증서와 자율안전확인 신고증명서

일반적으로 안전인증서나 자율안전확인신고 증명서에 명시된 사업장 명은 시공사에 가설기자재를 대여하는 임대회사의 이름이 아니라 가설기자재를 제조하는 제조회사명으로 표시되어 있다. 그 이유는 안전인증을 취득할 의무자는 제조업체이기 때문이다. 일부 임대업체들은 제조업체를 같이 겸하는 경우가 있으므로 이때는 임대업체 이름으로 인증서가 발급되기도 한다.

안전인증 등의 취득은 제조사에서 하게 되므로 임대사에서 제조사로부터 가설기자재를 구매하게 되면 인증서 사본을 임대사는 받게 된다. 따라서 임대사는 제조회사로부터 받은 인증서 사본을 대여를 받는 시공사에게 다시 제출하게 되는 과정을 거친다.

5) 조립된 가설구조물에 대한 안전인증 제도 개선 방향

시스템 비계 및 동바리와 같은 조립된 가설기자재는 수직재, 수평재, 가새재와 연결재 등 다수의 구조부재가 조립되어 하나의 시스템을 구성하여 현장에 설치된다. 이러한 구조적 특성에 따라 개별 부재의 결함이나 불건전성뿐만 아니라 부재 간 연결 및 조립상세, 주요부재의 설치 누락 여부에 따라 설계자가 설계단계에서 예상한 구조성능이 상이하게 발휘될 수 있다.

조립된 가설기자재는 구조 설계단계에서부터 다양한 불확실성을 갖고 있다. 연결부 강성, 하중 편심 조건, 초기 형상의 기하학적 결함, 현장 설치조건 등 다양한 불확실성은 가설기자재의 정확한 구조 거동 및 내하력을 예상하기 어렵게 만드는 요소이며 설계자의 의도가 현장의 설치 조건과 상이하게 나타날 수 있는 잠재적인 위험성을 내포하고 있다.

따라서 조립된 가설기자재의 전체적 구조성능을 안전인증 단계에서부터 직관적으로 평가할 수 있고, 또한 다양한 구조형식으로 개발되는 신제품 가설기자재의 합리적인 성능평가를 위해 시스템 단위 성능평가를 기본으로 한 새로운 안전인증 제도의 도입 및 시행이 필요하다.

그림 4.36 조립 실험체 실험 전경[14)]

14) 출처 : 한국산업안전보건공단 산업안전보건연구원(2019), 조립된 가설기자재 안전인증기준 마련 연구

8.2 안전인증 표시된 제품 사용

1) 안전인증 표시 방법과 법적 근거

시스템 비계 등을 포함한 가설기자재는 역시 산업안전보건법에 따라 각 제품마다 안전인증이나 자율안전확인신고 표시(Kcs)를 한 제품만을 사용하여야 한다.

국가통합인증마크(Kcs)는 해당 제품의 표면에 알아보기 쉽도록 인쇄하거나 각인하는 등의 방법으로 표시되어 있다.

방호장치 안전인증 고시(고용노동부 고시 제2020-33호)와 방호장치 자율안전기준 고시(고용노동부 고시 제2020-34호)에 따르면 제품에 표시할 사항들은 다음과 같다.

① 형식 또는 모델명
② 규격 또는 등급 등
③ 제조자명
④ 제조번호 및 제조 연월
⑤ 안전인증번호

그림 4.37 국가통합인증마크

일반적으로 위의 표시사항을 모두 표시하여야 하지만 가설기자재 일부 제품의 경우는 크기가 적기 때문에 이 중 몇 가지만 표시하고 있는 경우도 있다.

표 4.27 산업안전보건법의 안전인증과 자율안전확인 신고

산업안전보건법	
제2절 안전인증	
안전인증	▸ 제85조(안전인증의 표시 등) ① 안전인증을 받은 자는 안전인증을 받은 유해·위험기계 등이나 이를 담은 용기 또는 포장에 고용노동부령으로 정하는 바에 따라 안전인증의 표시(이하 "안전인증표시"라 한다)를 하여야 한다. ② 안전인증을 받은 유해·위험기계등이 아닌 것은 안전인증표시 또는 이와 유사한 표시를 하거나 안전인증에 관한 광고를 해서는 아니 된다. ③ 안전인증을 받은 유해·위험기계 등을 제조·수입·양도·대여하는 자는 안전인증표시를 임의로 변경하거나 제거해서는 아니 된다. ④ 고용노동부 장관은 다음 각호의 어느 하나에 해당하는 경우에는 안전인증표시나 이와 유사한 표시를 제거할 것을 명하여야 한다.

1. 제2항을 위반하여 안전인증표시나 이와 유사한 표시를 한 경우
2. 제86조제1항에 따라 안전인증이 취소되거나 안전인증표시의 사용 금지 명령을 받은 경우

▸ 제170조(벌칙)

- 다음 각호의 어느 하나에 해당하는 자는 1년 이하의 징역 또는 1천만 원 이하의 벌금에 처한다.
  • 제85조제2항 · 제3항
  • 제85조제4항에 따른 명령을 위반한 자

▸ 제175조(과태료)

- 다음 각호의 어느 하나에 해당하는 자에게는 1천만 원 이하의 과태료를 부과한다.
  • 제85조제1항

제3절 자율안전확인의 신고

자율 안전 확인의 신고

▸ 제90조(자율안전확인의 표시 등)

① 제89조제1항 각호 외의 부분 본문에 따라 신고를 한 자는 자율안전확인대상기계 등이나 이를 담은 용기 또는 포장에 고용노동부령으로 정하는 바에 따라 자율안전확인의 표시(이하 "자율안전확인표시"라 한다)를 하여야 한다.

② 제89조제1항 각호 외의 부분 본문에 따라 신고된 자율안전확인대상기계 등이 아닌 것은 자율안전확인표시 또는 이와 유사한 표시를 하거나 자율안전확인에 관한 광고를 해서는 아니 된다.

③ 제89조제1항 각호 외의 부분 본문에 따라 신고된 자율안전확인대상기계등을 제조 · 수입 · 양도 · 대여하는 자는 자율안전확인표시를 임의로 변경하거나 제거해서는 아니 된다.

④ 고용노동부 장관은 다음 각호의 어느 하나에 해당하는 경우에는 자율안전확인표시나 이와 유사한 표시를 제거할 것을 명하여야 한다.

1. 제2항을 위반하여 자율안전확인표시나 이와 유사한 표시를 한 경우
2. 거짓이나 그 밖의 부정한 방법으로 제89조제1항 각호 외의 부분 본문에 따른 신고를 한 경우
3. 제91조제1항에 따라 자율안전확인표시의 사용 금지 명령을 받은 경우

▸ 제171조(벌칙)

- 다음 각호의 어느 하나에 해당하는 자는 1천만 원 이하의 벌금에 처한다.
  • 제90조제2항 · 제3항, 제90조제4항

▸ 제175조(과태료)

- 다음 각호의 어느 하나에 해당하는 자에게는 500만 원 이하의 과태료를 부과한다.
  • 제90조제1항

2) 안전인증 표시 확인 요령과 '예'

안전인증 표시를 확인하는 방법은 제품에 각인되어 있는 상태를 보고 확인할 수 있다.

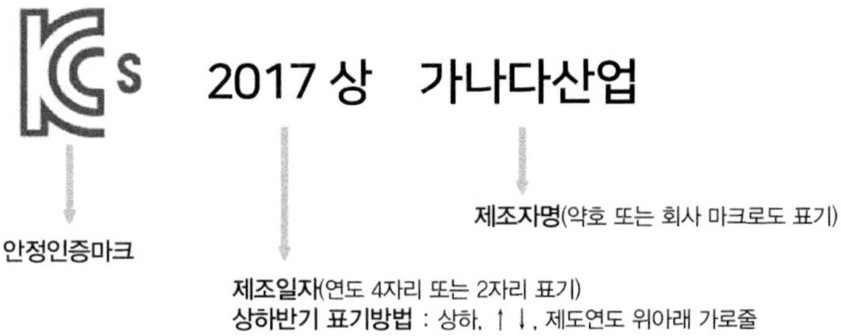

그림 4.38 안전인증표시

아래 왼쪽 그림은 강관비계용 클램프에 대한 안전인증 표시사항이다. 국가통합인증마크(KCS)가 있으므로 이 제품은 안전인증(자율안전확인 신고)을 정상적으로 받은 합법적인 제품이다.

$\overline{17}$은 제품이 생산된 제조연월일 의미하는데 2017년에 제조되었다는 표시이다. 연도 위에 있는 '－' 표시는 그해의 상반기에 제조되었고, 밑에 있는 것은 하반기에 제조되었다는 것을 의미한다. 따라서 이 제품은 2017년 상반기에 제조되었음을 알 수 있다. '고장력'과 'hory'는 제품규격과 제조사를 지칭하고 있다.

아래 오른쪽 그림은 조절받침 철물의 안전인증 표시사항이다. 역시 국가통합인증마크(KCS)가 있으므로 이 제품은 안전인증을 정상적으로 받은 합법적인 제품이다. 15는 2015년에 제조되었다는 표시이다. KHC는 제조사 명칭이다.

그림 4.39 안전인증 표시

그림 4.40 안전인증 표시 예

3) 성능검정제도의 '안'자 표시

일부 제품의 경우에는 'Kcs'가 아닌 '안'자 마크가 각인된 제품이 아직까지 사용되고 있다. 원래 가설기자재에 대한 성능검정은 1992년 7월 1일부터 시작되었다. 성능검정제도에서는 '안'자 마크를 각인하도록 하고 있었다. 그러나 2009년 1월 1일부터 기존의 성능검정제도를 안전인증제도를 전환·시행하였고, 안전인증제도에서는 'Kcs'를 각인하도록 하고 있다.

표 4.28 가설기자재 관련 안전인증제도 연혁

연도	내용	품목
1992.07.01	성능검정제도 도입	파이프 서포트 등 19종
1998.02.11	검정대상 추가	수직보호망 등 5종 추가(총 24종)
1999.01.01	검정대상 추가	안전방망 등 6종 추가(총 30종)
2009.01.01	안전인증제도 도입	의무안전인증(12종 33품목), 자율안전확인(8종)

아무래도 '안'자 마크가 각인된 제품은 2008년 12월 31일 이전에 제조된 제품으로서 법적으로 사용에는 문제가 없다. 그러나 사용기간이 상당히 오래된 제품이어서 성능저하가 우려되는 제품이라고 볼 수 있다.

그림 4.41 성능검정제도 시절의 '안'자 마크 표시

4) 안전인증 표시 점검의 중요성

따라서 점검자는 가설기자재 제품 하나하나에 표시된 사항을 확인하여 정상제품의 여부를 확인하여야 한다. 제품에 표기된 제조연도를 보고서 이 제품이 지금까지 사용된 기간을 추정할 수가 있다. 아무래도 오래된 제품은 성능이 떨어지기 쉽기 때문에 가급적 사용하지 않는 것이 좋다.

안전인증 표시가 보이지 않은 제품에 대하여 일부 임대업체의 경우에는 사용하는 과정에서 흙이나 먼지 등이 묻었다고 한다든지 아니면 수리보수를 하는 과정에서 훼손되었다고 하는데 이는 오히려 문제가 있다. 수리 보수하는 과정에서 각인 표시가 보이지 않는다는 것은 역으로는 단면두께가 감소하여 성능이 떨어진다는 것이기 때문이다.

그림 4.42 98년에 생산된 강관비계용 클램프와 끝단부가 찢어진 강관 파이프 사용 현장 전경
(2019년 ○○도로공사 현장 촬영)

가설기자재의 성능에 영향을 미치는 요인은 강재의 종류와 단면두께, 규격 등이다. 만약 단면두께가 감소하게 되면 성능은 당연히 떨어지게 된다.

각인 표시가 보이지 않는 제품은 가능하면 사용하지 않는 것이 좋다. 왜냐하면 산업안전보건법 그 자체를 위반하고 있기 때문이다.

8.3 건설기술진흥법의 품질시험에 합격한 제품 사용

1) 가설기자재 품질시험의 법적 근거

가설기자재는「건설기술진흥법」제55조(건설공사의 품질관리) 및 건설공사 품질관리 업무지침(국토교통부 고시 제2020-720호) 제54조(부실공사 방지를 위한 성실의무)에 의하여 품질검사 건설기술용역업에서 실시한 품질시험에 합격한 제품만을 사용[15)]하여야 한다. 이때 소요되는 비용은 품질관리비(품질시험비)에서 사용하게 된다.

표 4.29 건설공사 품질관리 업무지침

<table>
<tr><th colspan="2">건설공사 품질관리 업무지침(국토교통부 고시 제2020-720호)</th></tr>
<tr><th colspan="2">제5편 가설기자재 품질관리</th></tr>
<tr><td>제54조
(부실
공사
방지를
위한
성실
의무)</td><td>▸ 제54조(부실공사 방지를 위한 성실의무)
① 시공자, 공급원 승인권자, 공사감독자는 부실공사가 발생하지 않도록 불량자재 반입을 철저히 차단하는 등 성실하게 품질관리 업무를 이행하여야 한다.
② 가설기자재의 자재별(종별), 시험종목, 시험방법, 시험빈도는 별표2와 같다
③ 별표 2에서 명시되지 아니한 가설기자재에 대해서는 시방서 등 설계도서에 제시된 시험종목·방법 및 빈도에 따른다.
④ 발주자가 공사의 종류·규모 및 중요성, 현지실정 등을 감안하여 특히 필요하다고 인정하면 별표2의 시험빈도를 조정할 수 있다.
▸【별표 2】건설공사 품질시험기준(제8조제1항 관련)
1. 공통(라. 가설기자재)
<table>
<tr><th>종별</th><th>시험종목</th><th>시험방법</th><th>시험빈도</th><th>비고</th></tr>
<tr><td>강재 파이프 서포트</td><td>평누름에 의한 압축 하중</td><td>• KS F 8001 또는 산업안전보건법에 따른 안전인증기준</td><td>• 제품규격마다 (3개)
• 공급자마다</td><td>• 최대사용 길이가 4,000 mm를 초과하는 제품과 알루미늄 합금재 제품은「방호장치 안전인증 고시」의 시험방법 적용</td></tr>
</table></td></tr>
</table>

15) 2017년 7월 1일 이후 입찰공고 된 공사부터 적용된다.

<table>
<tr><td rowspan="26">제54조
(부실
공사
방지를
위한
성실
의무)</td><td rowspan="4">강관
비계용
부재</td><td>비계용
강관</td><td>인장 하중</td><td rowspan="4">• KS F 8002</td><td rowspan="4">• 제품규격마다
(3개)
• 공급자마다</td><td rowspan="4"></td></tr>
<tr><td rowspan="3">강관
조인트</td><td>휨 하중</td></tr>
<tr><td>인장 하중</td></tr>
<tr><td>압축 하중</td></tr>
<tr><td rowspan="6">조립형
비계 및
동바리
부재</td><td>수직재</td><td>압축 하중</td><td rowspan="6">• KS F 8021
또는 산업안
전보건법에
따른 안전인
증기준</td><td rowspan="6">• 제품규격마다
(3개)
• 공급자마다</td><td rowspan="6">• 안전인증기준의 종별 명칭은 시스템 비계 또는 시스템동바리임</td></tr>
<tr><td>수평재</td><td>휨 하중</td></tr>
<tr><td>가새재</td><td>압축 하중</td></tr>
<tr><td>트러스</td><td>휨 하중</td></tr>
<tr><td rowspan="2">연결
조인트</td><td>압축 하중</td></tr>
<tr><td>인장 하중</td></tr>
<tr><td colspan="2" rowspan="4">일반 구조용 압연 강재(KS D 3503)
* 흙막이용 자재로 제한</td><td>치수</td><td rowspan="4">KS D 3503</td><td rowspan="4">• 제품규격마다
• 공급자마다</td><td rowspan="4">• 공사시방서(또는 설계도서)에 명시된 제품과 동등 이상 여부 확인
• 치수는 두께만 시험</td></tr>
<tr><td>인장 강도</td></tr>
<tr><td>항복 강도</td></tr>
<tr><td>연신율</td></tr>
<tr><td colspan="2" rowspan="4">용접 구조용 압연 강재(KS D 3515)
* 흙막이용 자재로 제한</td><td>겉모양,
치수, 무게</td><td rowspan="4">KS D 3515</td><td rowspan="4">• 제품규격마다
• 공급자마다</td><td rowspan="4">• 공사시방서(또는 설계도서)에 명시된 제품과 동등 이상 여부 확인
• 치수는 두께만 시험</td></tr>
<tr><td>항복점 또는
항복강도</td></tr>
<tr><td>인장강도</td></tr>
<tr><td>연신율</td></tr>
<tr><td colspan="2" rowspan="4">일반구조용 용접 경량 H형강
(KS D 3558)
* 흙막이용 자재로 제한</td><td>치수</td><td rowspan="4">KS D 3558</td><td rowspan="4">• 제품규격마다
• 공급자마다</td><td rowspan="4">• 공사시방서(또는 설계도서)에 명시된 제품과 동등 이상 여부 확인
• 치수는 평판부분의 두께만 시험</td></tr>
<tr><td>인장 강도</td></tr>
<tr><td>항복 강도</td></tr>
<tr><td>연신율</td></tr>
<tr><td colspan="2" rowspan="4">일반구조용 각형 강관(KS D 3568)
* 거푸집 및 동바리 구조물에 사용하는 멍에 또는 장선용 자재로 제한</td><td>치수</td><td rowspan="4">KS D 3568</td><td rowspan="4">• 제품규격마다
• 공급자마다</td><td rowspan="4">• 공사시방서(또는 설계도서)에 명시된 제품과 동등 이상 여부 확인
• 치수는 평판부분의 두께만 시험</td></tr>
<tr><td>인장 강도</td></tr>
<tr><td>항복 강도</td></tr>
<tr><td>연신율</td></tr>
</table>

<table>
<tr><td rowspan="12">제54조
(부실
공사
방지를
위한
성실
의무)</td><td rowspan="4">열간압연강 널말뚝
(KS F 4604)</td><td>인장 강도</td><td rowspan="4">KS F 4604</td><td rowspan="4">• 제품규격마다
• 공급자마다</td><td rowspan="4">• 치수는 평판부분의 두께만 시험</td></tr>
<tr><td>항복 강도</td></tr>
<tr><td>연신율</td></tr>
<tr><td>모양, 치수,
단위질량</td></tr>
<tr><td>복공판</td><td>외관상태 및
성능</td><td>공사시방서에
따름</td><td>• 제품규격별 200개마다 (단, 200개 미만은 1회)
• 공급자마다
• 설치 후 1년 이내 마다</td><td>• 국가건설기준 코드의 설계하중 기준에 만족</td></tr>
<tr><td rowspan="7">콘크리트 거푸집용
합판(KS F 3110)</td><td>겉모양 및
치수</td><td rowspan="3">KS F 3110</td><td rowspan="3">• 제품규격별</td><td rowspan="7">• 강재틀 합판 거푸집(KS F 8006) 제외</td></tr>
<tr><td>휨강성
변형량</td></tr>
<tr><td>도막 및
피복재와
바탕합판의
접착성
(표면가공
거푸집용
합판에 한함)</td></tr>
<tr><td>함수율</td><td rowspan="3">KS F 3110</td><td rowspan="4">• 필요시</td></tr>
<tr><td>밀도</td></tr>
<tr><td>접착성</td></tr>
<tr><td>포름알데히드
방출량</td><td>KS M 1998</td></tr>
</table>

2) 가설기자재 품질시험 점검에 대한 유의사항

여기에서 유의하여야 할 사항은 시험빈도가 제품규격마다, 공급자마다 하여야 한다는 점이다.

공급자마다 품질시험을 실시하라는 의미는 사실 여러 가지로 해석할 수가 있다. 동일 건설현장에 가설기자재를 대여하는 임대업체가 A라는 한 개의 업체에서 공급할 수도 있지만, 물량이 많을 경우에는 A라는 업체 외에도 B라는 업체에서도 대여하는 경우가 있을 수 있다. 이런 경우에는 각 임대업체별(A, B)로 품질시험을 각각 실시해야 한다는 의미이다.

시스템 비계인 조립형 비계의 경우 수직재 종류는 일반적으로 OK Sysrem 비계와 소켓식 Sysrem 비계 두 가지로 대별할 수가 있다.

동일 건설현장에 반입된 OK Sysrem 비계라고 할지라도 C라는 제조사에서 제조한 제품이 있고 D라는 제조사에서 제조한 경우가 있을 수 있다. 각 회사별로는 안전인증을 받을 때 규격이나 강종 등이 각기 상이하므로 각 제조사별(C, D)로 품질시험을 각각 실시해야 한다. 제품에 각인된 인증표시를 보고서 제조된 제조사와 규격 등의 확인이 가능하다.

그러나 대부분의 건설현장에서는 임대사별로는 품질시험을 실시하고 있으나 비용이나 시간상의 이유를 들어 제조사가 각기 다른 제품의 규격별로는 품질시험을 실시하지 않고 있는 실정이다. 따라서 점검자는 이러한 사항에 유의하여 품질시험이 적절하게 이루어졌는지 확인할 필요가 있다.

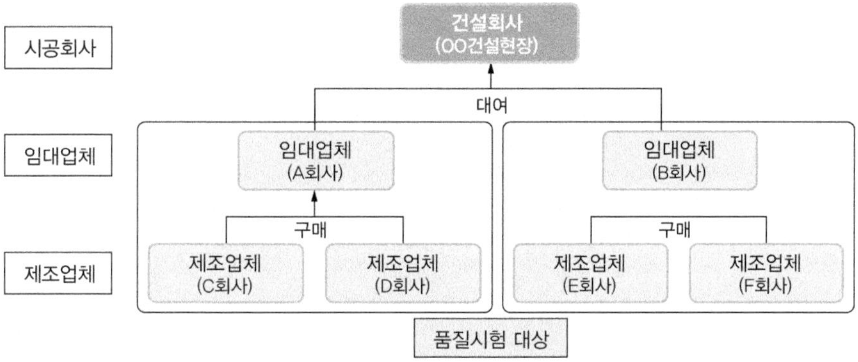

그림 4.43 품질시험 대상 '예'

또한 일부 시공사들의 경우 품질관리비(품질시험비)에서 품질시험 비용을 지출하여야 함에도 불구하고 발주처에서 미계상하였다는 이유를 들어 전문건설업체나 가설기자재 임대업체에게 그 비용을 전가시키고 있는 경우도 있다.

이는 대표적인 갑질행위로써 불공정행위에 해당하므로 점검자는 설계내역서, 세금계산서나 통장입금 여부 등 비용의 지출 여부에 대하여도 확인할 필요가 있다. 품질관리비에 가설기자재에 대한 품질시험 비용이 계상되지 않았으면 계상되도록 할 필요가 있다. 또한 점검자는 건설현장에서 품질시험 의뢰를 위한 샘플링 방법이 적절하게 이루어졌는지 주위를 기울여서 점검할 필요가 있다.

일반적으로 품질시험용 시료 채취는 감독관 또는 건설사업관리기술인(감리원)이 입회하여 봉인하여 사인 후에 제출하도록 되어 있다.

건설현장에서는 품질검사 건설기술용역업체에게 품질시험을 의뢰하였다가 만약 불합격이 나오게 되면 그에 따라 공사 착공이 제때 이루어지지 않게 되고, 품질시험을 다시 한번 추가로 실시하게 됨에 따라 비용이 추가로 소요되는 문제가 발생하게 된다.

이에 따라 건설현장에서는 납품된 가설기자재에서 품질시험 의뢰용 시료를 감독관이나 건설사업관리기술인(감리원)의 입회하에 무작위로 채취하는 것이 아니라 가설기자재 임대업체에게 뒷거래를 통하여 품질시험에 합격될 수 있는 시험용 제품을 별도로 가지고 오게끔 한다는 이야기도 있다. 이에 따라 일부 가설기자재 임대업체에서 제조업체에게 시험에 합격될 수 있는 제품을 별도로 소량 구매하여 납품용과는 별개로 시험용으로 납품하는 경우도 있다고 한다. 따라서 점검자는 점검하는 과정에서 재료의 상태가 현저히 불량한 가설기자재는 직접 샘플링을 실시하여 품질시험을 의뢰하여 성능을 확인할 필요가 있다.

또한 일부 품질검사 건설기술용역업체에서는 의뢰한 시료의 개수가 맞지 않는데도 불구하고 시험성적서가 발행되는 경우가 있다. 예를 들면 시스템 비계의 수평재 1회 시험을 위해서는 4개의 수직재 위·아래 접합부에 각각 4개(총 8개)의 수평재를 결합한 상태에서 상부의 평행한 2개의 수평재 중앙부에 하중을 가하여 하중의 최댓값(P)을 측정하게 된다.

그런데 여기에 소요되는 시험용 부재를 제출하지 않아도 품질검사 성적서가 발급된다는 것은 허위나 부실의 품질시험이 품질검사 건설기술용역업체에서 이루어지고 있다고 볼 수 있다. 따라서 점검자는 밀봉상태와 입회자의 사인을 확인할 수 있는 사진과 품질검사 기관에서 시험을 하는 중에 실제 건설현장에서 의뢰한 제품이 실제로 시험하고 있는지에 대한 사진이나 동영상 등을 확인할 필요가 있다.

그림 4.44 수평재에 대한 품질시험 전경

3) 품질검사 성적서와 시험성적서 차이점

아래 그림은 품질검사 성적서와 시험성적서의 예시를 나타낸 것이다. 품질검사 성적서는 건설공사 품질관리업무지침에 따라 실시하게 된 품질검사에 대한 성적서이다. 시료명, 시료채취장소, 공사명, 발주자, 시공자, 시료채취자, 입회자 등이 표기되며 비용은 품질관리비(품질시험비)로 사용이 가능하다.

반면에 위 그림의 오른쪽에 있는 시험성적서는 자재 공급원 승인요청과 관련하여 제출되는 시험성적서이다. 임대업체가 본인이 보유하고 있는 자재의 성능의 우수성을 증명하기 위하여 제출하는 시험성적서이다. 성적서에 표기된 신청인은 임대업체가 된다. 여기에 소요되는 시험비용은 품질관리비(품질시험비)와는 상관없이 임대업체가 자부담으로 지급하게 된다.

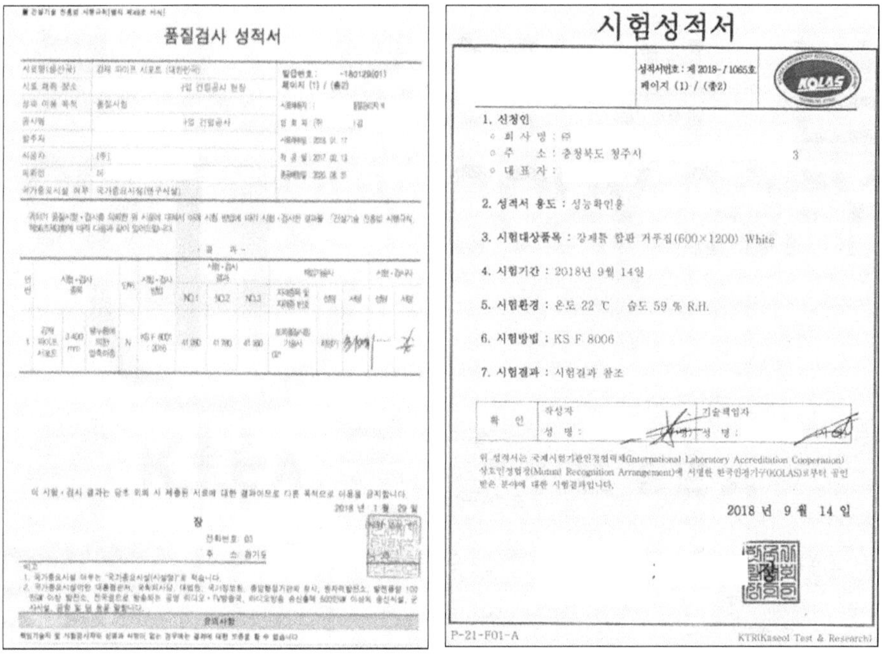
품질검사 성적서

시험성적서

성적서번호 : 제 2018-/1065호
페이지 (1) / (총2)

1. 신청인
   - 회 사 명 : ㈜
   - 주 소 : 충청북도 청주시 3
   - 대 표 자 :
2. 성적서 용도 : 성능확인용
3. 시험대상품목 : 강재틀 합판 거푸집(600×1200) White
4. 시험기간 : 2018년 9월 14일
5. 시험환경 : 온도 22 ℃ 습도 59 % R.H.
6. 시험방법 : KS F 8006
7. 시험결과 : 시험결과 참조

확 인	작성자 성 명 :	기술책임자 성 명 :

위 성적서는 국제시험기관인정협력체(International Laboratory Accreditation Cooperation) 상호인정협정(Mutual Recognition Arrangement)에 서명한 한국인정기구(KOLAS)로부터 공인받은 분야에 대한 시험결과입니다.

2018 년 9 월 14 일

P-21-F01-A KTR(Kaseol Test & Research)

그림 4.45 품질검사 성적서 & 시험성적서

시험성적서의 유효기간은 법적으로 특별히 정해진 것은 없다. 일반적으로 발주처에서는 시험성적서의 유효기간을 자체 기준에 따라 적용하고 있다. 일반적으로 국토교통부 산하기관인 LH와 한국도로공사 등은 보통 6개월 이내로 적용하고 있다. 가장 좋은 방법은 자재 공급원 승인 직전에 시험한 시험성적서를 인정하는 것이 바람직하지만 경제성 측면 등을 고려할 때 6개월 이내가 적절하다고 본다.

그럼에도 불구하고 일부 건설현장의 경우에는 몇 년 전의 시험성적서도 인정하는 경우도 있으나 재사용 자재의 특성을 고려할 때 최근 6개월 이내에 시험을 실시했는지의 여부를 점검자는 확인할 필요가 있겠다.

8.4 의무안전인증 및 자율안전확인의 구조 점검기준

1) 가설기자재 구조 점검기준에 대한 법적 근거

고용노동부 방호장치 안전인증 고시(고용노동부 고시 제2020-33호)와 방호장치 자율안전기준 고시(고용노동부 고시 제2020-34호)에서는 시스템 비계 등 가설기자재의 재료, 구조, 성능, 시험방법에 대한 최소기준을 정하고 있다.

점검자는 현장에 설치된 가설기자재가 안전인증 기준의 구조와 성능에 적합한지를 확인할 필요가 있다. 특히 마이크로미터를 활용하여 두께를 측정하거나 버어니어 캘리퍼스를 활용하여 단면직경 등을 측정하여 기준에 적합한지의 여부를 확인해야 한다.

표 4.30 방호장치 안전인증 고시(시스템 비계)

<table>
<tr><th colspan="2">방호장치 안전인증 고시</th></tr>
<tr><th colspan="2">【별표 17】 조립식 비계용 부재의 성능기준 및 시험방법(제36조 관련)</th></tr>
<tr><td>방호장치 안전인증 고시</td><td>
▸종류 및 분류
- 조립식 비계용 부재의 종류 및 분류는 표와 같다.

조립식 비계용 부재의 종류 및 분류
<table>
<tr><th>종류</th><th colspan="4">분류</th></tr>
<tr><td>강관비계용 부재</td><td>• 강관조인트</td><td>• 벽연결용 철물</td><td></td><td></td></tr>
<tr><td>틀형 비계용 부재</td><td>• 주틀</td><td>• 교차가새</td><td>• 띠장틀</td><td>• 연결조인트</td></tr>
<tr><td>시스템 비계용 부재</td><td>• 수직재</td><td>• 수평재</td><td>• 가새재</td><td>• 연결조인트</td></tr>
</table>
▸시스템 비계용 부재의 재료
가. 시스템 비계용 부재의 재료는 표에 적합하거나 이와 동등 이상의 기계적 성질을 가진 것을 사용해야 한다.
</td></tr>
</table>

시스템 비계용 부재의 재료

부재	구성 부분	재질	
		강재	알루미늄 합금재
수직재	수직재 본체 및 삽입관	KS D 3566에 규정하는 STK 400 또는 KS D 3568에 규정하는 SPSR 400 또는 KS D 3503에 규정하는 SS 400	KS D 6759에 규정하는 A 6061S
	접합부	KS D 3503에 규정하는 SS 400 또는 KS D 3501에 규정하는 SPHC	
수평재	수평재 본체	KS D 3566에 규정하는 STK 400 또는 KS D 3568에 규정하는 SPSR 400 또는 KS D 3503에 규정하는 SS 400	
	결합부, 결합핀	KS D 3503에 규정하는 SS 400 또는 KS D 3501에 규정하는 SPHC 또는 KS D 4302에 규정하는 GCD 450-10	
가새재	가새재 본체	KS D 3566에 규정하는 STK 400 또는 KS D 3568에 규정하는 SPSR 400 또는 KS D 3503에 규정하는 SS 400	
	결합부, 결합핀	KS D 3503에 규정하는 SS 400 또는 KS D 3501에 규정하는 SPHC 또는 KS D 4302에 규정하는 GCD 450-10	
연결 조인트	이음관, 이음판 및 삽입관	KS D 3566에 규정하는 STK 400 또는 KS D 3501에 규정하는 SPHC 또는 KS D 3568에 규정하는 SPSR 400	
	이탈방지용 핀	KS D 3503에 규정하는 SS 400 또는 KS D 3501에 규정하는 SPHC	

방호장치 안전인증 고시

나. 시스템 비계용 부재의 각 부분은 현저한 손상, 변형 또는 부식이 없는 것이어야 한다.

▸시스템 비계용 수직재의 재료

- 별표 16 제7호의 시스템 동바리용 수직재의 재료에 따른다.
  가. 시스템 동바리용 부재의 재료는 아래 표에 적합하거나 이와 동등 이상의 기계적 성질을 가진 것을 사용하여야 한다.

별표 16의 시스템 동바리용 부재의 재료

부재	구성 부분	재질	
		강재	알루미늄 합금재
수직재	수직재 본체 및 삽입관	KS D 3566에 규정하는 STK 400 또는 KS D 3568에 규정하는 SPSR 400 또는 KS D 3503에 규정하는 SS 400	KS D 6759에 규정하는 A 6061S
	접합부	KS D 3503에 규정하는 SS400 또는 KS D 3501에 규정하는 SPHC	

방호장치 안전인증 고시

수평재	수평재 본체	KS D 3566에 규정하는 STK 400 또는 KS D 3568에 규정하는 SPSR 400 또는 KS D 3503에 규정하는 SS 400	
	결합부, 결합핀	KS D 3503에 규정하는 SS 400 또는 KS D 3501에 규정하는 SPHC 또는 KS D 4302에 규정하는 GCD 450-10	
가새재	가새재 본체	KS D 3566에 규정하는 STK 400 또는 KS D 3568에 규정하는 SPSR 400 또는 KS D 3503에 규정하는 SS 400	
	결합부, 결합핀	KS D 3503에 규정하는 SS 400 또는 KS D 3501에 규정하는 SPHC 또는 KS D 4302에 규정하는 GCD 450-10	KS D 6759에 규정하는 A 6061S
트러스	수평재, 보강재	KS D 3566에 규정하는 STK 400 또는 KS D 3568에 규정하는 SPSR 400 또는 KS D 3503에 규정하는 SS 400	
	결합부, 결합핀	KS D 3503에 규정하는 SS400 또는 KS D 3501에 규정하는 SPHC 또는 KS D 4302에 규정하는 GCD450-10	
연결 조인트	이음관, 이음판 및 삽입관	KS D 3566에 규정하는 STK400 또는 KS D 3501에 규정하는 SPHC 또는 KS D 3568에 규정하는 SPSR 400	
	이탈방지용 핀	KS D 3503에 규정하는 SS 400 또는 KS D 3501에 규정하는 SPHC	

나. 시스템 동바리용 부재의 각 부분은 현저한 손상, 변형 또는 부식이 없는 것이어야 한다.

▸시스템 비계용 수직재의 구조

- 별표 16 제8호의 시스템 동바리용 수직재의 구조에 따른다.
- 시스템 동바리용 수직재는 아래 그림과 같이 본체 및 접합부가 일체화된 구조이어야 하며, 다음 각 목에 적합하여야 한다.

가. 수직재 본체의 바깥지름 치수는 표와 같고, 본체의 바깥지름에 따라 2종으로 구분한다.

나. 수직재 양 끝부분에 이탈 방지용 핀 구멍이 있는 경우에는 단부에서 핀 구멍까지의 간격은 40 mm 이상이어야 한다. 다만, 연결조인트가 일체형으로 부착되어 있는 수직재는 핀 구멍을 생략할 수 있다.

다. 수직재의 길이는 연결조인트를 제외한 본체의 길이를 말하고 치수 허용차는 제작치수 ±1 mm 이어야 한다.

라. 수직재에는 수평재 및 가새재가 연결될 수 있는 접합부가 있어야 하며, 그림과 같이 접합부의 형태에 따라 디스크형 접합부와 포켓형 접합부로 구분된다.

마. 접합부는 다음 각 세목에 적합하여야 한다.

1) 디스크형 접합부의 두께는 5.4 mm 이상이어야 하고, 포켓형 접합부는 강판을 절곡 가공한 것으로서 두께는 3.0 mm 이상이어야 한다.

2) 포켓형 접합부에 있어서, 이웃하는 포켓은 일직선상에 위치하거나 단차가 있을 수 있다.

수직재 본체의 바깥지름 치수

부재	단면 형상	치수(mm)
1종	원형	60.2 이상
	다각형	외접원의 지름이 원형과 동등 이상일 것
2종	원형	48.3 이상 60.2 미만
	다각형	외접원의 지름이 원형과 동등 이상일 것

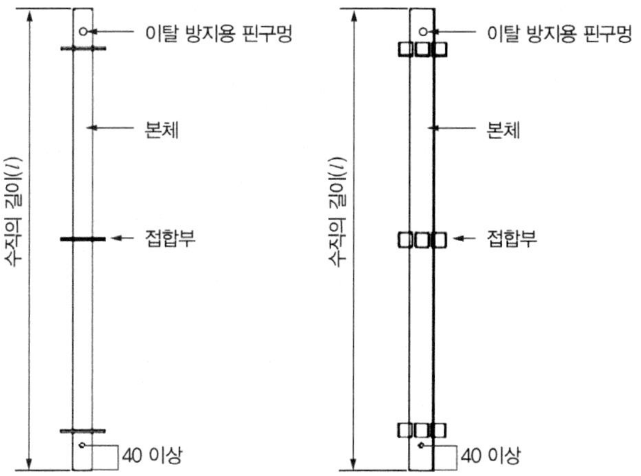

그림 4.46 수직재

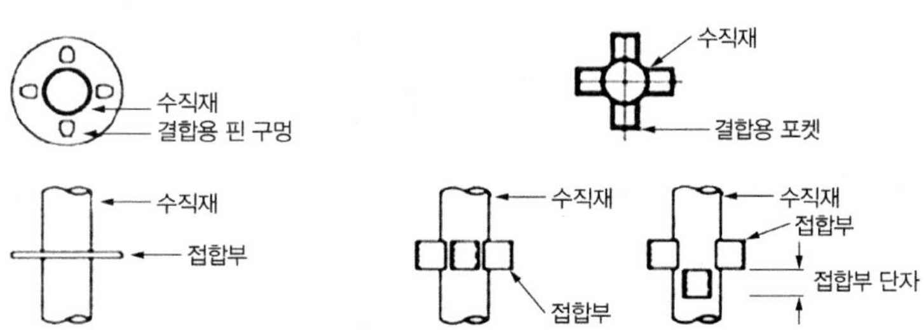

그림 4.47 접합부

방호 장치 안전 인증 고시

▸ 시스템 비계용 수직재의 시험성능기준

- 별표 16 제9호의 시스템 동바리용 수직재의 시험성능기준에 따른다.
- 수직재의 시험 성능기준은 표와 같다.

수직재의 시험 성능기준

항목	길이(mm)	성능(kN)	
		1종	2종
압축 하중	900 미만	160 이상	90 이상
	900 이상 1,200 미만	140 이상	70 이상
	1,200 이상 1,500 미만	120 이상	55 이상
	1,500 이상 1,800 미만	90 이상	40 이상
	1,800 이상 2,100 미만	70 이상	30 이상
	2,100 이상 2,400 미만	60 이상	25 이상
	2,400 이상 2,700 미만	50 이상	20 이상
	2,700 이상 3,000 미만	40 이상	17 이상
	3,000 이상 3,300 미만	35 이상	14 이상
	3,300 이상 3,000 미만	30 이상	12 이상
	3,600 이상	25 이상	10 이상
접합부 인장 하중	-	30 이상	

방호 장치 안전 인증 고시

▸ 시스템 비계용 수평재의 구조

- 별표 16 제11호의 시스템 동바리용 수평재의 구조에 따른다.

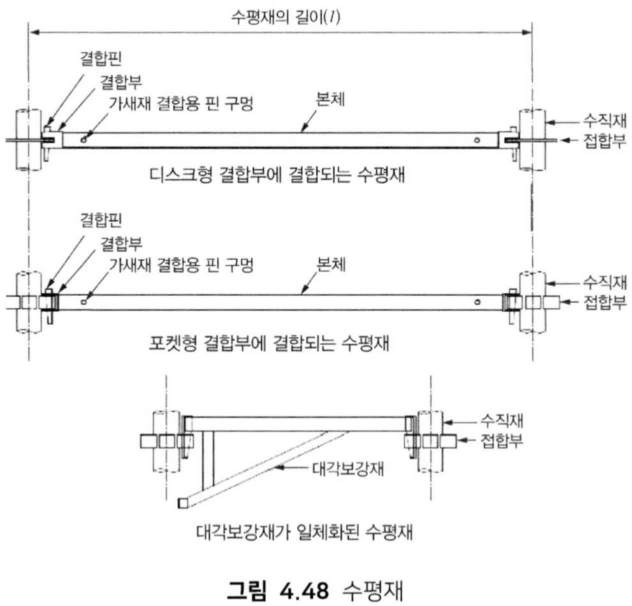

그림 4.48 수평재

- 시스템 동바리용 수평재는 그림과 같이 본체와 결합부가 일체화된 구조이어야 하며, 다음 각 목에 적합하여야 한다.

  가. 수평재 본체의 바깥지름은 40.0 mm 이상인 강관 또는 외접원의 지름이 이와 동등 이상인 다각형의 형상을 가진 것으로서, 체결되는 수직재(1종 또는 2종)의 종류에 따라 두 가지 종류로 구분한다.
  나. 수평재의 길이는 수직재와 체결한 후 결합된 수직재의 중심간 거리를 말하고 치수 허용차는 제작치수 ±1 mm 이어야 한다.
  다. 결합부는 수직재 접합부에 결합되어 이탈되지 않는 구조이어야 한다.
  라. 본체 또는 결합부에는 가새재를 결합시킬 수 있는 핀 구멍이 있을 수 있다.
  마. 수평재는 본체 외에 대각보강재가 용접되어 브래킷 형상의 구조를 가질 수 있다.

▸ 시스템 비계용 수평재의 시험성능기준

- 별표 16 제12호의 시스템 동바리용 수평재의 시험 성능기준에 따른다.
- 수평재의 시험 성능기준은 표와 같다.

시스템 동바리용 수평재의 시험 성능기준

항목	길이(mm)	성능
수직 휨 하중	600 미만	10 kN 이상
	600 이상 900 미만	8 kN 이상
	900 이상 1,200 미만	6 kN 이상
	1,200 이상 1,500 미만	5 kN 이상
	1,500 이상 1,800 미만	4 kN 이상
	1,800 이상	3 kN 이상
결합부 전단 하중	-	6 kN 이상

▸ 시스템 비계용 가새재의 구조

- 별표 16 제14호의 시스템 동바리용 가새재의 구조에 따른다.
  가. 가새재는 본체의 길이 조절이 가능한 조절형과 길이가 정해진 고정형으로 구분한다.
  나. 가새재의 길이는 양단부의 결합핀 또는 클램프 등의 결합부 중심간 거리를 말하고 길이의 치수 허용차는 제작치수 ±1 mm이어야 한다.
  다. 가새재 본체는 바깥지름이 27.0 mm 이상인 강관 또는 외접원의 지름이 이와 동등 이상인 다각형의 형상을 가진 것이어야 한다.
  라. 조절형 가새재는 외관에 내관을 연결하고 핀 또는 클램프 등에 의해 견고히 고정될 수 있는 구조이어야 하며, 외관 및 내관의 최소 겹침 길이는 100 mm 이상이어야 한다.
  마. 결합부는 수직재 또는 수평재에 결합되어 이탈되지 않는 구조이어야 한다.

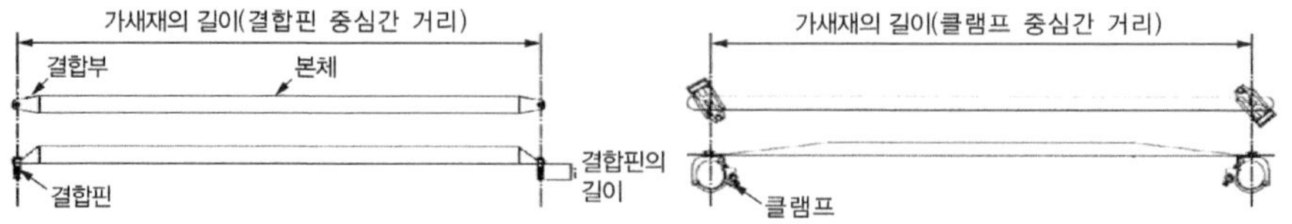

(가) 고정형

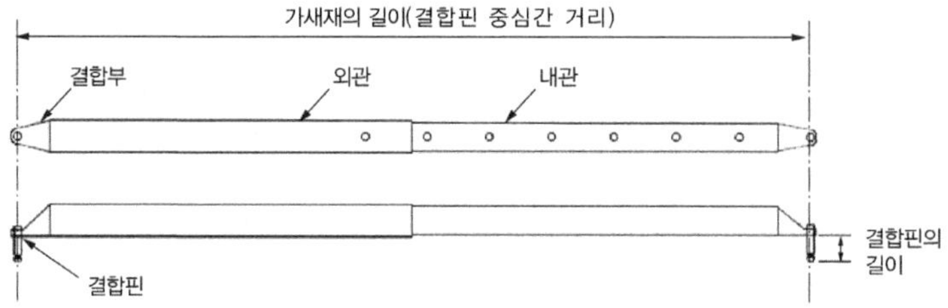

(나) 조절형

그림 4.49 가새재

방호 장치 안전 인증 고시

▸ 시스템 비계용 가새재의 시험성능기준

- 별표 16 제15호의 시스템 동바리용 가새재의 시험성능기준에 따른다.
- 가새재의 시험 성능기준은 표와 같다.

가새재의 성능

항목	호칭 길이(mm)	성능(kN)
압축 하중	1,500 미만	15 이상
	1,500 이상 2,400 미만	12 이상
	2,400 이상	8 이상
인장 하중		15 이상

▸ 시스템 비계용 트러스의 구조

- 별표 16 제17호의 시스템 동바리용 트러스의 구조에 따른다.
- 시스템 동바리용 트러스는 그림과 같이 수직보강재, 수평재, 대각보강재가 일체화된 구조이어야 하며, 다음 각 목에 적합하여야 한다.
  가. 트러스는 체결되는 수직재의 종류(1종 또는 2종)에 따라 두 가지 종류로 구분한다.
  나. 트러스의 길이는 수직재와 체결한 후 결합된 수직재의 중심간 거리를 말하고 치수 허용차는 제작치수 ±1 mm이어야 한다.
  다. 트러스는 결합핀에 의해 수직재 접합부에 체결되는 구조이거나, 연결 조인트에 의해 트러스의 수직보강재와 수직재가 연결되어 이탈되지 않는 구조이어야 한다.

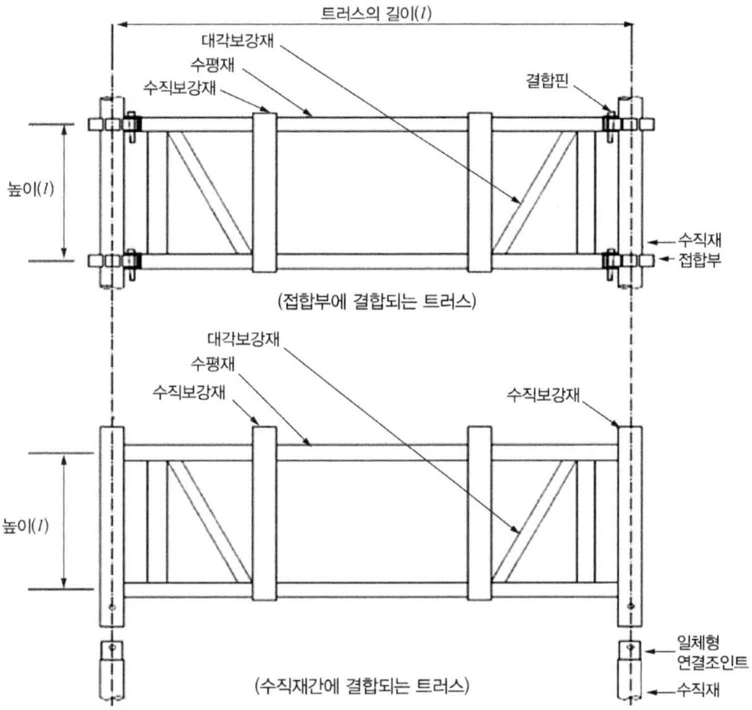

방호
장치
안전
인증
고시

그림 4.50 트러스

▸ 시스템 비계용 트러스의 시험성능기준

- 트러스의 휨 하중 성능은 40 kN 이상이어야 한다.

▸ 시스템 비계용 연결조인트의 구조

- 별표 16 제20호의 시스템 동바리용 연결조인트의 구조에 따른다.
- 시스템 동바리용 연결조인트는 다음 각 목에 적합하여야 한다.
  가. 연결조인트는 동종 수직재 간의 연결 시 체결되어 이탈되지 않는 구조이어야 한다.
  나. 연결조인트는 그림과 같이 형태에 따라 삽입형과 일체형으로 구분하며, 일체형인 경우 연결조인트가 수직재에 삽입되거나 또는 수직재가 연결조인트에 삽입되어 일체화된 구조이어야 한다.
  다. 연결조인트와 수직재와의 겹침 길이는 95 mm 이상이어야 한다.
  라. 연결조인트 양 단부에 이탈 방지용 핀 구멍이 있는 경우에는 연결조인트 단부에서 핀 구멍까지의 간격은 20 mm 이상이어야 한다.
  마. 삽입형 연결 조인트의 이음관 또는 이음판은 수직재가 밀착될 수 있는 구조이어야 한다.

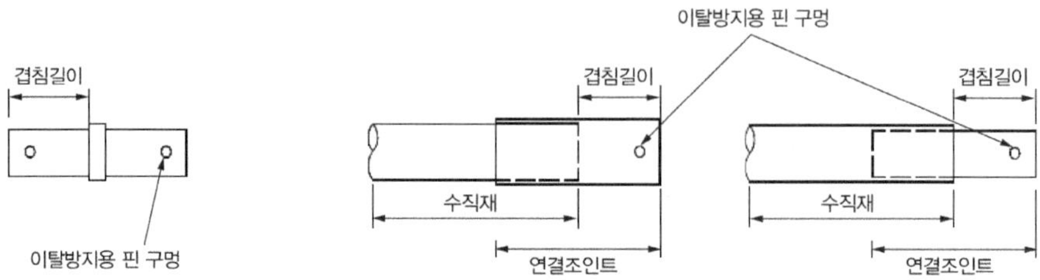

(가) 삽입형　　　　(나) 일체형

그림 4.51 연결조인트

방호 장치 안전 인증 고시

▸ 시스템 비계용 연결조인트의 시험성능기준

- 별표 16 제21호의 시스템 동바리용 연결조인트의 시험성능기준에 따른다.
- 연결조인트의 시험 성능기준은 표와 같다

연결조인트의 성능

항목	성능(kN)	
	1종 수직재용	2종 수직재용
압축 하중	160 이상	90 이상
인장 하중	20 이상	
휨 하중	25 이상	20 이상

【별표 19】 작업발판의 성능기준 및 시험방법(제36조 관련)

▸ 종류 및 분류

- 작업발판의 종류 및 분류는 다음 각 목과 같다.
  가. 작업대
  나. 통로용 작업발판

방호 장치 안전 인증 고시

▸ 제작

- 제작기준은 다음 각 목과 같이 한다.
  가. 재료의 가공은 휨, 비틀림 등에 따른 강도의 저하가 없어야 한다.
  나. 용접 구조는 전체 둘레 용접, 양면 용접 또는 이들과 동등 이상의 강도를 갖는 방법으로 해야 한다.
  다. 강재는 부식 방지 도료에 따른 도장, 도금 등으로 표면처리를 한 것이어야 한다.

▸ 작업대의 재료

가. 작업대의 재료는 표에 적합하거나 이와 동등 이상의 기계적 성질을 가진 것을 사용해야 한다.

작업대의 재료

구성 부분			재질
강재	바닥재		KS D 3501(열간압연 연강판 및 강대)의 SPHC 또는 KS D 3601(엑스팬디드 메탈)의 XS42
	수평재 및 보재		KS D 3501(열간압연 연강판 및 강대)의 SPHC
	걸침고리	단판형	KS D 3503(일반구조용 압연강재)의 SS 400
		상자형	KS D 3501(열간압연 연강판 및 강대)의 SPHC
알루미늄 합금재	바닥재, 수평재, 보재		KS D 6759(알루미늄 및 알루미늄합금 압출형재)의 A 6063S
	걸침고리	단판형	KS D 6701(알루미늄 및 알루미늄 합금의 판 및 조)의 A 5052P 또는 KS D 6759(알루미늄 및 알루미늄합금 압출형재)의 A 6063S
		상자형	

나. 작업대의 각 부분은 현저한 손상, 변형 또는 부식이 없어야 한다.

▸ 작업대의 구조

방호 장치 안전 인증 고시

- 작업대는 그림과 같이 바닥재, 수평재, 보재 및 걸침고리로 구성되어야 하며 다음 각 목과 같이 한다.
  가. 바닥재, 수평재 및 보재는 용접 또는 절곡가공 등 기계적 접합에 의한 일체식 구조이어야 한다.
  나. 2개 이상의 바닥재가 있는 경우 바닥재 간의 틈새가 30 mm 이하이어야 한다.
  다. 바닥재의 너비(2개 이상의 바닥재가 있는 것에서는 바닥재의 너비 및 바닥재 간의 간격을 합한 길이)는 240 mm 이상이어야 한다.

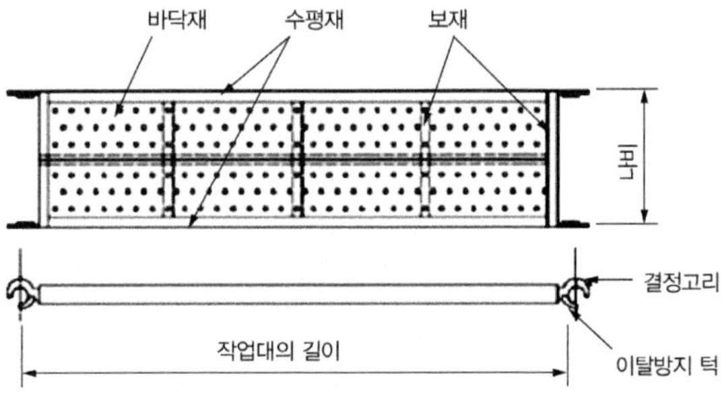

그림 4.52 작업대

라. 걸침고리는 수평재 또는 보재에 용접 또는 리벳 등에 의해 접합해야 한다.
마. 걸침고리는 주틀의 횡가재로부터 솟아오름을 방지하기 위한 이탈 방지 기능이 있는 구조이어야 한다.
바. 바닥재는 미끄럼방지 조치를 해야 한다.

방호 장치 안전 인증 고시

▸ 작업대의 시험성능기준

- 작업대의 시험성능기준은 표에 따른다.

작업대의 시험성능기준

부재	항목	시험성능기준
작업대	휨강도	너비(mm)×11 N 이상
	수직처짐량	L/100 mm 이하(최대 20 mm 이하) (L : 작업대의 길이)
걸침고리	본체 및 부착부 전단강도	너비(mm)×39 N 이상
	이탈방지 전단강도	3,240 N 이상
바닥재	수직처짐량	10.0 mm 이하

▸ 통로용 작업발판의 재료

가. 통로용 작업발판의 재료는 다음 표에 적합하거나 이와 동등 이상의 기계적 성질을 가진 것을 사용해야 한다.

통로용 작업발판의 재료

구성 부분		재질
강재	바닥재	KS D 3501(열간압연 연강판 및 강대)의 SPHC 또는 KS D 3601(엑스팬디드 메탈)의 XS42
	수평재, 보재	KS D 3501(열간압연 연강판 및 강대)의 SPHC
알루미늄 합금재	바닥재, 수평재, 보재	KS D 6759(알루미늄 및 알루미늄합금 압출형재)의 A 6063S

나. 통로용 작업발판의 각 부분은 현저한 손상, 변형 또는 부식이 없어야 한다.

▸ 통로용 작업발판의 구조

가. 통로용 작업발판은 그림와 같이 바닥재와 수평재 및 보재로 구성된 것으로서 다음 각 세목에 따른다.

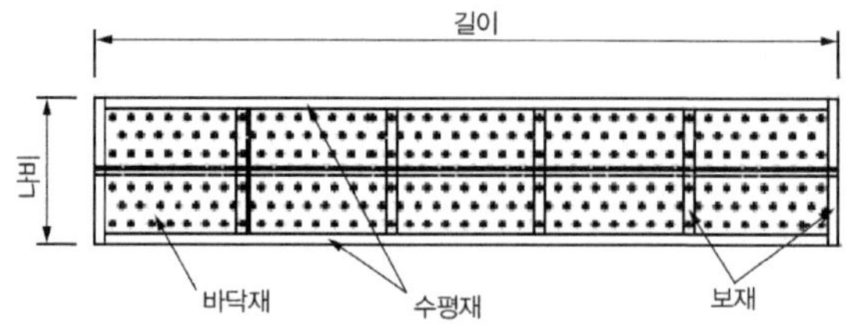

그림 4.53 통로용 작업발판

방호 장치 안전 인증 고시

1) 강재 통로용 작업발판은 바닥재와 수평재 및 보재를 용접 또는 절곡 가공 등 기계적 접합에 의한 일체식 구조일 것
2) 알루미늄 합금재 통로용 작업발판은 바닥재와 수평재 및 보재를 압출 성형이나 용접 또는 기계적 접합에 의한 일체식 구조일 것
3) 통로용 작업발판의 너비는 200 mm 이상일 것
4) 바닥재가 2개 이상으로 구성된 것은 바닥재 사이의 틈 간격이 30 mm 이하일 것
5) 바닥재의 바닥판에는 미끄러짐 방지 조치를 할 것

나. 통로용 작업발판은 설치조건에 따라 다음과 같이 1종과 2종으로 구분하며, 제조자는 제품에 1종 또는 2종임을 확인할 수 있는 추가 표시를 하여야 한다.
1) 지점거리를 1,800 ±50 mm로 설치하는 제품을 1종이라 한다.
2) 지점거리를 1종과 다르게 설치하는 제품을 2종이라 한다.

▸ 통로용 작업발판의 시험성능기준

- 통로용 작업발판의 시험성능기준은 표에 따른다.

통로용 작업발판의 시험성능기준

항목		시험성능기준
수직처짐량	1종	18 mm 이하
	2종	L/100 mm 이하(최대 20 mm 이하) (L : 통로용 작업발판의 지점거리)
휨강도		너비(mm)×11 N 이상
바닥재	수직처짐량	10.0 mm 이하

【별표 21】 받침철물의 성능기준 및 시험방법(제36조 관련)

방호 장치 안전 인증 고시

▸ 종류및 분류

- 받침철물의 종류 및 분류는 다음 각 목과 같다.
  가. 조절형 받침철물
  나. 피벗형 받침철물

▸ 제작

- 제작기준은 다음 각 목과 같이 한다.
  가. 재료의 가공은 휨, 비틀림 등에 따른 강도의 저하가 없어야 한다.
  나. 용접 구조는 전체 둘레 용접, 양면 용접 또는 이들과 동등 이상의 강도를 갖는 방법으로 해야 한다.
  다. 강재는 부식 방지 도료에 따른 도장, 도금 등으로 표면처리를 한 것이어야 한다.

▸ 조절형 받침철물의 재료

가. 조절형 받침철물의 재료는 표의 규정에 적합하거나 이와 동등 이상의 기계적 성질을 가진 것을 사용해야 한다.

방호 장치 안전 인증 고시

조절형 받침철물의 재료

구성 부분	재질	
	강재	알루미늄합금재
나사부	KS D 3503(일반구조용 압연강재)의 SS330	KS D 6759(알루미늄 및 알루미늄 합금 압출형재)의 A 6061S
바닥판, 받이부	KS D 3503(일반구조용 압연강재)의 SS330	
조절너트	KS D 4302(구상 흑연 주철품)의 GCD 450-10	

나. 조절형 받침철물의 각 부분은 현저한 손상, 변형 또는 부식이 없어야 한다.

▸ 조절형 받침철물의 구조

- 조절형 받침철물은 그림과 같이 나사부, 바닥판 및 조절너트로 구성되며 다음과 같이 한다.

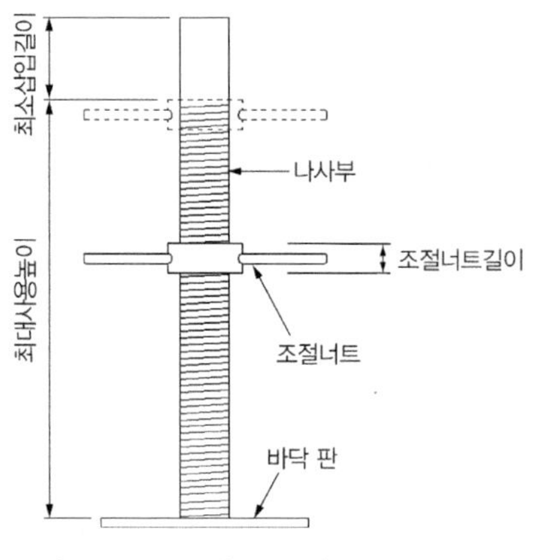

그림 4.54 조절형 받침철물

가. 최소 삽입길이는 95 mm 이상이어야 하며, 이 구간을 조절너트가 작동하지 못하는 구조로 해야 한다.

나. 조절너트의 길이는 30 mm 이상이어야 한다.

다. 바닥판은 파이프서포트의 받이판 및 바닥판의 구조 규정에 따를 것. 다만, 바닥판이 그림 2와 같이 U헤드 형상인 제품은 다음과 같이 한다.

1) 받이부의 강판두께는 5.4 mm 이상일 것

2) 받이부에는 볼트 구멍, 못 구멍 등의 멍에를 고정하기 위한 체결구조를 가지고 있을 것

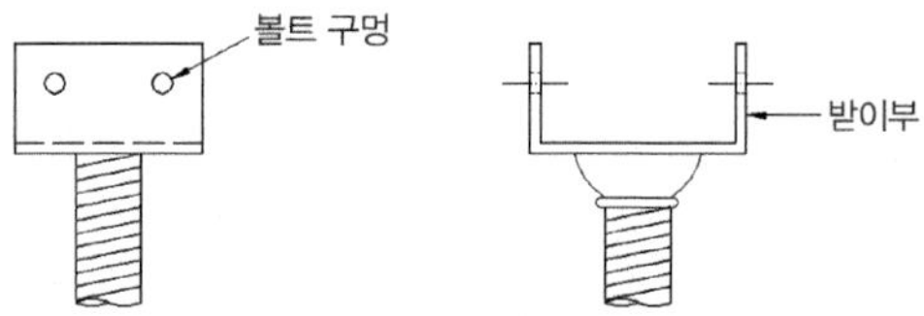

그림 4.55 조절형 받침철물의 받이부 구조

▸ 조절형 받침철물의 시험성능기준

- 조절형 받침철물의 압축하중은 40,000 N 이상이어야 한다.

▸ 피벗형 받침철물의 재료

가. 피벗형 받침철물의 재료는 표 2에 적합하거나 이와 동등 이상의 기계적 성질을 가진 것을 사용해야 한다.

피벗형 받침철물의 재료

구성 부분	재질	
	강재	알루미늄합금재
받이부	KS D 3503(일반구조용 압연강재)의 SS 330	KS D 6759(알루미늄 및 알루미늄합금 압출 형재)의 A 6061S
지지부	KS D 3503(일반구조용 압연강재)의 SS 400	
볼트·너트	KS D 3503(일반구조용 압연강재)의 SS 330	
나사부	KS D 3503(일반구조용 압연강재)의 SS 330	
조절너트	KS D 4302(구상 흑연 주철품)의 GCD 450-10	

나. 피벗형 받침철물의 각부는 현저한 손상, 변형 또는 부식이 없어야 한다.

▸ 피벗형 받침철물의 구조

- 피벗형 받침철물은 받이부, 지지부, 나사부, 조절너트 및 이를 결합하기 위한 볼트, 너트가 있어야 하며 다음 각 목과 같이 한다.

가. 받이부의 경사각도는 수평을 기준으로 0°에서 45°까지의 범위에서 조절이 가능해야 한다.
나. 받이부의 판두께는 5.4 mm 이상이어야 하며, 그림 4와 같이 지름 12 mm 이상의 볼트, 너트구멍 2개 이상과 지름 4 mm 이상의 못구멍 2개 이상이 있어야 한다.

방호 장치 안전 인증 고시

방호장치 안전인증 고시

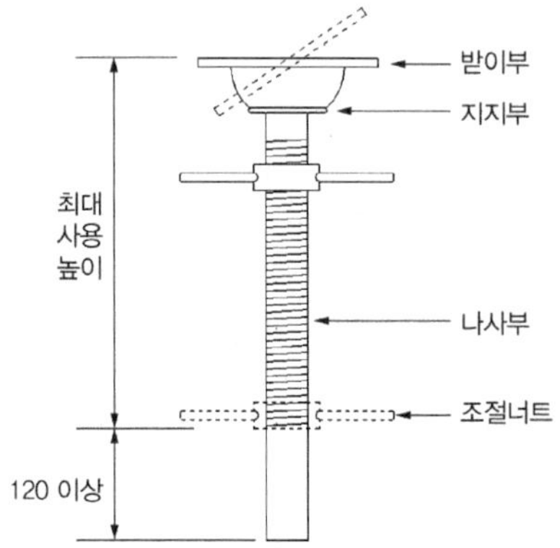

그림 4.56 피벗형 받침철물

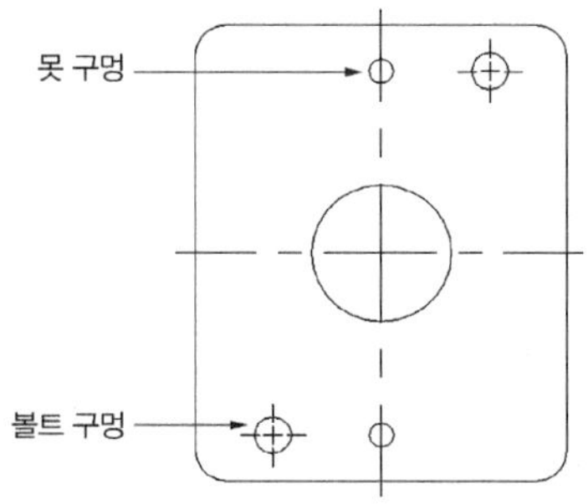

그림 4.57 피벗형 받침철물의 받이부

다. 삽입길이는 120 mm 이상이어야 하며, 이 구간을 조절너트가 작동하지 못하는 구조로 해야 한다.
라. 조절너트의 길이는 30 mm 이상이어야 한다.

▸ 피벗형 받침철물의 시험성능기준

- 피벗형 받침철물의 압축하중은 40,000 N 이상이어야 한다.

2) 가설기자재 구조기준 점검 시 유의사항

시스템 비계는 시스템 동바리의 안전인증기준과 똑같다. 시스템 비계의 수직재는 크게 OK-Type인 PIN 방식과 신성 Type인 회전 LOCK 방식의 두 가지로 구분할 수가 있다. OK-Type의 PIN 방식은 현장에서 통상적으로 연결핀은 꼽지 않는 경우가 많으므로 점검 시 PIN이 체결되었는지 확인해야 한다. 임대업체 입장에서는 PIN 납품에 따른 PIN 손실과 임대료 상승문제를 가지고 있고 설치 및 해체 시공팀 입장에서는 작업시간이 많이 걸린다는 문제를 가지고 있으므로 현장에서는 자연스럽게 PIN을 꽂지 않는 문제를 가지게 된다. 그러나 문제는 압축력을 받을 경우에는 문제가 없지만 인장력을 받게 되면 수직재가 상호 이탈한다는 점이다. 이러한 문제점은 시스템 동바리에서 더욱 커다란 문제가 된다.

표 4.31 시스템 비계 수직재 형식

구분		연결 방식	체결순서 ①	체결순서 ②	체결순서 ③	체결순서 ④	비고
OK-Type	PIN 방식	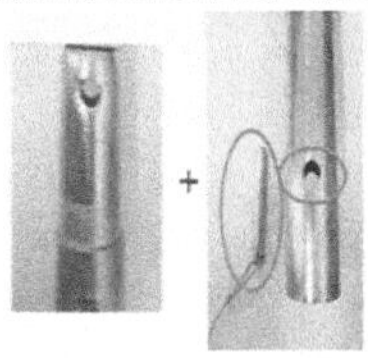		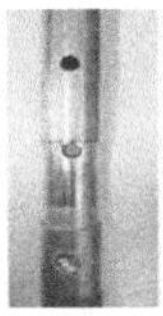		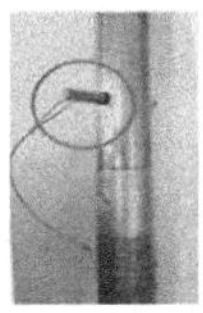	현장에서는 통상적으로 연결핀은 꼽지 않음
신성 Type	회전 LOCK 방식	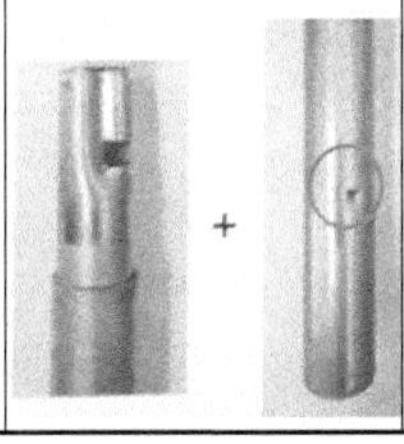			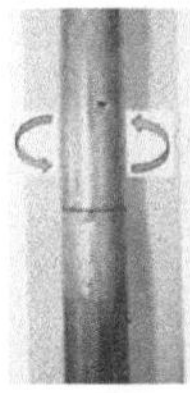		LOCK 회전각도

그림 4.58 시스템 동바리 수직재의 연결핀 누락에 따른 이탈

시스템 비계나 강관비계의 작업발판을 이동하다 보면 어떤 작업발판은 휘청휘청 요동이 심한 작업발판이 있고, 어떤 작업발판은 전혀 요동이 없는 발판도 있다. 이러한 차이가 발생하는 원인은 작업발판 바닥재의 두께가 얇으냐 두꺼우냐의 차이 때문이다. 제조사에서 인증을 받을 때 대부분의 제조사들은 바닥재의 두께를 1.0 mm 이상으로 하고 있다. 이러한 경우에는 요동이 심하고 작업자가 발을 세게 내딛으면 바닥재가 찍혀서 찌그러짐 등이 발생한다. 반면에 바닥재의 두께를 1.2 mm 이상 제품을 사용하게 되면 요동도 덜하고 찍혀도 찌그러짐의 발생이 덜하다.

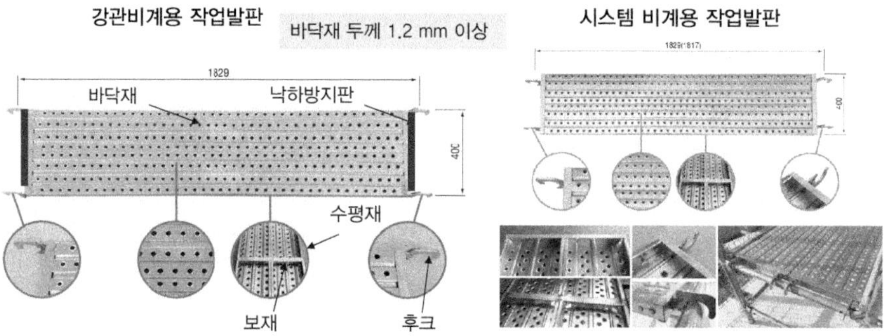

그림 4.59 작업발판

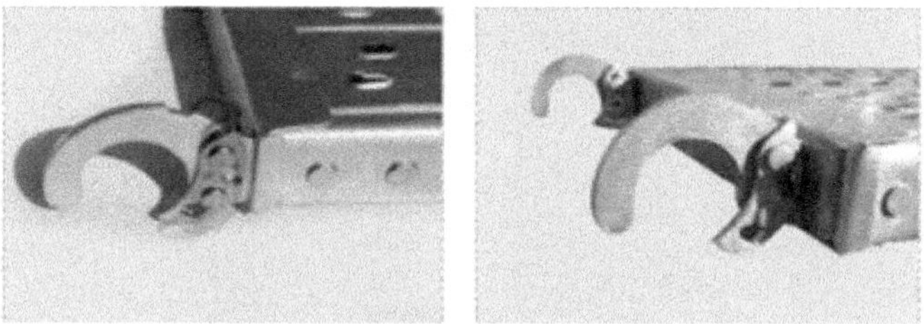

그림 4.60 작업발판 걸침고리

점검자는 작업발판의 용접 상태를 면밀하게 살펴볼 필요가 있다. 안전인증기준의 제작기준에서는 용접 구조를 전체 둘레 용접, 양면 용접 또는 이들과 동등 이상의 강도를 갖는 방법으로 해야 한다고 명시되어 있다. 그러나 대부분 제조사들은 용접을 점용접으로 실시하는 경우가 많아 사용 중에 용접 부위에 균열이 가거나 떨어지는 경우가 많이 발생한다. 또한 작업발판의 걸침고리의 변형이나 이탈방지 기능이 제대로 작동이 잘되는지의 여부도 확인해 볼 필요가 있다.

국가표준(KS)인 조립형 비계 및 동바리 부재(KS F 8021)는 고용노동부 방호장치 안전인증 고시(고용노동부 고시 제2020-33호)에서 규정하고 있는 재료, 구조, 성능이 거의 똑같다.

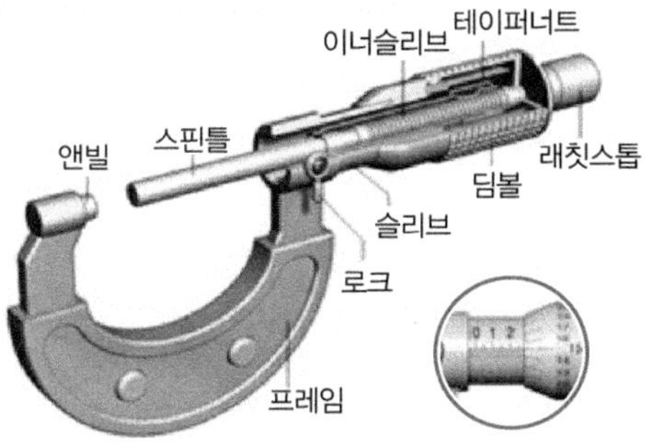

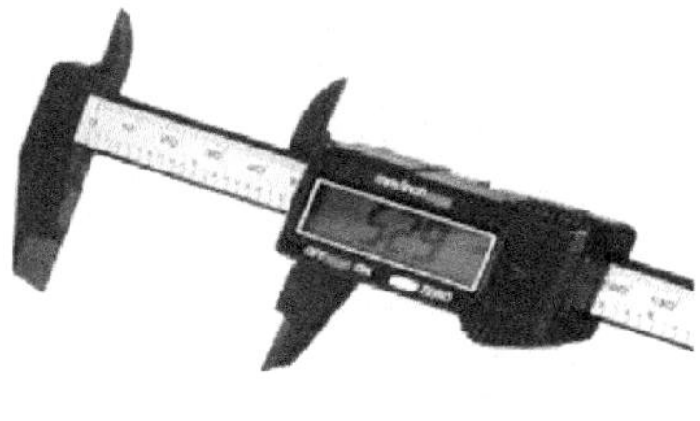

그림 4.61 두께측정기인 마이크로미터와 버어니어 캘리퍼스

8.5 산업안전보건기준에 관한 규칙과 국가건설기준에 따른 재료 기준

1) 산업안전보건기준에 관한 규칙에 따른 재료 기준

산업안전보건기준에 관한 규칙 제54조에서는 비계의 재료로 변형·부식 또는 심하게 손상된 것을 사용해서는 안 된다고 규정하고 있다. 그러나 변형이나 부식 등이 어느 정도까지 된 것을 사용하지 말라는 이야기는 없다. 법적으로 해석하면 약간만 있어도 사용해서는 안 되는 것으로 해석하는 것이 원칙이다. 그렇지만 재사용 가설기자재 성능기준에 관한 지침(KOSHA GUIDE)에 따라서 점검기준을 정하는 것이 경제적인 측면에서 합당할 것으로 보인다. 심하게 손상된 것도 역시 동일하게 심하게 손상된 기준이 없으므로 재사용 가설기자재 성능기준에 관한 지침(KOSHA GUIDE)에 따라서 기준을 정하는 것이 적절할 것으로 보인다.

또한 사업주는 강관비계(鋼管飛階)의 재료로 「산업표준화법」에 따른 한국산업표준에서 정하는 기준 이상의 것을 사용하도록 하고 있다. 시스템 비계에 대해서는 구체적인 언급은 없으나 강관비계와 동일하게 「산업표준화법」에 따른 한국산업표준에서 정하는 기준 이상의 것을 사용하면 무방할 것으로 보인다.

따라서 점검자는 산업안전보건기준에 관한 규칙에서 정하는 것처럼 비계의 재료를 점검할 때 변형·부식 또는 심하게 손상된 것이 있는지 여부를 확인할 필요가 있다. 특히 비계의 경우 재사용 자재가 많이 사용되고 있으므로 재사용 가설기자재 성능기준에 관한 지침(KOSHA GUIDE)을 참조하여 점검하여야 한다.

표 4.32 산업안전보건기준에 관한 규칙에 따른 재료 기준

산업안전보건기준에 관한 규칙	
제1절 재료 및 구조 등	
제7장 비계	▸ 제54조(비계의 재료) ① 사업주는 비계의 재료로 변형·부식 또는 심하게 손상된 것을 사용해서는 아니 된다. ② 사업주는 강관비계(鋼管飛階)의 재료로 「산업표준화법」에 따른 한국산업표준에서 정하는 기준 이상의 것을 사용하여야 한다.

2) 국가건설기준인 가시설물 설계기준(KDS 21 00 00)에 따른 재료 기준

국가건설기준인 가시설물 설계기준(KDS 21 00 00)에서는 한국산업표준(KS) 및 고용노동부 방호장치 안전인증 고시 및 방호장치 자율안전기준 고시에 적합한 재료를 사용하도록 규정되어 있다.

또한 가시설물 설계에 사용되는 재료의 허용응력과 부재의 성능은 가시설물 설계기준(KDS 21 00 00) 각 하위코드에 따르도록 되어 있다. 다만, 가시설물 설계기준(KDS 21 00 00)에서 구체적으로 명시하지 않은 재료는 국토교통부 제정 관련 설계기준 및 설계지침 또는 공인시험기관의 시험결과에 따르도록 규정되어 있다.

표 4.33 가시설물 설계기준(KDS 21 00 00)에 따른 재료 기준

가시설물 설계기준(KDS 21 00 00)	
2. 재료	
2. 재료	▸ 2.2 일반사항 (1) 가시설물 설계에 사용되는 재료는 한국산업표준(KS, 이하 한국산업표준이라고 함) 및 고용노동부 방호장치 안전인증 고시(이하 방호장치 안전인증기준 이라고 함) 및 방호장치 자율안전기준 고시(이하 방호장치 자율안전기준 이라고 함)에 적합하여야 한다. (2) 가시설물 설계에 사용되는 재료의 허용응력과 부재의 성능은 KDS 21 00 00 각 하위코드에 따른다. 다만, KDS 21 00 00에서 구체적으로 명시하지 않은 재료는 국토교통부 제정 관련 설계기준 및 설계지침 또는 공인시험기관의 시험결과에 따른다.

3) 비계 및 안전시설물 설계기준(KDS 21 60 00)에 따른 재료기준

국가건설기준인 비계 및 안전시설물 설계기준(KDS 21 60 00)에서는 시스템 비계의 경우 방호장치 안전인증기준 또는 KS F 8021에 적합한 것으로 사용하도록 규정되어 있다.

따라서, 점검을 수행하는 점검자는 사용되는 시스템 비계 등의 재료가 방호장치 안전인증기준 등이나 산업표준 규격(KS)에서 정하고 있는 기준 이상인가를 확인하고, 특히 구조계산서에서 적용하였던 시스템 비계의 재료, 즉 강재의 종류, 규격, 두께, 길이 등을 확인하여 일치되는지의 여부를 꼭 확인할 필요가 있다.

구조계산에서 적용하였던 사양과 실제 현장에 반입되어 적용되는 재료의 사양이 일치되는지의 여부를 확인해야 한다. 보통 현장에 반입되어 사용되고 있는 재사용 가설기자재는 구조계산서에서 적용하였던 규격들과는 많은 차이가 남에 따라 근본적인 부실공사의 요인을 내포하고 있는 경우가 종종 있다.

표 4.34 비계 및 안전시설물 설계기준(KDS 21 60 00)에 따른 재료 기준

비계 및 안전시설물 설계기준(KDS 21 60 00)	
2. 재료	
2. 재료	▸ 2.1 일반사항 (1) 비계 및 안전시설물의 재료는 일반적으로 단관비계용 강관, 클램프, 작업 발판 등으로 구분한다. (2) 비계 및 안전시설물의 재료는 주로 국내에서 생산 및 사용되는 것으로 적용하고, 각 재료에 대한 단면성능은 한국산업표준 또는 공인시험기관에서 시험한 결과를 적용한다. (3) 비계 및 안전시설물의 재료는 KCS 21 10 00에 적합한 것을 사용하여야 한다. ▸ 2.2 시스템 비계 (1) 시스템 비계는 방호장치 안전인증기준 또는 KS F 8021에 적합하여야 한다. (2) 시스템 비계 각 부재의 허용인장성능은 허용인장응력을 따르고, 수직재의 안전인증기준은 거푸집 및 동바리 설계기준(KDS 21 50 00)(표 2.6-2)에 따른다. (3) 위 (1) 외 제품은 공인시험기관에서 성능시험을 통하여 확인된 값을 적용하여야 한다. (4) 시스템 비계에 사용되는 기타 재료는 비계 및 안전시설물 설계기준(KDS 21 60 00) 2.7에 따른다. ▸ 2.3 강관비계 (1) 강관은 거푸집 및 동바리 설계기준(KDS 21 50 00)(2.3.3)에 따른다. (2) 강관비계에 사용되는 기타 재료는 비계 및 안전시설물 설계기준(KDS 21 60 00) 2.7에 따른다.

점검자는 반드시 두께측정기인 마이크로미터와 버어니어 캘리퍼스, 줄자 등을 가지고 다니면서 부식이나 변형, 심하게 손상된 자재 등을 선별하고 일정 시료량을 대상으로 샘플링을 실시,

측정하여 안전인증 기준과 산업표준 규격(KS)[16]에 적합한지를 확인하여야 한다.

4) 가설공사 일반사항(KCS 21 10 00)에 따른 재료 기준

국가건설기준인 가설공사 일반사항(KCS 21 10 00)에서는 가설공사에 사용되는 자재의 선정, 시험 및 검사, 보관에 관한 일반적인 사항에 대하여 적용하고 있다.

특히, 재사용 가설기자재에 대해서는 휨, 오목함, 갈라짐, 깨짐, 변형, 손상, 부식 등의 결함 및 이음이 없는 자재 등을 사용하도록 하고 있다.

표 4.35 가설공사 일반사항(KCS 21 10 00)에 따른 재료 기준

가설공사 일반사항(KCS 21 10 00)	
1.6 자재관리	
자재 관리	▸1.6.1 적용범위 (1) 이 기준은 가설공사에 사용되는 자재의 선정, 시험 및 검사, 보관에 관한 일반적인 사항에 대하여 적용한다. ▸1.6.2 자재의 선정 (1) 가설공사용 자재는 다음 각호의 어느 하나에 적합한 자재를 우선 사용하여야 한다. ① 산업표준화법에 따른 한국산업표준(KS) 인증품 ② 산업안전보건법에 따른 가설기자재 안전인증품 (2) 상기 (1)에 적합한 자재가 없는 경우 수급인은 공인시험기관에 품질검사를 의뢰하여 시험을 실시한 결과 한국산업표준에서 정한 기준과 같은 수준 이상이거나 해당 공사의 시방서에 적합한 자재를 공사감독자의 승인을 거쳐 사용하여야 한다. 이 경우 시험성적서가 제출되는 재료는 발주자 또는 공사감독자의 봉인(封印) 또는 확인을 거쳐 시험한 것으로 한정한다. (3) 재사용품은 (1) 또는 (2)의 기준에 적합하여야 하며, 다음 각호의 조건을 만족한 제품 중에서 구조, 성능 등에 대한 품질검사를 통해 해당 가시설물의 설치·시공에 적합한 자재를 공사감독자의 승인을 거쳐 사용하여야 한다. 이 경우 시험성적서가 제출되는 재료는 발주자 또는 공사감독자의 봉인(封印) 또는 확인을 거쳐 시험한 것으로 한정한다. ① 재사용품은 최초 인증받을 당시의 제품 상태를 유지하고 있어야 하며, 임의로 개조하지 않아야 한다. ② 재사용품은 휨, 오목함, 갈라짐, 깨짐, 변형, 손상, 부식 등의 결함 및 이음이 없어야 한다. (4) 환경관리 및 환경 배려시공을 위하여 현장에서 자재를 사용할 때에는 다음 각호에 해당하는

16) 시스템 비계 등 가설기자재는 방호장치 안전인증기준 등과 산업표준규격(KS)의 기준이 거의 동일하다.

조건을 고려하여 적용한다.

① 고도의 숙련성을 필요로 하여 재사용이 빈번한 자재의 선택은 신중을 기한다.
② 현장 인근 지역에서 생산되는 자재를 우선 사용을 고려한다.
③ 재생 가능한 자재나 재활용 자재를 우선 사용한다.
④ 환경에 나쁜 영향을 미치는 자재의 사용을 제한한다.
⑤ 현장에서 화학적 처리가 필요한 자재의 사용을 제한한다.

▸1.6.3 시험 및 검사

(1) 수급인은 다음 각호에 해당되는 자재의 규격 및 품질 등이 설계도서에 명시된 기준에 적합한지를 확인하여야 하고 건설공사 품질관리 업무지침 규정에 의하여 품질관리계획 또는 품질시험계획에서 예정한 내용에 따라 실시하여야 하며 필요한 경우 자재의 시험 및 검사를 추가 실시하여야 한다.
① 본 공사의 품질 및 안전에 관련된 자재
② 국내 관련법규 및 한국산업표준 등의 기준이 없는 자재
③ 설계도서에 정한 조건에 적합함을 증명할 수 없는 자재
(2) 수급인은 공사감독자의 입회하에 각 기준에서 정하는 방법에 따라 시료를 채취하여 검인을 받고 현장 여건 및 시료의 변질 가능성을 고려하여 15일 이내에 공인시험기관에 시험을 의뢰하여야 하며, 시험 결과는 해당 공종 시작 이전에 공사감독자에게 제출하여야 한다.
(3) 공인시험기관에 의뢰하여 시험하는 것이 부적합한 자재는 제조공장에서 시험 및 검사를 시행할 수 있으며, 공사감독자가 입회하여 직접 확인하여야 한다.
(4) 수급인은 시험 및 검사 결과가 설계도서의 기준에 부적합한 자재에 대해서 즉시 현장 외로 반출하여야 한다.
(5) 시험 및 검사에 불합격된 경우에는 수급인의 요구에 따라 재시험을 실시할 수 있으며, 이에 따른 추가 비용은 별도의 규정이 없는 한 수급인이 부담하여야 한다.

▸1.6.4 자재의 보관

(1) 수급인은 현장 내에 자재를 보관할 수 있는 적합한 부지를 확보하여야 한다. 다만, 자재에 대한 납품자의 지침이 있는 경우에는 그 지침에 따른다.
(2) 자재를 현장 내에 보관이나 보호할 수 없는 경우에는 공사감독자의 승인을 얻어 현장 외에서 적합하게 보관 또는 보호하여야 한다.
(3) 수급인은 자재가 현장에 반입된 즉시 검사해서 품질, 수량 및 손상 유무를 확인하여야 한다.
(4) 반입된 자재는 그 품질과 공사의 적합성이 보장되도록 보관하여야 하며, 이물질이 혼입되거나 자재가 뒤섞이지 않도록 보관하여야 한다.
(5) 외부 온도 및 습도에 민감한 자재는 적정한 환경조건에서 보관되어야 하며, 자재의 성능과 품질이 저하되지 않도록 하여야 한다.
(6) 수급인은 장기간 보관되는 자재에 대해 정기적으로 검사해서 제품이 손상되지 않고, 품질이 유지되고 있는지 확인하여야 한다.

5) 비계공사 일반사항(KCS 21 60 05)에 따른 재료 기준

국가건설기준인 비계공사 일반사항(KCS 21 60 05)에서는 가설공사에 사용하는 가설기자재의 자재에 대하여 정하고 있다.

표 4.36 비계공사 일반사항(KCS 21 60 05)에 따른 재료 기준

비계공사 일반사항(KCS 21 60 05)	
2. 자재	
자재	▸2. 자재 (1) 비계 및 작업발판에 사용하는 강재는 구조용 강재를 사용하여야 한다. (2) 비계자재는 사용길이 전체가 균일하고 단면계수가 급변하지 않는 재료 특성을 지닌 자재로써 시공상세도에서 요구한 강성을 가져야 한다. (3) 비계 및 작업발판의 자재는 가설공사 일반사항(KCS 21 10 00)에 적합하여야 한다. (4) 비계 및 작업발판에 사용되는 자재의 선정은 공사계약조건에 따르고, 재사용품을 사용하기 위해서는 가설공사 일반사항(KCS 21 10 00) (1.6.2)의 기준을 만족하여야 하며, 자재관리에 관한 일반적인 사항은 가설공사 일반사항(KCS 21 10 00)에 따른다. (5) 각 부재는 방청효과가 있는 도장 및 도금을 한 것이어야 한다. (6) 특수한 부속철물을 사용할 때에는 그 부위에 발생하는 응력에 충분히 견딜 수 있는 것을 사용하여야 한다. (7) 벽 이음재는 다음 사항에 적합한 제품이어야 한다. ① 벽 이음용 강관은 강관비계용 부재(KS F 8002) 또는 방호장치 자율안전기준에 적합하여야 한다. ② 클램프는 조임철물(KS F 8013) 또는 방호장치 안전인증기준에 적합하여야 한다. ③ 앵커는 공인시험기관의 성능시험 등에 의하여 사용별 허용하중이 표시된 제품을 사용하여야 한다. ④ 벽 연결용 철물은 강관틀비계용 부재 및 부속철물(KS F 8003) 또는 방호장치 안전인증기준에 적합하여야 한다. (8) 이 기준에서 규정한 자재 이외의 자재는 공인시험기관의 성능시험 등에 의하여 사용목적에 적합한 제품을 공사감독자의 승인을 받아 사용할 수 있다. (9) 현장에 반입되는 가설지 자재는 건설공사 품질관리 업무지침에 따른다.

6) 가설기자재가 만족하여야 할 재료의 필수조건

시스템 비계 등의 가설기자재가 재료의 조건을 만족하는 것을 정리하면 아래 그림과 같다.

시스템 비계 등의 가설기자재를 만들 때에는 방호장치 안전인증기준을 만족하여야 하고 한국산업표준인 KS를 만족한 제품이어야 한다. 일반적으로 방호장치 안전인증기준과 한국산업표준인 KS는 거의 유사하다.

또한 시공사가 사용할 때에는 제조단계에서 만들어진 가설기자재의 품질이나 성능이 저하될 우려가 있는바, 건설공사 품질관리 업무지침에 따라 품질시험에 합격한 제품을 사용하여야 한다. 국가건설기준이나 산업안전보건기준에 관한 규칙에서 규정하고 있는 것처럼 비계의 재료로는 원칙적으로 변형·부식 또는 심하게 손상된 것을 사용해서는 안 된다. 재사용 가설기자재 성능기준에 관한 지침에 위배되는 제품은 현장에 반입하지 말고 폐기 처분해야 한다. 또한 점검자 입장에서 가장 중요한 것은 구조계산서에서 적용하였던 규격이 실제 검측한 결과와 맞는지를 확인해야 한다.

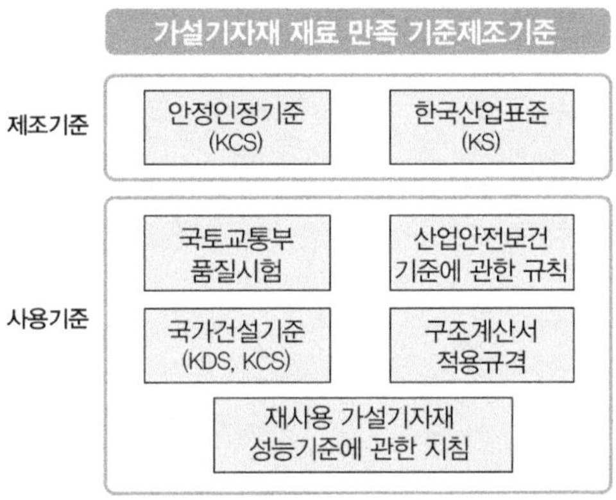

그림 4.62 가설기자재의 재료성능 만족 필수기준

8.6 재사용 가설기자재 성능기준에 관한 지침 점검요령

1) 재사용 가설기자재 성능기준에 관한 지침(Kosha Guide) 개요

한국산업안전보건공단에서는 재사용[17] 가설기자재에 대하여 사용 전에 지침에 의거하여 확

17) 재사용 가설기자재라 함은 사업장에서 1회 이상 사용하였거나 또는 사용하지 않은 신품이라도 장기

인 후 사용토록 하고 있다. 한국산업안전보건공단의 안전보건지침(KOSHA GUIDE)은 법적인 사항은 아니고 권장사항이다. 그러나, 현재 재사용 가설기자재에 대한 점검 지침으로서는 국내에서 유일한 지침이다.

이 지침은 산업안전보건법 제34조(안전인증) 및 제35조(자율안전확인의 신고)에 따라 합격 또는 신고된 가설기자재를 1회 이상 사용하였거나 신품이라도 장기간의 보관 등으로 강도 저하의 우려가 있는 가설기자재에 대하여 적용한다. 다만, 안전방망, 수직보호망 및 수직형 추락방망 등 1회용인 망류는 제외하고 있다.

여기에서, 장기간이란 일본 일반사단법인 가설공업회의 "경년 가설기재의 관리에 관한 기술기준과 해설"의 별표에서 정하는 기간에 도달한 경우로 한다.

일반적으로 재사용 가설기자재란, 사업장에서 1회 이상 사용하였거나 또는 사용하지 않은 신품이라도 장기간의 보관으로 강도의 저하 우려가 있는 가설기자재를 말한다.[18]

건설현장에서 사용된 재사용 가설기자재는 임대업체에서 정비, 보수 등의 작업을 한다. 일반적으로 임대업체에서는 건설현장에 납품하기 전에 가설기자재 재사용 가부 판단을 위한 판정, 정비, 수리, 성능시험, 폐기 등 일련의 관리행위 등을 하게 된다.

통상적으로 정비란, 재사용 가설기자재에 부착된 콘크리트 등의 불순물을 제거하거나 가설기자재의 나사관·볼트·너트 등에 있어 기름 부족이나 부식·마모 등 부위에 주유하는 것을 말한다.

또한 수리란, 재사용 가설기자재를 재사용 가능한 상태로 복원시키기 위해 교정하거나 손상부의 재용접, 재도장, 재도금, 부품의 교환 등 행위를 말한다. 단, 부품을 교환하는 경우에는 그 부품을 제조한 제조사의 것과 동일한 것으로 보는 것을 말한다.

2) 폐기기준

재사용하고자 하는 가설기자재는 변형·손상·부식 등이 현저하여 교정이 불가능한 가설기자재와 고용노동부 고시 방호장치 의무안전인증 고시, 방호장치 자율안전기준 고시의 시험성능기준에 미달하는 가설기자재는 폐기하여야 한다. 폐기기준의 판정 시기는 보관장소에서 현장으로 반입 전에 재사용 여부를 판단한다.

여기에서 현저함이란 판정 기준상 부식, 변형 등으로 인한 두께의 감소, 정비 불가능, 정비가

간의 보관(통상적으로 1년 이상)으로 강도의 저하 우려가 있는 가설기자재를 말한다.

18) 한국산업안전보건공단, KOSHA GUIDE(C-25-2018), 재사용 가설기자재 성능기준에 관한 지침

되어도 사용상 무리가 따르는 정도의 상태를 말한다.

(1) 재사용 : 수리 또는 정비 및 점검을 거쳐 성능기준이 확보된 경우
(2) 폐기 : 고용노동부 고시의 시험성능기준에 미달하거나 변형·손상·부식 등이 현저하여 정비가 불가능한 경우

3) 시스템 비계의 폐기기준과 점검요령

재사용 가설기자재 성능기준에 관한 지침에서 정하고 있는 폐기기준을 살펴보면 아래 표와 같다.

점검하는 방법은 첫째, 점검기준의 공통사항으로서 변형, 휘어짐, 뒤틀림, 용접부 균열, 부식, 콘크리트 등의 부착물을 육안이나 비파괴검사(NDT) 방법에 의하여 점검하게 된다.

둘째, 각 부재나 부품에 대해서는 부재마다 다르지만 대부분 구부러짐, 균열, 움푹 패임, 핀 구멍의 변형, 두께 등을 점검하게 된다. 점검을 수행하는 과정에서 정량적인 수치보다는 점검자에 따라 각기 차이가 있을 수 있는 정성적인 측정이 이루어진다는 한계점을 가지고 있다.

일본의 경우에도 정량적인 측면보다는 정성적인 측면에서 점검을 하고 있다. 이는 사실 한국산업안전보건공단의 재사용 가설기자재 성능기준에 관한 지침이 일본 일반사단법인 가설공업회의 경년 가설기재의 관리에 관한 기술기준과 해설에 나온 내용을 수정 없이 사용하고 있기 때문이다.

셋째, 성능시험 결과 방호장치 의무안전인증고시 등에서 규정하고 있는 기준값을 만족하고 있는지를 점검하게 된다.

넷째, 안전인증 및 자율안전 확인의 식별 표시가 있는지를 점검하는 방법으로 수행된다.

표 4.37 재사용 가설기자재 성능기준에 관한 지침에 따른 폐기기준

재사용 가설기자재 성능기준에 관한 지침에 따른 폐기기준(부록 1)

〈시스템 동바리 및 비계용 부재 품목별 점검기준〉

수직재

▶ 수직재

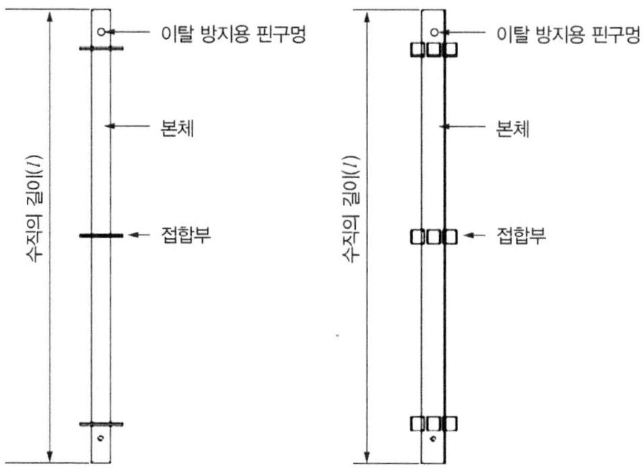

(a) 디스크형 (b) 포켓형

▶ 접합부

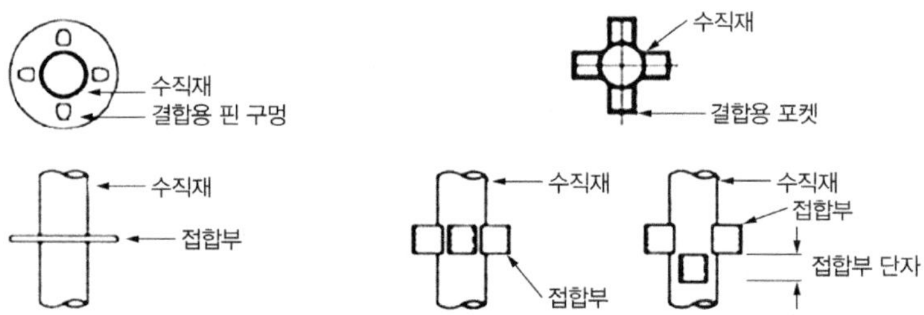

(a) 디스크형 (b) 포켓형

그림 4.63 수직재 및 접합부

▸ 점검기준

<table>
<tr><th colspan="2" rowspan="2">점검부위</th><th rowspan="2">점검항목</th><th colspan="2">점검종류</th><th rowspan="2">점검방법</th><th rowspan="2">폐기기준</th></tr>
<tr><th>일상</th><th>정기</th></tr>
<tr><td colspan="2" rowspan="3">1.
공통
사항</td><td>변형
휘어짐, 뒤틀림</td><td>○</td><td></td><td>육안</td><td>변형, 휘어짐, 뒤틀림이 현저하여 정비가 불가능한 것</td></tr>
<tr><td>용접부, 균열, 부식</td><td>○</td><td></td><td>육안 NDT</td><td>용접부 부식이 현저하여 정비가 불가능한 것
(균열이 있는 것)</td></tr>
<tr><td>콘크리트 등의 부착물</td><td>○</td><td></td><td>육안 NDT</td><td>콘크리트 등 부착물이 현저하여 정비가 불가능한 것</td></tr>
<tr><td rowspan="7">2.
부재
/
부품</td><td rowspan="4">수직재</td><td>구부러짐</td><td>○</td><td></td><td>육안</td><td>구부러짐이 현저하여 정비가 불가능한 것</td></tr>
<tr><td>균열</td><td>○</td><td></td><td>육안 NDT</td><td>균열이 있는 것</td></tr>
<tr><td>움푹패임</td><td>○</td><td>○</td><td>육안 또는 계측</td><td>움푹 패임이 불량(1종 6.0 mm 이상, 2종 4.0 mm 이상)하여 정비가 불가능한 것</td></tr>
<tr><td>핀구멍의 변형</td><td>○</td><td></td><td>육안</td><td>변형이 현저하여 정비가 불가능한 것</td></tr>
<tr><td rowspan="3">수평재</td><td>구부러짐</td><td>○</td><td></td><td>육안</td><td>구부러짐이 현저하여 정비가 불가능한 것</td></tr>
<tr><td>균열</td><td>○</td><td></td><td>육안 NDT</td><td>균열이 있는 것</td></tr>
<tr><td>두께</td><td>○</td><td>○</td><td>육안 또는 계측</td><td>움푹 패임이 불량(디스크형 5.4 mm 미만, 포켓형 3.0 mm 미만)하여 교정이 불가능한 것</td></tr>
<tr><td colspan="2" rowspan="2">3.
성능
기준</td><td>수직재
압축하중</td><td>○</td><td>○</td><td>성능시험</td><td>방호장치 의무안전 인증고시의 압축강도 미만인 것</td></tr>
<tr><td>접합부
인장하중</td><td>○</td><td>○</td><td>성능시험</td><td>방호장치 의무안전 인증고시의 인장강도가 30 kN 미만인 것</td></tr>
<tr><td colspan="2" rowspan="2">4.
안전인증 및 자율안전 확인의 표시</td><td>“안”, ‘KCS’마크</td><td>○</td><td>○</td><td>육안</td><td>안전인증 및 자율안전확인 표시가 없거나 망실되어 확인이 불가능한 것</td></tr>
<tr><td>안전인증 및 자율안전 확인번호 등 법에서 정한 식별 표시</td><td>○</td><td>○</td><td>육안</td><td>안전인증 및 자율안전확인 번호 등 법에서 정한 식별표시가 없거나 망실되어 확인이 불가능한 것</td></tr>
</table>

수평재

▸ 수평재

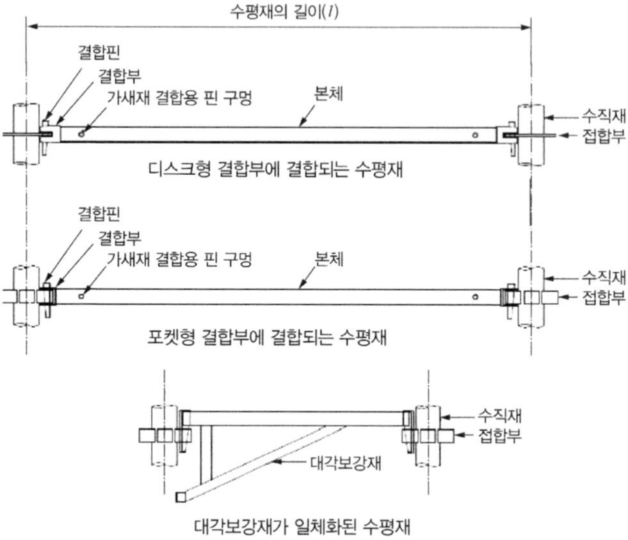

그림 4.64 수평재

▸ 점검기준

점검부위		점검항목	점검종류		점검방법	폐기기준
			일상	정기		
1. 공통 사항		변형 휘어짐, 뒤틀림	○		육안	변형, 휘어짐, 뒤틀림이 현저하여 정비가 불가능한 것
		용접부, 균열, 부식	○		육안 NDT	용접부 부식이 현저하여 정비가 불가능한 것 (균열이 있는 것)
		콘크리트 등의 부착물	○		육안 NDT	콘크리트 등 부착물이 현저하여 정비가 불가능한 것
2. 부재 / 부품	수평재	구부러짐	○		육안	구부러짐이 현저하여 정비가 불가능한 것
		균열	○		육안 NDT	균열이 있는 것
		움푹패임	○	○	육안 또는 계측	움푹패임이 불량하여 3.0 mm 이상으로 정비가 불가능한 것
		핀구멍의 변형	○		육안	변형이 현저하여 정비가 불가능한 것
	결합부 및 결합핀	구부러짐	○		육안	구부러짐이 현저하여 정비가 불가능한 것
		균열	○		육안 NDT	균열이 있는 것
		결합핀 이탈	○		육안	이탈이 현저하여 정비가 불가능한 것

3. 성능기준	휨 하중	○	○	성능 시험	방호장치 의무안전 인증고시의 휨강도 미만인 것
	결합부 전단하중	○	○	성능 시험	방호장치 의무안전 인증고시의 전단강도가 6 kN 미만인 것
4. 안전인증 및 자율안전 확인의 표시	"안", 'KCS'마크	○	○	육안	안전인증 및 자율안전확인 표시가 없거나 망실되어 확인이 불가능한 것
	안전인증 및 자율안전 확인번호 등 법에서 정한 식별표시	○	○	육안	안전인증 및 자율안전확인 번호 등 법에서 정한 식별표시가 없거나 망실되어 확인이 불가능한 것

▸ 가새재

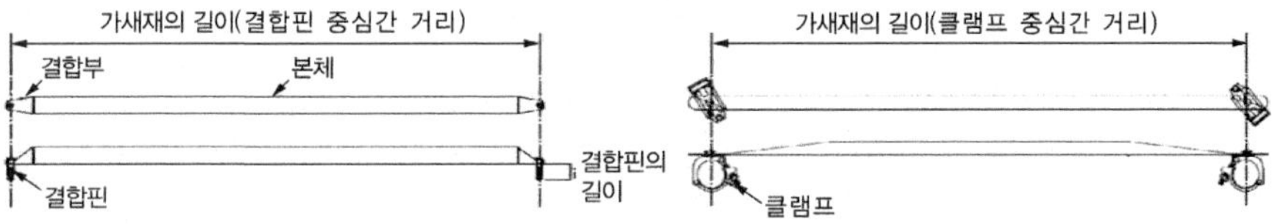

(a) 고정형

가 새 재

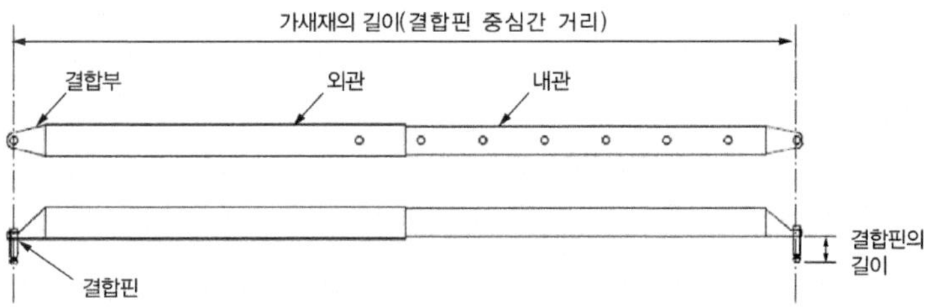

(b) 조절형

그림 4.65 가새재

▸ 점검기준

점검부위		점검항목	점검 종류		점검방법	폐기기준
			일상	정기		
1. 공통 사항		변형 휘어짐, 뒤틀림	○		육안	변형, 휘어짐, 뒤틀림이 현저하여 정비가 불가능한 것
		용접부, 균열, 부식	○		육안 NDT	용접부 부식이 현저하여 정비가 불가능한 것 (균열이 있는 것)
		콘크리트 등의 부착물	○		육안 NDT	콘크리트 등 부착물이 현저하여 정비가 불가능한 것
2. 부재 / 부품	가새재	구부러짐	○		육안	구부러짐이 현저하여 정비가 불가능한 것
		균열	○		육안 NDT	균열이 있는 것
		움푹패임	○	○	육안 또는 계측	움푹 패임이 불량하여 3.0 mm 이상으로 정비가 불가능한 것
		핀구멍의 변형	○		육안	변형이 현저하여 정비가 불가능한 것
	결합부 및 결합핀	구부러짐	○		육안	구부러짐이 현저하여 정비가 불가능한 것
		균열	○		육안 NDT	균열이 있는 것
		결합핀 이탈	○		육안	이탈이 현저하여 정비가 불가능한 것
3. 성능기준		압축 하중	○	○	성능시험	방호장치 의무안전 인증고시의 압축강도 미만인 것
		인장 하중	○	○	성능시험	방호장치 의무안전 인증고시의 인장강도가 15 kN 미만인 것인 것
4. 안전인증 및 자율안전확인의 표시		"안", 'KCS'마크	○	○	육안	안전인증 및 자율안전확인 표시가 없거나 망실되어 확인이 불가능한 것
		안전인증 및 자율안전 확인번호 등 법에서 정한 식별 표시	○	○	육안	안전인증 및 자율안전확인 번호 등 법에서 정한 식별표시가 없거나 망실되어 확인이 불가능한 것

▸ 트러스

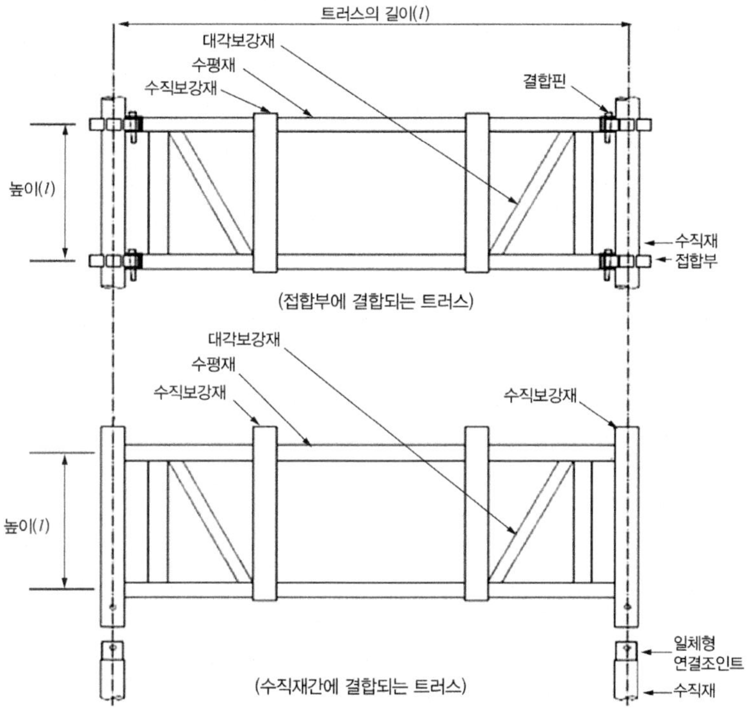

그림 4.66 트러스

▸ 점검기준

점검부위		점검항목	점검 종류		점검방법	폐기기준
			일상	정기		
1. 공통 사항		변형 휘어짐, 뒤틀림	○		육안	변형, 휘어짐, 뒤틀림이 현저하여 정비가 불가능한 것
		용접부, 균열, 부식	○		육안 NDT	용접부 부식이 현저하여 정비가 불가능한 것 (균열이 있는 것)
		콘크리트 등의 부착물	○		육안 NDT	콘크리트 등 부착물이 현저하여 정비가 불가능한 것
2. 부재 / 부품	수평재 및 보강재	구부러짐	○		육안	구부러짐이 현저하여 정비가 불가능한 것
		균열	○		육안 NDT	균열이 있는 것
		움푹패임	○	○	육안 또는 계측	움푹패임이 불량하여 3.0 mm 이상으로 정비가 불가능한 것

	결합부 및 결합핀	구부러짐	○		육안	구부러짐이 현저하여 정비가 불가능한 것
		균열	○		육안 NDT	균열이 있는 것
		결합핀 이탈	○		육안	이탈이 현저하여 정비가 불가능한 것
3. 성능기준		휨 하중	○	○	성능시험	방호장치 의무안전 인증고시의 휨강도가 40 kN 미만인 것
4. 안전인증 및 자율안전 확인의 표시		"안", 'KCS'마크	○	○	육안	안전인증 및 자율안전확인 표시가 없거나 망실되어 확인이 불가능한 것
		안전인증 및 자율안전 확인번호 등 법에서 정한 식별 표시	○	○	육안	안전인증 및 자율안전확인 번호 등 법에서 정한 식별표시가 없거나 망실되어 확인이 불가능한 것

연결조인트

▶ 연결조인트

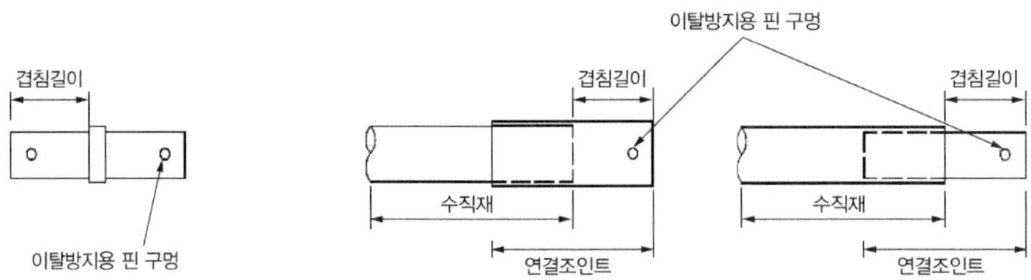

a) 삽입형 b) 일체형

그림 4.67 연결조인트

▶ 점검기준

점검부위		점검항목	점검 종류		점검방법	폐기기준
			일상	정기		
1. 공통 사항		변형 휘어짐, 뒤틀림	○		육안	변형, 휘어짐, 뒤틀림이 현저하여 정비가 불가능한 것
		용접부, 균열, 부식	○		육안 NDT	용접부 부식이 현저하여 정비가 불가능한 것 (균열이 있는 것)
		콘크리트 등의 부착물	○		육안 NDT	콘크리트 등 부착물이 현저하여 정비가 불가능한 것
2. 부재	삽입관 및	구부러짐	○		육안	구부러짐이 현저하여 정비가 불가능한 것

/ 부품	이음관	균열	○		육안 NDT	균열이 있는 것
		핀구멍의 변형	○		육안	변형이 현저하여 정비가 불가능한 것
3. 성능기준		압축 하중	○	○	성능시험	방호장치 의무안전 인증고시의 압축강도 미만인 것
		인장 하중	○	○	성능시험	방호장치 의무안전 인증고시의 인장강도가 20 kN 미만인 것
		휨 하중	○	○	성능시험	방호장치 의무안전 인증고시의 휨강도 미만인 것
4. 안전인증 및 자율안전 확인의 표시		“안”, ‘KCS’마크	○	○	육안	안전인증 및 자율안전확인 표시가 없거나 망실되어 확인이 불가능한 것
		안전인증 및 자율안전 확인번호 등 법에서 정한 식별 표시	○	○	육안	안전인증 및 자율안전확인 번호 등 법에서 정한 식별표시가 없거나 망실되어 확인이 불가능한 것

작업 발판

▸ 작업발판

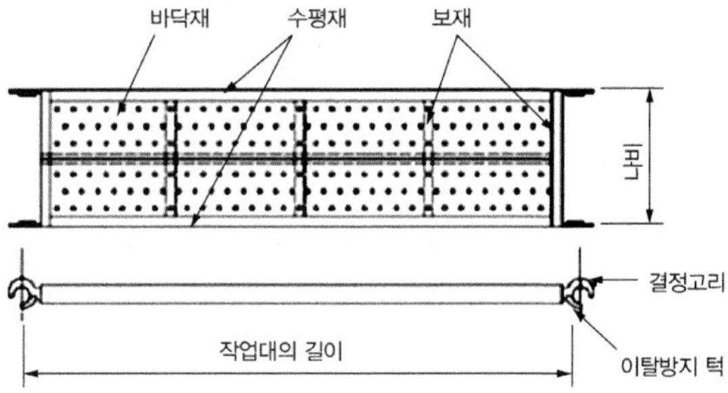

그림 4.68 작업대

▸ 점검기준

점검 부위	점검항목	점검종류		점검방법	폐기기준
		일상	정기		
1. 공통 사항	변형 휘어짐, 뒤틀림	○		육안	변형, 휘어짐, 뒤틀림이 현저하여 정비가 불가능한 것
	용접부, 균열, 부식	○		육안 NDT	용접부 부식이 현저하여 정비가 불가능한 것(균열이 있는 것)
	콘크리트 등의 부착물	○		육안 NDT	콘크리트 등 부착물이 현저하여 정비가 불가능한 것

구분	부재	항목	세부			방법	기준
2. 부재/부품	바닥재	균열		○		육안 NDT	균열이 있는 것
		움푹패임		○	○	육안 또는 계측	움푹 패임이 현저하여 4.0 mm 이상으로 정비가 불가능 한 것
		틈새			○	계측	2개 이상의 바닥재가 있는 경우 틈새가 30 mm를 초과하는 것
	수평재	구부러짐		○		육안	구부러짐이 현저하여 정비가 불가능한 것
		균열		○		육안 NDT	균열이 있는 것
		움푹패임		○		육안	움푹패임이 현저하여 정비가 불가능 한 것
	보재	구부러짐		○		육안	구부러짐이 현저하여 정비가 불가능한 것
		균열		○		육안 NDT	균열이 있는 것
	걸침고리	구부러짐	수직방향	○		육안	구부러짐이 현저하여 정비가 불가능한 것
			수평방향	○		육안	구부러짐이 현저하여 정비가 불가능한 것
		균열		○	○	육안 NDT	균열이 있는 것
		이탈방지턱 및 리벳의 이상		○		육안	이상이 현저하여 교정이 불가능한 것
		움푹 들어감		○		육안	움푹 들어감이 현저하여 교정이 불가능한 것
		녹		○		육안	녹이 현저하여 교정이 불가능한 것
3. 성능기준	작업대	휨 하중		○	○	성능시험	너비(mm)×11 N 미만인 것
		수직 처짐량		○	○	성능시험	L/100 mm를 초과하는 것(최대 20 mm를 초과하는 것) [L : 작업대의 길이]
	걸침고리	본체 및 부착부 전단 강도		○	○	성능시험	너비(mm)×39 N 이하인 것
		이탈 인증고시 방지 전단 강도		○	○	성능시험	3,240 N 미만인 것
	바닥재	수직 처짐량		○	○	성능시험	10.0 mm를 초과하는 것

4. 안전인증 및 자율안전 확인의 표시	"안", 'KCS'마크	○	○	육안	안전인증 및 자율안전확인 표시가 없거나 망실되어 확인이 불가능한 것
	안전인증 및 자율안전 확인번호 등 법에서 정한 식별 표시	○	○	육안	안전인증 및 자율안전확인 번호 등 법에서 정한 식별표시가 없거나 망실되어 확인이 불가능한 것

▸ 조절형 받침철물

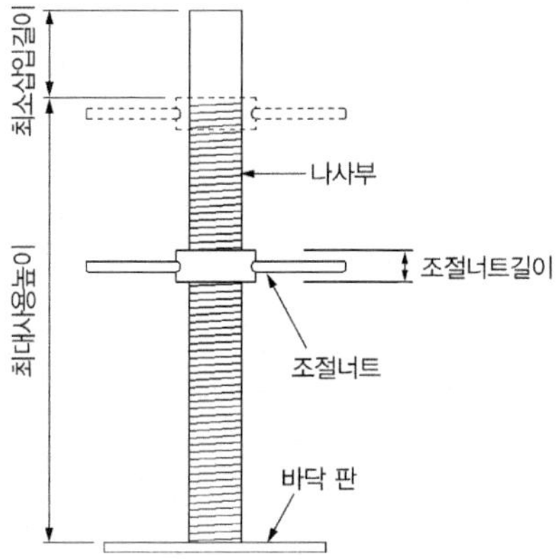

그림 4.69 조절형 받침철물

조절형 받침 철물

▸ 점검기준

점검부위		점검항목	점검 종류		점검방법	폐기기준
			일상	정기		
1. 공통 사항		변형 휘어짐, 뒤틀림	○		육안	변형, 휘어짐, 뒤틀림이 현저하여 정비가 불가능한 것
		용접부, 균열, 부식	○		육안 NDT	용접부 부식이 현저하여 정비가 불가능한 것 (균열이 있는 것)
		콘크리트 등의 부착물	○		육안 NDT	콘크리트 등 부착물이 현저하여 정비가 불가능한 것
2. 부재 / 부품	나사부	구부러짐	○		육안	구부러짐이 현저하여 정비가 불가능한 것
		나사부의 변형	○		육안 NDT	변형이 현저하여 정비가 불가능한 것
	받침판 및 받이부	변형	○		육안	변형이 현저하여 정비가 불가능한 것
		판 두께	○	○	계측	판 두께가 불량하여 5.4 mm 미만인 것

	조절 너트	변형	○		육안	변형이 현저하여 정비가 불가능한 것
3. 성능기준		압축 하중	○	○	성능시험	방호장치 의무안전 인증고시의 압축강도가 40,000 N 미만인 것
4. 안전인증 및 자율안전 확인의 표시		“안”, ‘KCS’마크	○	○	육안	안전인증 및 자율안전확인 표시가 없거나 망실되어 확인이 불가능한 것
		안전인증 및 자율안전 확인번호 등 법에서 정한 식별 표시	○	○	육안	안전인증 및 자율안전확인 번호 등 법에서 정한 식별표시가 없거나 망실되어 확인이 불가능한 것

4) 생산된 기간이 장기간인 가설기자재의 의미

재사용 가설기자재 성능기준에 관한 지침의 부록2에서는 아래 표와 같이 가설기자재의 종류별로 생산(제작)된 기간이 장기간인 연한을 정하고 있다.

일부 발주처에서는 재사용 가설기자재는 생산된 연한까지만 사용할 수 있는 것이라고 오해하여 그 기간이 경과된 제품은 사용할 수 없다고 주장하는 경우도 있다.

그러나 일본의 경우에는 법에서 규정하고 있는 안전인증기준 대비 110%의 기준을 만족하여 제품을 생산하게 되면 일본 일반사단법인 가설공업회에서 ‘假’자 마크를 사용[19]할 수 있도록

19) 일본은 노동안전위생법에 근거하여 인증제도를 운영하고 있으며 인증제도에는 인정제도, 승인제도, 단품승인제도 및 적용공장제도를 분류하여 운영하고 있다. 인정제도는 동일형식의 가설기자재에 대하여 합격을 정정하는 형식 검정을 실시하고 있으며, 제조업체의 능력을 평가하기 위한 공장조사를 실시하고, 공장조사 시 무작위 공시체의 샘플링을 통하여 구조·성능 등을 검사하는 점에서 국내의 안전인증제도와 유사하다. 노동안전위생법 제42조(양도 등의 제한) 및 동법 시행령 제13조(후생노동대신이 정하는 규격 또는 안전장치를 구비해야 하는 기계 등)에 법적근고를 두고 있으며, 법 제42조를 근거로 후생노동성 고시기준의 제정에 명시되어 있는 19종(파이프서포트, 강관비계용 부재 등)에 대해 (사)가설공업회에서 인정제도를 운영하고 있으며, 가설공업회 자체기준에 의거 29종(안전망, 사다리 등)을 인증하고 있다. 인정기준에 합격한 가설기자재에 대하여 “仮”자 마크를 각인하여 표시하거나 라벨을 부착하도록 하고 있으며, 불합격한 가설기자재에 대해서는 인증표시를 할 수 없도록 규정하고 있다. 노후화(재사용) 가설기자재에 대한 안전성을 확보하기 위하여 “경년 가설기자재 관리 기준 적용공장 규정”에 근거하는 가설공업회 사내관리규정에 따라 가설기자재의 정비, 수리 등을 적정하게 관리하는 가설기자재 센터를 인정하여 관리하고 있다. 일본은 가설공업회에서 법적규제품목외에 자율적인 사내관리규정에 의하여 국내보다 많은 수의 자율적 규격품목을 선정하여 인증을 수행하고 있다.

하고 있다.

재사용 가설기자재는 표와 같은 생산된 연한이 초과하게 되면 10%의 성능이 떨어지게 된다. 이때에는 성능시험을 통하여 안전기준을 만족하고 있는 제품은 재사용으로 사용하고 그렇지 못한 경우에는 폐기처분하게 된다. 즉 생산된 기간이 장기간인 연한은 10%의 성능이 떨어지는 경우라고 보면 된다. 사용연한 동안 10%의 성능저하는 다년간 실험하고 수행한 데이터를 근거로 산출된 수치이다.

표 4.38 가설기자재의 종류별 생산(제작)된 기간이 장기간인 연한

가설기자재의 종류	생산된 연한	가설기자재의 종류	생산된 연한
파이프 서포트	8년	조립식 안전난간	5년
보조 서포트	8년	금속제 작업발판	8년
윙 서포트	5년	피벗형 받침 철물	3년
주틀(각주 조인트를 포함)	8년	철골용 클램프	3년
교차가새	8년	달기체인용 클램프	3년
띠장틀	8년	계단틀(틀비계용 계단 포함)	8년
작업대	8년	소규모 건설공사용 비계용 부재 및 부속철물	8년
선반지주	8년	틀형 비계용 난간틀	8년
외줄비계용 작업대	8년	시스템 비계용 부재 및 부속 철물	8년
외줄비계용 작업대의 지지철물	5년	조임 철물	3년
이동식 비계용 주틀	8년	고정형 받침 철물	5년
이동식 비계용 주틀의 발바퀴	3년	조립형 받침 철물	5년
암록	5년	달기 체인	3년
강관 조인트	3년	달기 틀	8년

※ 가설기자재의 종류별 생산(제작)된 기간이 장기간인 년수

* 일본 일반사단법인 가설공업회 "경년가설기재의 관리에 관한 기술기준과 해설"의 별표에서 정하는 사용된 년수임

- 위 표의 가설기자재별 생산(제작)된 년수는 본 지침에 따른 성능기준과 시험 방법을 통하여 계속 사용여부를 판단하는 최소 사용된 년수임

그러나, 우리나라의 경우에는 이러한 시스템을 적용하기에는 다소 무리가 있다. 왜냐하면 우리나라는 법에서 규정하고 있는 안전인증기준만을 만족하여 제품을 생산하게 되면 한국산업안

전보건공단에서 'KCS'자 마크를 사용할 수 있도록 하고 있기 때문이다.

따라서 생산된 기간이 장기간인 연한의 의미는 없게 된다. 안전인증을 취득할 때 어떤 제조업체는 인증기준의 101%만 충족시켜도 인증을 획득할 수 있다. 이는 결국 건설현장에서 신품을 한 번만 사용하여도 성능이 나오지 않을 수 있다는 이야기가 되기 때문에 사용 전에 현장에 자재가 반입되면 자재검사를 보다 철저히 하여 우수한 제품이 현장에 반입되도록 할 필요가 있다.

8.7 신재와 가설기자재 손료의 의미

건설현장에 반입되는 가설기자재는 신품사용이 원칙이다. 왜냐하면 설계에서 적용하고 있는 단가는 신품 기준이기 때문이다. 가설기자재는 임대단가[20])를 정확히 알 수 없기 때문에 통상적으로 제조사에서 생산하는 단가를 적용한다.

공사와 관련하여 자재는 영구시설용 자재와 임시시설용인 가시설용 자재(비계, 동바리, H형강 등)로 구분할 수 있다. 임시시설용 가시설 자재는 일정기간 동안 사용하고 사용료를 손료 개념으로 공사원가에 계상하고 있다. 영구시설용 자재는 자재 가격을 그대로 100% 공사원가에 계상하고 있다.

손료의 사전적 의미는 '물건을 빌려주고 사용하는 동안 닳고 상한 값으로 받는 돈'이라고 규정하고 있다. 가시설용 강재는 시옹 후 회수하는 개념으로 설계하고 그에 대한 비용은 손료 개념으로 계상하고 있다.

20) 비계나 동바리 등의 가설기자재의 임대단가는 임대업체별로 지역별로 각기 다르다. 그래서 가설기자재는 통상적으로 신품 제조단가를 적용하여 손료를 계산한다. 통상의 경우 공사도급계약 체결 시 가기자재 강재의 대가는 사용기간에 따라 표준품셈이 규정하고 있는 일정한 손율을 적용한 손료로 지급하는 것으로 되어 있다. 하지만 이는 수급인이 가설기자재 강재를 직접 취득하여 사용하는 것을 전제로 한 것으로서, 일반적인 공사 현장에서는 수급인이 일정한 임대료를 지급하고 가설재 강재를 임대하여 사용하는 경우가 많은 실정이다. 이와 같이 수급인이 가설기자재 강재를 임대하여 사용할 경우에는 공사도급계약에 반영되어 있는 가설기자재 강재의 손료만으로는 공사기간이 연장됨에 따라 수급인이 추가로 지급하게 된 임대료를 보전받을 수 없게 되는 상황이 발생할 수도 있다. 따라서 수급인의 입장에서는 공기연장에 따라 추가로 소요되는 가설기자재 강재의 임대료를 확실하게 보전받기 위해서는 공사도급계약 체결 시에 가설기자재 강재 등을 임대하여 사용할 것이라는 점을 명시하고, 가설기자재 강재에 소요되는 비용의 산정 방식을 명확히 해 둘 필요가 있을 것으로 보인다.

예를 들면 건설현장에서는 일반적으로 시스템 비계 등 가시설 강재는 손료개념으로 사용기간 동안 손율(표준품셈 기준 : 15~70%)을 적용하면서 신자재나 구자재를 사용하고 있다.[21)]

1건 공사에서 강재는 신강재를 반입, 사용 후 당해 공사의 단계별 강재 수급계획에 따라 당해 공사에서 기사용한 강재를 재사용할 경우에도 공사계약 일반조건 제12조 공사자재의 검사 제1항 공사에 사용할 자재는 신품이어야 하며 규정을 바탕으로 신강재만을 사용하도록 강요하고 있다. 따라서 점검자는 이러한 규정을 숙지하고 재사용 가설기자재의 상태가 현저히 불량할 경우에는 신품 등으로 교체를 요구할 수 있을 것이다. 다만 경제적인 측면에서 품질과 성능을 만족한다면 재사용 가설기자재 사용이 어느 정도는 용인될 수도 있을 것으로 생각된다.

표 4.39 계약예규 공사계약 일반조건

계약예규 공사계약 일반조건	
12조(공사자재의 검사)	① 공사에 사용할 자재는 신품이어야 하며 품질·규격 등은 반드시 설계서와 일치되어야 한다. 다만, 설계서에 명확히 규정되지 아니한 자재는 표준품 이상으로서 계약의 목적을 달성하는 데에 가장 적합한 것이어야 한다. ② 계약상대자는 공사자재를 사용하기 전에 공사감독관의 검사를 받아야 하며, 불합격된 자재는 즉시 대체하여 다시 검사를 받아야 한다.

일부 현장 관계자들은 위 규정이 너무 과하다는 주장을 하기도 한다. 그러면서 가시설 공사에 사용할 자재는 설계서에 별도 정한 규정이 있는 경우에는 재사용 자재를 사용할 수 있도록 하고, 설계서에 명확히 규정되지 아니한 자재는 표준품 이상으로서 계약의 목적을 달성하는 데 가장 적합한 것이어야 하는 것으로 개정을 요구하고 있기도 하다.

일반적으로 시스템 비계나 가설시설물(흙막이 등) 등에 사용되는 회수 가능한 강재에 대하여는 신재물량에 표준품셈에 따른 손율을 반영하여 공사비를 산정하고 있다. 여기에서 손율은 가설기자재의 임대료로 이해하는 것이 편하다.

이때 강재류의 사용기간별 손율은 설치 후 일정기간 존치 후 철거하는 가설기자재에 적용하는 것으로서 가설기자재(신재) 존치 기간에 따른 재화의 잔존가치로 나타난 것이다. 예를 들면 가설기자재 신재는 투입금액과 환수금액을 결정하고 가설기자재 투입계획에 의거 손료금액(투입-환수)을 적용 개월 수로 분할하여 월별 단가로 처리하고 있다.

21) 참고로 유권해석은 구자재(고재)를 사용하여도 신자재(강재) 가격에 손율을 적용하여야 한다고 규정했다.

만일 가설기자재가 매몰되거나 고재로서 재사용의 가치가 없어지는 경우에는 신재 100%로 반영되는 것이나 철거되어 재사용의 가치가 인정되는 경우에는 해당 존치 기간에 해당하는 손율을 반영하고 있다.

8.8 가설기자재 임대업체의 수리보수에 따른 성능저하 이유

재사용 가설기자재는 임대업체에서 정비와 수리 등의 작업이 가능하지만 절단하여 용접하는 행위 등은 안전인증기준에 위배된다. 일반적으로 재사용 가설기자재에 부착된 콘크리트 등의 불순물을 제거한다든지 가설기자재의 나사관·볼트·너트 등의 기름이 부족하거나 부식·마모 등 부위에 주유하는 일상적인 정비는 가능하다. 또한 가설기자재를 재사용 가능한 상태로 복원시키기 위해 교정하거나 손상부의 재용접, 재도장, 재도금, 부품의 교환 등 행위인 수리도 가능하지만 절단하여 용접한 경우는 안된다. 부품을 교환하는 경우에는 그 부품을 제조한 제조사의 것과 동일한 것으로 하여야 한다. 가설기자재 임대업체는 수리보수업체에 이러한 정비와 수리를 위탁하여 처리하고 있다. 임대업체 입장에서는 가설기자재 자체가 자산이다. 따라서 폐기기준에 적합한 자재들은 폐기처분하여야 하지만 아무래도 계속해서 재사용하기 위하여 훼손된 부위를 절반하여 용접한다든지 녹슨 부위를 재도장하여 사용하기도 한다.

그림 4.70 가설기자재 정비와 수리 전경

일반적으로 정비와 수리작업은 굉장히 열악한 상태에서 시행되고 있다. 구부러졌다든지 변형이 있는 곳의 정비와 수리는 유압을 이용한 교정기 등을 이용하여 강제로 펴며, 확관기를 사용하여 끝이 구부러진 부위를 확관 시키는데, 이때 단면두께의 감소가 발생하여 성능저하가 일어날 가능성이 농후하다. 따라서 점검자는 마이크로미터를 활용하여 가설기자재의 두께가 안전인증기준에서 요구하는 두께를 만족하고 있는지 확인할 필요가 있다. 다음 그림은 구부러짐, 패임, 휨 등의 변형을 고치는 데 일반적으로 사용하는 교정기와 수리기구 등이다.

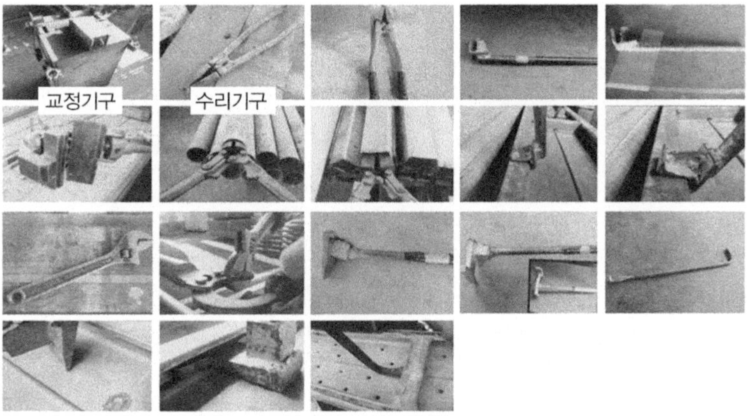

그림 4.71 가설기자재 교정기와 수리기구

점검자는 시스템 비계 수직재의 플렌지 부위와 수직재 하부에 변형이 있는지 유심히 관찰할 필요가 있다. 이 부위는 수리보수업체에서 교정을 완벽하게 할 수 없는 부위이다. 수직재와 수평재가 결합되는 과정에서 수평재의 뭉치부가 수직재 파이프를 압축하면서 수직재의 플랜지 하부가 변형되게 된다. 변형이 있다는 이야기는 단면이 감소되어 성능이 저하될 가능성이 있다는 뜻이다. 또한 플랜지가 수직방향으로 굽힘이 있는지 확인하여야 한다. 이 부위는 유압기 등을 활용하여 플랜지를 올바르게 펴게 되는데 이 과정에서 끊어질 가능성이 높다.

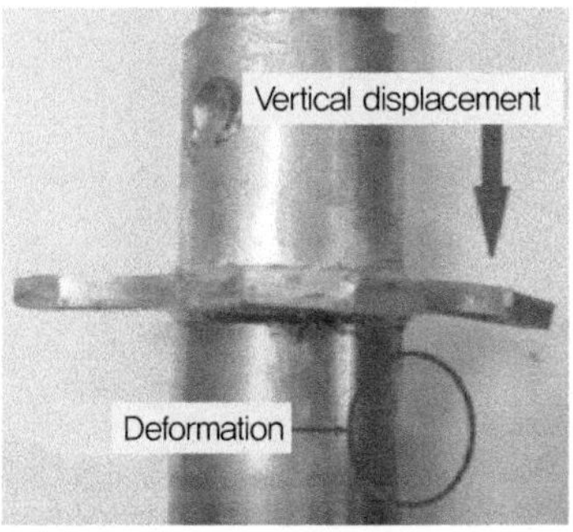

그림 4.72 수직재 플랜지 하부의 변형

8.9 재사용 가설기자재의 파손 형상

가설기자재 중에서 파이프류의 파손 형상은 구부러진다든지 굴곡되거나 휘는 경우가 많다.

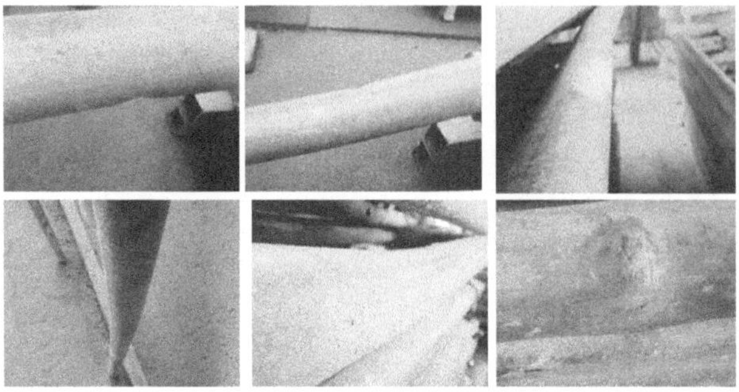

그림 4.73 재사용 가설기자재 파손 형상(파이프류)

박판류의 파손형상은 구부러진다든지 굴곡되거나 휘는 경우가 많다.

그림 4.74 재사용 가설기자재 파손 형상(박판류)

용접부의 파손형상은 균열이 발생한다든지 뜯긴다든지 녹이 발생하는 경우가 많다.

그림 4.75 재사용 가설기자재 파손 형상(용접부)

부재 파손은 알루미늄 부재, 너비 볼트류, 부재조립, 기타에서 많이 발생하고 있다.

그림 4.76 재사용 가설기자재 파손 형상(부재 파손)

파이프, 각형강관은 부식되거나 절단되어 파손되는 경우가 많다.

그림 4.77 재사용 가설기자재 파손 형상(부식, 절단 파손)

가설기자재에는 입체적인 부착물이나 전면적인 부착물이 많이 붙는다.

그림 4.78 재사용 가설기자재 파손 형상(부착물)

8.10 재사용 가설기자재 불량제품(폐기기준) '예'

가설기자재에 부착물이 심하게 붙어 있는 것은 폐기하여야 한다. 전면에 입체적인 부착물이 붙어 있다든지 목재에 부착물이 전면에 붙어 있다든지 콘크리트 이외의 부착물이 부착된 것들은 폐기하여야 한다. 또한 제거해도 어떤 성분에 의한 도금을 녹일 우려가 있고 몇 개월 후 녹이 발생할 가능성이 있는 것들은 폐기하여야 한다.

그림 4.79 재사용 가설기자재 불량제품(부착물이 심한것)

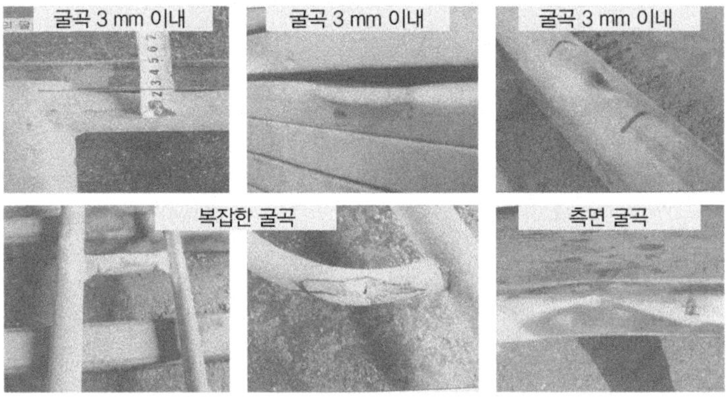

그림 4.80 재사용 가설기자재 불량제품(변형)

일정 기준 이상 변형(구부러짐, 굴곡, 휨, 유공 등)된 재사용 가설기자재도 역시 폐기하여야 한다. 복잡한 굴곡이나 측면굴곡, 3 mm 이내 굴곡 등은 불량제품으로서 폐기해야 할 대상이다.

임대업체에서는 굴곡된 제품을 교정기 등을 사용하여 반대로 펴게 되는데 이때 단면두께가 감소되어 성능은 떨어지게 된다. 예를 들어 어떤 철사나 구리선을 끊으려고 할 때 손으로 좌우

측으로 여러 번 오므렸다 폈다를 반복하면 철사가 전단되는 경우를 한 번쯤 경험해 보았을 것이다. 마찬가지 원리로 구부러진 부위를 수회에 걸쳐서 교정작업을 하게 되면 단면두께가 감소되어 절단될 가능성이 높게 된다.

파이프나 각형강관류 등의 재사용 가설기자재는 부식되거나 절단 파손되는 경우가 많은데 특히 2개소 이상 굴곡이 있다든지 균열이 있는 굴곡, 중앙부에서 휘었다든지 모재가 휜 경우에는 폐기처분해야 한다.

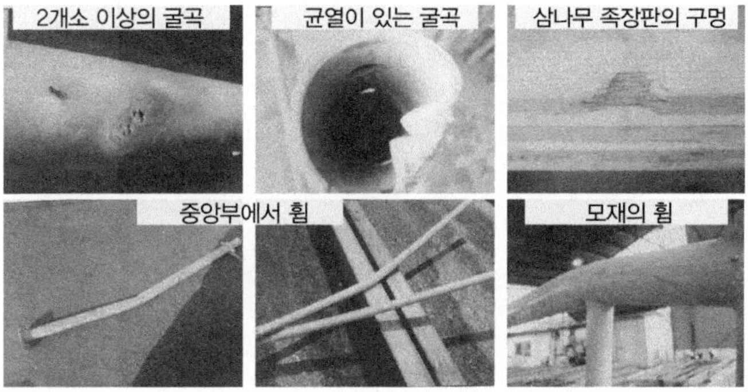

그림 4.81 재사용 가설기자재 불량제품(부식, 절단 파손)

아래 그림과 같이 찌그러졌다든지, 리벳부가 헐겁다든지 또는 3 mm 이상의 구멍이 있는 경우와 3 mm 이하의 집중적인 구멍이 3개 이상 있다든지, 측면에 구멍이 있는 경우에도 폐기해야 한다.

그림 4.82 재사용 가설기자재 불량제품(부식, 절단 파손)

본체의 용접부에 균열이 있는 경우에도 불량제품으로서 폐기대상이다.

그림 4.83 재사용 가설기자재 불량제품(용접부 균열)

구부러짐뿐만 아니라 외적 요인으로 인한 충격 균열이 생긴 재사용 가설기자재는 폐기처분 대상이다.

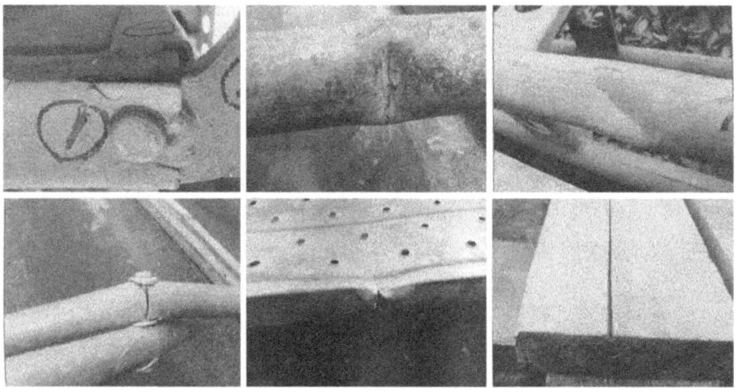

그림 4.84 재사용 가설기자재 불량제품(외적 요인으로 충격균열)

녹 길이 40 mm 이상이 발생한 재사용 가설기자재는 폐기처분 대상이다.

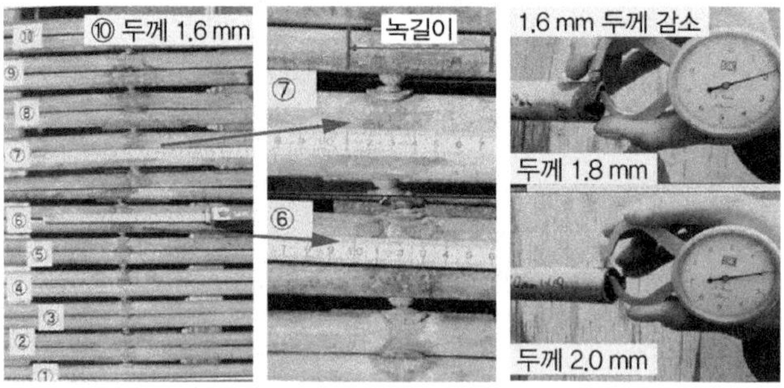

그림 4.85 재사용 가설기자재 불량제품(녹 부식)

전면에 발생한 녹으로 표면이 벗겨지는 정도의 재사용 가설기자재는 폐기처분 대상이다.

그림 4.86 재사용 가설기자재 불량제품(전면 녹으로 표면이 벗겨진 것)

성능 저하된 사용연한을 초과한 가설기자재와 클레임이 빈번한 자재 등은 폐기처분해야 한다.

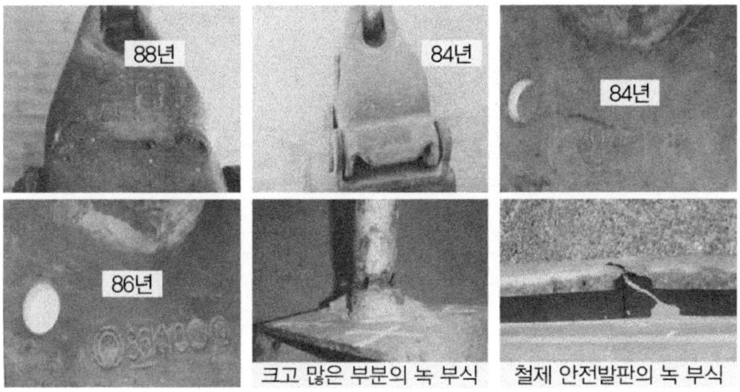

그림 4.87 재사용 가설기자재 불량제품(사용연한 초과 제품)

8.11 일본 임대업체인 SRG Takmiya 사의 폐기관리 기준

일본의 가설기자재 임대업체인 SRG Takmiya 사는 시스템 비계의 폐기기준을 아래 표와 같이 관리하고 있다.

일본도 정량적인 기준보다는 정성적인 기준이 많은 실정이다. 이에 일본 임대업체들은 폐기기준과의 검토를 위하여 폐기할 기준시료를 비치하여 두고 정비 보수하는 과정에서 그 기준시료와 폐기할 시료를 상호 비교하여 폐기처분을 하고 있다.

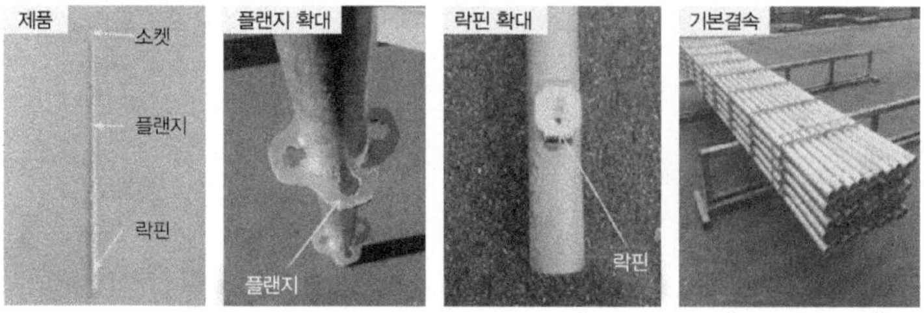

그림 4.88 일본 SRG Takmiya 사의 시스템 비계 수직재

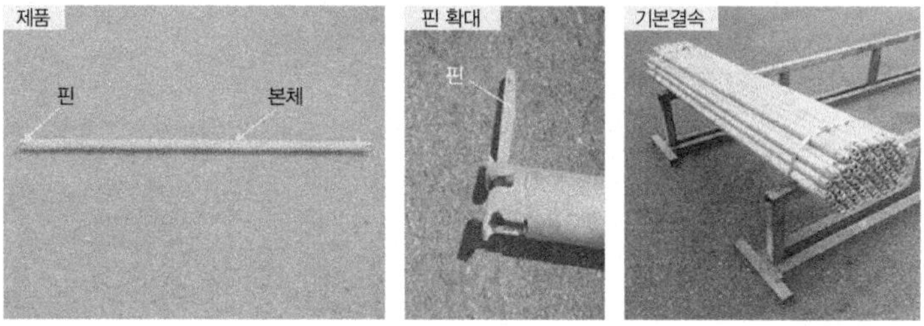

그림 4.89 일본 SRG Takmiya 사의 시스템 비계 수평재

표 4.40 일본 SRG Takmiya 사의 시스템 비계(수직재) 폐기관리 기준

구분		품질기준	비고(폐기)
전체 (공통)	변형(휨, 비틀림)	5 mm 미만	5 mm 이상으로 교정 불가능한 것
	용접부 균열	없음	있음
	녹	없음 또는 조금	부식이 내부까지 침투하여 두께가 감소한 것
	콘크리트 등의 부착	없음 또는 조금	수리기계, 공구 등으로 제거되지 않는 것
본체 파이프 소켓 파이프	구부러짐	5 mm 미만	5 mm 이상으로 교종 불가능한 것
	움푹 들어감	깊이 3 mm 미만 또는 폭 30 mm 미만	깊이 3 mm 이상, 폭 30 mm 이상인 것
	균열	없음	있음
	파이프 삽입부 패임	없음	교정 불가능한 것
플렌지	구부러짐	3mm 미만	교정 불가능한 것
	균열	없음	있음
락핀	손상	없음 또는 조금	상태나 성능이 나쁜 것

- 품질의 포인트 : 본체의 변형, 락핀의 가동, 플랜지의 변형
- 기본 결속 수 : 50본

표 4.41 일본 SRG Takmiya 사의 시스템 비계(수평재) 폐기관리 기준

구분		품질기준	비고(폐기)
전체 (공통)	변형(휨, 비틀림)	5 mm 미만	5 mm 이상으로 교정 불가능한 것
	용접부 균열	없음	있음
	녹	없음 또는 조금	부식이 내부까지 침투하여 두께가 감소한 것
	움푹 들어감	깊이 3 mm 미만 또는 폭 30 mm 미만	깊이 3 mm 이상, 폭 30 mm 이상인 것
	용접부 균열	없음	있음
	콘크리트 등의 부착	없음 또는 조금	수리기계, 공구 등으로 제거되지 않는 것
핀	휨	없음	교정 불가능한 것
	균열	없음	있음

• 품질의 포인트 : 본체의 휨, 패임, 핀 부재의 손상
• 기본 결속 수 : 50본

표 4.42 일본 SRG Takmiya 사의 작업발판 폐기관리 기준

구분		품질기준	비고(폐기)
전체 (공통)	변형(휨, 비틀림)	5 mm 미만	5 mm 이상으로 교정 불가능한 것
	용접부 균열	없음	있음
	녹	없음 또는 조금	부식이 내부까지 침투하여 두께가 감소한 것
	콘크리트 등의 부착	없음 또는 조금	수리기계, 공구 등으로 제거되지 않는 것
바닥재	휨	5 mm 미만	5mm 이상으로 교정 불가능한 것
	움푹들어감	3 mm 미만	3mm 이상으로 교정 불가능한 것
	균열	없음	있음
보재	용접부의 균열 또는 뜯김	없음	있음
후크	휨	없음	있음
	균열	없음	있음
낙하 방지판	휨	없음	있음
	균열	없음	있음
측면 부재	움푹 들어감	3 mm 미만	3 mm 이상으로 교정 불가능한 것
	균열	없음	있음
리벳	헐거움	없음 또는 조금	심한 헐거움

• 품질의 포인트 : 각 용접 개소, 판재, 후크의 균열 유/무, 판재의 패임
• 기본 결속 수 : 20장

8.12 가설기자재 품질관리를 위한 민간기관의 노력

일부 민간의 가설기자재 전문기관에서는 안전실명제 또는 품질인증제라는 명칭 하에서 실시하고 있는데 이는 법적인 사항이 아니라는 점을 유의해야 한다. 재사용 가설기자재에 대하여 민간이 자율적으로 품질관리를 실시하는 영리사업 목적으로 운영되고 있다.

건설, 플랜트, 조선, 발전소 현장에 반입되는 재사용 가설기자재 중에서 안전기준 미달 가설기자재를 비전문가인 현장 관계자들이 쉽게 걸러내도록 하기 위한 제도로서 취지는 상당히 긍정적이고 좋은 사업이다.[22)]

점검자는 이러한 제도는 영리사업의 목적임을 인지하고 너무 맹신하지 말아야 한다. 점검자가 직접 산업안전보건법과 건설기술진흥법에 따른 법적 만족할 조건과 재사용 가설기자재 성능기준 등을 참조하여 자재의 성능과 품질기준이 만족되는지 스스로 판단하여야 한다는 점을 명심하여야 한다.

그림 4.90 재사용 가설기자재에 대한 민간의 품질관리 노력

22) 사업의 취지는 상당히 긍정적이지만 가설기자재 관련 민간기관의 영리사업이라는 점을 명심해야 한다. 이 사업은 가설기자재 납품을 위한 홍보강화로 임대시장 영역을 확장하기 위한 임대업체의 이익과 가설기자재 관련 민간 전문기관의 시험이나 인증비용 등의 수익 확장이 상호 맞아 떨어져 탄생한 제도라고 비판하고 있기도 하다.

9 시스템 비계의 설치시공에 대한 점검요령

시스템 비계 등 가설구조물의 시공에 관한 규정에는 산업안전보건기준에 관한 규칙과 국가건설기준인 비계공사 일반사항(KCS 21 60 05)에서 내용을 다루고 있다.

9.1 산업안전보건기준에 관한 규칙의 시스템 비계 시공요령

산업안전보건기준에 관한 규칙 제7장 비계 편에서 비계의 재료 및 구조, 조립·해체 및 점검 등, 강관비계 및 강관틀비계, 달비계, 달대비계 및 걸침비계, 말비계 및 이동식비계, 시스템 비계, 통나무 비계 등을 다루고 있다.

시스템 비계를 점검하는 점검자는 구조계산서에 따른 설계도면대로 간격이나 길이 등이 적절하게 설치되어 있는지를 확인하면서 아래 표의 산업안전보건기준에 관한 규칙에서 언급하고 있는 사항을 준수하고 있는지 확인하면 된다.

특히 작업발판이 뒤집히거나 떨어지지 않도록 둘 이상의 지지물에 연결하거나 고정하였는지를 확인하고 수직재·수평재·가새재를 견고하게 연결하여 체결 후 흔들림이 없도록 견고하게 설치되었는지 확인할 필요가 있다. 또한 벽 연결재의 설치 간격은 제조사가 정한 기준이나 구조계산서에 따라 설치되었는지 확인해야 한다.

표 4.43 산업안전보건기준에 관한 규칙의 시스템 비계 시공

산업안전보건기준에 관한 규칙의 비계 시공	
제7장 비계	
제1절 재료 및 구조 등	▸ 제54조(비계의 재료) ① 사업주는 비계의 재료로 변형·부식 또는 심하게 손상된 것을 사용해서는 아니 된다. ② 사업주는 강관비계(鋼管飛階)의 재료로 「산업표준화법」에 따른 한국산업표준에서 정하는 기준 이상의 것을 사용하여야 한다. ▸ 제55조(작업발판의 최대적재하중) ① 사업주는 비계의 구조 및 재료에 따라 작업발판의 최대적재하중을 정하고, 이를 초과하여 실어서는 아니 된다. ② 달비계(곤돌라의 달비계는 제외한다)의 최대 적재하중을 정하는 경우 그 안전계수는 다음 각호와 같다.

1. 달기 와이어 로프 및 달기 강선의 안전계수 : 10 이상
2. 달기 체인 및 달기 훅의 안전계수 : 5 이상
3. 달기 강대와 달비계의 하부 및 상부 지점의 안전계수: 강재(鋼材)의 경우 2.5 이상, 목재의 경우 5 이상

③ 제2항의 안전계수는 와이어 로프 등의 절단 하중값을 그 와이어 로프 등에 걸리는 하중의 최댓값으로 나눈 값을 말한다.

▸ 제56조(작업발판의 구조)

• 사업주는 비계(달비계, 달대비계 및 말비계는 제외한다)의 높이가 2 m 이상인 작업장소에 다음 각호의 기준에 맞는 작업발판을 설치하여야 한다.

1. 발판 재료는 작업할 때의 하중을 견딜 수 있도록 견고한 것으로 할 것
2. 작업발판의 폭은 40 cm 이상으로 하고, 발판 재료 간의 틈은 3 cm 이하로 할 것. 다만, 외줄비계의 경우에는 고용노동부 장관이 별도로 정하는 기준에 따른다.
3. 제2호에도 불구하고 선박 및 보트 건조작업의 경우 선박블록 또는 엔진실 등의 좁은 작업공간에 작업발판을 설치하기 위하여 필요하면 작업발판의 폭을 30 cm 이상으로 할 수 있고, 걸침비계의 경우 강관기둥 때문에 발판 재료 간의 틈을 3 cm 이하로 유지하기 곤란하면 5 cm 이하로 할 수 있다. 이 경우 그 틈 사이로 물체 등이 떨어질 우려가 있는 곳에는 출입금지 등의 조치를 하여야 한다.
4. 추락의 위험이 있는 장소에는 안전난간을 설치할 것. 다만, 작업의 성질상 안전난간을 설치하는 것이 곤란한 경우, 작업의 필요상 임시로 안전난간을 해체할 때에 추락방호망을 설치하거나 근로자로 하여금 안전대를 사용하도록 하는 등 추락위험 방지 조치를 한 경우에는 그러하지 아니하다.
5. 작업발판의 지지물은 하중에 의하여 파괴될 우려가 없는 것을 사용할 것
6. 작업발판 재료는 뒤집히거나 떨어지지 않도록 둘 이상의 지지물에 연결하거나 고정시킬 것
7. 작업발판을 작업에 따라 이동시킬 경우에는 위험 방지에 필요한 조치를 할 것

제2절 조립·해체 및 점검 등

▸ 제57조(비계 등의 조립·해체 및 변경)

① 사업주는 달비계 또는 높이 5 m 이상의 비계를 조립·해체하거나 변경하는 작업을 하는 경우 다음 각호의 사항을 준수하여야 한다.

1. 근로자가 관리감독자의 지휘에 따라 작업하도록 할 것
2. 조립·해체 또는 변경의 시기·범위 및 절차를 그 작업에 종사하는 근로자에게 주지시킬 것
3. 조립·해체 또는 변경 작업구역에는 해당 작업에 종사하는 근로자가 아닌 사람의 출입을 금지하고 그 내용을 보기 쉬운 장소에 게시할 것
4. 비, 눈, 그 밖의 기상상태의 불안정으로 날씨가 몹시 나쁜 경우에는 그 작업을 중지시킬 것
5. 비계재료의 연결·해체작업을 하는 경우에는 폭 20 cm 이상의 발판을 설치하고 근로자로 하여금 안전대를 사용하도록 하는 등 추락을 방지하기 위한 조치를 할 것
6. 재료·기구 또는 공구 등을 올리거나 내리는 경우에는 근로자가 달줄 또는 달포대 등을 사용하게 할 것

② 사업주는 강관비계 또는 통나무비계를 조립하는 경우 쌍줄로 하여야 한다. 다만, 별도의 작업발판을 설치할 수 있는 시설을 갖춘 경우에는 외줄로 할 수 있다.

▶ 제58조(비계의 점검 및 보수)

• 사업주는 비, 눈, 그 밖의 기상상태의 악화로 작업을 중지시킨 후 또는 비계를 조립·해체하거나 변경한 후에 그 비계에서 작업을 하는 경우에는 해당 작업을 시작하기 전에 다음 각호의 사항을 점검하고, 이상을 발견하면 즉시 보수하여야 한다.

1. 발판 재료의 손상 여부 및 부착 또는 걸림 상태
2. 해당 비계의 연결부 또는 접속부의 풀림 상태
3. 연결 재료 및 연결 철물의 손상 또는 부식 상태
4. 손잡이의 탈락 여부
5. 기둥의 침하, 변형, 변위(變位) 또는 흔들림 상태
6. 로프의 부착 상태 및 매단 장치의 흔들림 상태

제3절 강관비계 및 강관틀 비계

▶ 제59조(강관비계 조립 시의 준수사항)

• 사업주는 강관비계를 조립하는 경우에 다음 각호의 사항을 준수하여야 한다.

1. 비계기둥에는 미끄러지거나 침하하는 것을 방지하기 위하여 밑받침 철물을 사용하거나 깔판·깔목 등을 사용하여 밑둥잡이를 설치하는 등의 조치를 할 것
2. 강관의 접속부 또는 교차부(交叉部)는 적합한 부속철물을 사용하여 접속하거나 단단히 묶을 것
3. 교차 가새로 보강할 것
4. 외줄비계·쌍줄비계 또는 돌출비계에 대해서는 다음 각 목에서 정하는 바에 따라 벽 이음 및 버팀을 설치할 것. 다만, 창틀의 부착 또는 벽면의 완성 등의 작업을 위하여 벽이음 또는 버팀을 제거하는 경우, 그 밖에 작업의 필요상 부득이한 경우로서 해당 벽이음 또는 버팀 대신 비계기둥 또는 띠장에 사재(斜材)를 설치하는 등 비계가 넘어지는 것을 방지하기 위한 조치를 한 경우에는 그러하지 아니하다.
   가. 강관비계의 조립 간격은 별표 5의 기준에 적합하도록 할 것
   나. 강관·통나무 등의 재료를 사용하여 견고한 것으로 할 것
   다. 인장재(引張材)와 압축재로 구성된 경우에는 인장재와 압축재의 간격을 1 m 이내로 할 것
5. 가공전로(架空電路)에 근접하여 비계를 설치하는 경우에는 가공전로를 이설(移設)하거나 가공전로에 절연용 방호구를 장착하는 등 가공전로와의 접촉을 방지하기 위한 조치를 할 것

▶ 제60조(강관비계의 구조)

• 사업주는 강관을 사용하여 비계를 구성하는 경우 다음 각호의 사항을 준수하여야 한다.

1. 비계기둥의 간격은 띠장 방향에서는 1.85 m 이하, 장선(長線) 방향에서는 1.5 m 이하로 할 것. 다만, 선박 및 보트 건조작업의 경우 안전성에 대한 구조검토를 실시하고 조립도를 작성하면 띠장 방향 및 장선 방향으로 각각 2.7 m 이하로 할 수 있다.
2. 띠장 간격은 2.0 m 이하로 할 것. 다만, 작업의 성질상 이를 준수하기가 곤란하여 쌍기둥틀 등에 의하여 해당 부분을 보강한 경우에는 그러하지 아니하다.
3. 비계기둥의 제일 윗부분으로부터 31 m 되는 지점 밑부분의 비계기둥은 2개의 강관으로 묶어 세울 것. 다만, 브라켓(bracket, 까치발) 등으로 보강하여 2개의 강관으로 묶을 경우 이상의 강도가 유지되는 경우에는 그러하지 아니하다.
4. 비계기둥 간의 적재하중은 400 kg을 초과하지 않도록 할 것

	▶ 제61조(강관의 강도 식별) • 사업주는 바깥지름 및 두께가 같거나 유사하면서 강도가 다른 강관을 같은 사업장에서 사용하는 경우 강관에 색 또는 기호를 표시하는 등 강관의 강도를 알아볼 수 있는 조치를 하여야 한다. ▶ 제62조(강관틀비계) • 사업주는 강관틀 비계를 조립하여 사용하는 경우 다음 각호의 사항을 준수하여야 한다. 1. 비계기둥의 밑둥에는 밑받침 철물을 사용하여야 하며 밑받침에 고저차(高低差)가 있는 경우에는 조절형 밑받침 철물을 사용하여 각각의 강관틀 비계가 항상 수평 및 수직을 유지하도록 할 것 2. 높이가 20 m를 초과하거나 중량물의 적재를 수반하는 작업을 할 경우에는 주틀 간의 간격을 1.8 m 이하로 할 것 3. 주틀 간에 교차 가새를 설치하고 최상층 및 5층 이내마다 수평재를 설치할 것 4. 수직방향으로 6 m, 수평방향으로 8 m 이내마다 벽 이음을 할 것 5. 길이가 띠장 방향으로 4 m 이하이고 높이가 10 m를 초과하는 경우에는 10 m 이내마다 띠장 방향으로 버팀기둥을 설치할 것
제6절 시스템 비계	▶ 제69조(시스템 비계의 구조) • 사업주는 시스템 비계를 사용하여 비계를 구성하는 경우에 다음 각호의 사항을 준수하여야 한다. 1. 수직재·수평재·가새재를 견고하게 연결하는 구조가 되도록 할 것 2. 비계 밑단의 수직재와 받침철물은 밀착되도록 설치하고, 수직재와 받침철물의 연결부의 겹침 길이는 받침철물 전체 길이의 3분의 1 이상이 되도록 할 것 3. 수평재는 수직재와 직각으로 설치하여야 하며, 체결 후 흔들림이 없도록 견고하게 설치할 것 4. 수직재와 수직재의 연결철물은 이탈되지 않도록 견고한 구조로 할 것 5. 벽 연결재의 설치 간격은 제조사가 정한 기준에 따라 설치할 것 ▶ 제70조(시스템 비계의 조립 작업 시 준수사항) • 사업주는 시스템 비계를 조립 작업하는 경우 다음 각호의 사항을 준수하여야 한다. 1. 비계 기둥의 밑둥에는 밑받침 철물을 사용하여야 하며, 밑받침에 고저차가 있는 경우에는 조절형 밑받침 철물을 사용하여 시스템 비계가 항상 수평 및 수직을 유지하도록 할 것 2. 경사진 바닥에 설치하는 경우에는 피벗형 받침 철물 또는 쐐기 등을 사용하여 밑받침 철물의 바닥면이 수평을 유지하도록 할 것 3. 가공전로에 근접하여 비계를 설치하는 경우에는 가공전로를 이설하거나 가공전로에 절연용 방호구를 설치하는 등 가공전로와의 접촉을 방지하기 위하여 필요한 조치를 할 것 4. 비계 내에서 근로자가 상하 또는 좌우로 이동하는 경우에는 반드시 지정된 통로를 이용하도록 주지시킬 것 5. 비계 작업 근로자는 같은 수직면상의 위와 아래 동시 작업을 금지할 것 6. 작업발판에는 제조사가 정한 최대적재하중을 초과하여 적재해서는 아니 되며, 최대적재하중이 표기된 표지판을 부착하고 근로자에게 주지시키도록 할 것

9.2 비계공사 일반사항(KCS 21 60 05)의 시스템 비계 시공

국가건설기준인 비계공사 일반사항(KCS 21 60 05)에서 정하고 있는 내용은 다음과 같다.

가설구조물 점검 전에 아래 표와 같이 제출된 공종별 시공계획서, 시공상세도, 비계 구조계산서, 안전관리계획서, 품질 및 환경관리계획서, 공급원 승인요청서 등의 적정 여부를 점검하여야 한다.

표 4.44 국가건설기준인 비계공사 일반사항(KCS 21 60 05)의 사전 제출물

<table>
<tr><th colspan="2">국가건설기준인 비계공사 일반사항(KCS 21 60 05)의 제출물</th></tr>
<tr><th colspan="2">1.4 제출물</th></tr>
<tr><td>1.4
제출물</td><td>▸1.4.1 공종별 시공계획서
(1) 비계의 조립·해체계획
(2) 지반의 침하방지 조치계획
(3) 과적재 하중에 대한 안전대책
(4) 안전시설 설치계획
(5) 로프의 결속방법, 별도의 구명줄 설치계획

▸1.4.2 시공상세도
(1) 수급인은 시공 전에 시공도면을 제출하여 공사감독자에게 승인을 받아야 한다.
(2) 시공상세도에는 다음 사항이 포함되어야 한다.
① 관련된 상세를 포함한 비계 설치방법
② 사용재료에 대한 안전인증서
③ 공인시험기관의 시험성적서
④ 비계, 결속재료 등의 시공상세도
⑤ 구조계산서

▸1.4.3 비계 구조계산서
(1) 높이 31 m 이상인 비계구조물 및 그 밖의 발주자 또는 인·허가기관의 장이 필요하다고 인정한 구조물에 대해서는 건설기술진흥법 시행령 제101조의2제1항에 따라 시공 전 수급인은 관계전문가로부터 구조적 안전성을 확인받아야 한다.

▸1.4.4 안전관리계획서
(1) 안전관리계획서는 KCS 21 10 00에 따른다.

▸1.4.5 품질 및 환경관리계획서
(1) 비계는 납품자의 제품자료 및 설치요령서, 품질시험 성적서를 제출하여야 한다.
(2) 공사 시 발생하는 소음, 진동 등 자연훼손이 예상될 경우에는 이에 대한 보호시설과 건설 폐기물 처리 등의 환경보호 시설계획을 수립하여 제출하여야 한다.</td></tr>
</table>

	▸1.4.6 공급원 승인요청서 (1) 공급원 승인요청 서류는 품질문서에 따라 제출서류를 준비하여야 한다. 다만, 제품의 선정을 위하여 필요하지 않은 사항에 대하여는 공사감독자와 협의하여 생략할 수 있다. (2) 설계도서 및 현장 여건이 제품설치 등에 적합하지 않을 경우에는 자재의 설치 등을 위하여 필요한 설계도서 및 현장 여건의 조정 요구사항을 제출하여야 한다. (3) 산업표준화법에 의한 한국산업표준(KS) 인증품에 대하여 자재 사용을 보고하고 사용할 수 있다.

국가건설기준인 비계공사 일반사항(KCS 21 60 05)에서 시공과 관련하여 정하고 있는 내용은 다음과 같다. 국가건설기준[23]은 시설물의 안전·품질 및 공사비와 직결되는 국가의 주요 지적자산으로 설계자, 시공자 등이 꼭 준수해야 하는 기준이다. 광의적인 의미에서 법적 구속력을 가진 것으로 판단된다.

점검자는 비계공사 일반사항(KCS 21 60 05)에 따라 지반과 벽 이음 등을 점검하여야 한다. 일부 내용은 산업안전보건기준에 관한 규칙의 내용과 거의 유사한 부분이 있다. 시스템 비계와 강관비계 등의 비계류에 대한 점검내용은 거의 동일하다.

표 4.45 국가건설기준인 비계공사 일반사항(KCS 21 60 05)의 비계 시공

국가건설기준인 비계공사 일반사항(KCS 21 60 05)의 비계 시공	
3. 시공	
3. 시공	▸3.1 일반사항 (1) 비계 조립 및 해체작업을 하는 근로자는 산업안전보건법 제47조 및 유해・위험작업의 취업 제한에 관한 규칙에 의하여 기능습득 교육을 받은 자 또는 동등 이상의 자격을 갖춘 자이어야 한다. (2) 비계 및 작업발판은 공종별 시공계획서 및 시공상세도에 따라 시공하여야 한다.

23) 설계기준(Korea Design Standard, KDS)은 건설기술용역업자가 설계기준을 충족 못 할 경우 건설기술진흥법령에 따라 불이익이 작용한다는 점을 고려해 볼 때 설계기준은 단순한 업무지침으로 보기 어렵고 건설기술용역사업을 수행 할 때 준수해야하는 기준으로 보는 것이 타당하다. 표준시방서(Korea Construction Specification)는 건설기술진흥법 시행령 제 65조 제 6항에서 "표준시방서는 시설물의 안전 및 공사시행의 적정성과 품질 확보 등을 위하여 시설물 별로 전한 표준적인 시공기준으로서 발주청 또는 건설기술용역업자가 공사시방서를 작성할 때 활용하기 위한 시공기준으로 한다."라고 정의하고 있다. 공사시방서 내 표준시방서가 거의 그대로 준용되는 점을 고려할 때, 건설기술용역사업을 수행할 때 준수해야 하는 기준으로 보는 것이 타당하다.

(3) 비계 조립 전에 구조, 강도, 기능 및 재료 등에 결함이 없는지 면밀히 검토하여야 하며, 시공상세도에 따라 설치하여야 한다.
(4) 비계 및 작업발판은 공사의 종류, 규모, 장소 등에 따라 적합한 재료 및 방법으로 견고하게 설치하고 유지관리에 주의하여야 한다.
(5) 작업발판, 통로 및 계단에는 근로자가 안전하게 통행할 수 있도록 75 lux 이상의 채광 또는 조명시설을 하거나, 근로자로 하여금 휴대용 조명기구를 사용하도록 하여야 한다.
(6) 설계 시에 고려된 경우를 제외하고, 사용 중이거나 작업 중일 때에는 비계를 수평으로 이동하거나 변경하지 않아야 한다.
(7) 가설전선에 근접하여 비계를 설치하는 때에는 가설전선을 이설하거나 가설전선에 절연용 방호구를 장착하는 등 가설전선과의 접촉을 방지하기 위한 조치를 하여야 한다.
(8) 해빙 시의 대책을 수립하여 공사감독자의 승인을 받지 않는 한, 동결지반 위에는 비계를 설치하지 않아야 한다.
(9) 비계의 도괴방지와 비계기둥의 좌굴 보강을 위하여 벽이나 구조물에 벽 연결철물로 고정시켜야 한다.
(10) 작업상 부득이하게 일부의 부재를 제거할 때에는 제거한 상태의 비계 성능이 현저하게 저하되지 않는 것을 사전에 확인하여야 하며, 작업을 종료한 후에는 반드시 원상복구를 하여야 한다.
(11) 작업발판에는 최대 적재하중을 정하고 이를 초과하여 적재하지 않아야 하며, 최대 적재하중을 근로자에게 알려야 한다.
(12) 비계 해체작업은 공사감독자의 승인을 받은 후 관리감독자의 지휘 하에 작업하여야 한다.
(13) 해체 시기·범위 및 절차를 근로자에게 교육하여야 한다.
(14) 해체작업 구역 내에는 당해 작업에 종사하는 근로자 및 관련자 이외에는 출입을 금지시켜야 한다.
(15) 비·눈 그 밖의 기상상태의 불안정으로 인하여 날씨가 몹시 나쁠 때에는 해체작업을 중지하여야 한다.

▸3.2 지반

(1) 지반은 비계가 설치되어 있는 동안에 전체 비계 구조물을 지지할 수 있어야 한다.
(2) 콘크리트, 강재 표면 및 단단한 아스팔트 등과 같은 지반은 깔목을 설치하지 않은 상태에서 받침 철물만을 사용하여 지지할 수 있다.
(3) 연약지반은 비계기둥이 침하하지 않도록 다지고 두께 45 mm 이상의 깔목을 소요폭 이상으로 설치하거나 콘크리트를 타설한다.
(4) 비계기둥 3개 이상을 밑둥잡이로 연결하여야 한다. 다만, 받침 철물을 바닥에 고정했을 때에는 밑둥잡이를 생략할 수 있다.
(5) 경사진 지반의 경우에는 피벗형 받침 철물을 사용하거나 수평을 유지하여야 한다.

▸3.3 벽 이음재

(1) 벽 이음재는 비계가 풍하중 및 수평하중에 의해 영구 구조체의 내·외측으로 움직임을 방지하기 위해 설치하는 부재로써, 간격은 벽 이음재의 성능과 작용하중에 의해 결정하여야 한다.
(2) 벽 이음재는 수직재와 수평재의 교차부에서 비계면에 대하여 직각이 되도록 하여 수직재에

설치한다.

(3) 벽 이음재는 전체를 한 번에 풀지 않고, 부분적으로 순서에 맞게 풀어야 한다. 특히, 거푸집 조립 시에는 1개 층씩 필요한 부분만 풀고, 작업을 완료한 이후에 즉시 재설치한다.
(4) 띠장에 부착된 벽 이음재는 비계기둥으로부터 300 mm 이내에 부착하여야 한다.
(5) 벽 이음재로 사용되는 앵커는 비계 구조체가 해체될 때까지 남겨두어야 하며, 앵커를 설치하는 근로자는 납품자의 지침에 따라 시공하여야 한다.
(6) 벽 이음재의 배치는 보호망의 설치 유무와 벽 이음재의 종류를 고려하여야 한다. 특히, 보호망이 설치된 비계의 경우에는 풍하중에 대한 벽 이음재 배치에 대해 주의하여야 한다.
(7) 벽 이음재는 결속에 필요한 요구조건과 영구 구조체면의 특성을 고려하여 다음 사항에 적합한 것을 선정하여 사용하여야 한다.
   ① 박스형 벽 이음재(box ties) : 건물의 기둥과 같은 부재에 강관과 클램프를 사용하여 사각형 형태로 결속하는 방식
   ② 립형 벽 이음재(lip ties) : 박스형 벽 이음재 설치가 불가능한 경우 건물 전면의 형상과 조건에 따라 강관과 클램프를 갈고리 형태로 조립하여 건물에 결속하는 방식
   ③ 관통형 벽 이음재(through ties) : 건물 개구부 내부의 바닥 및 천정에 지지되도록 설치된 강관 또는 강제 파이프 서포트에 개구부를 가로지르는 강관을 클램프로 결속하는 방식
   ④ 창틀용 벽 이음재(reveal ties) : 건물 전면에 앵커를 설치할 수 없는 경우, 건물 구조물의 성능을 확인 할 수 없는 경우, 또는 창틀 등의 개구부에 강관과 클램프로 벽 이음을 할 수 없는 경우에 사용하는 방식으로 마주 보는 창틀면에 강관, 쐐기 또는 잭 등을 사용하여 지지한 후에 비계 구조물에 결속하는 방식

▸ 3.4 안전난간

(1) 추락의 위험이 있는 곳에는 높이가 0.9 m 이상인 안전난간을 설치하고, 각 부재의 연결부는 쉽게 탈락 및 변형되지 않도록 설치하여야 하며, 중간 난간대는 상부 난간대와 바닥면의 중간에 설치하여야 한다. 다만, 높이가 1.2 m를 초과하는 경우에는 수평난간대 간의 간격이 0.6 m 이하가 되도록 중간 난간대를 추가로 설치하여야 한다.
(2) 안전난간의 설치가 곤란한 곳에서는 추락 방호망을 설치하여야 한다.
(3) 안전난간은 예상되는 수평하중 및 충격하중에 대하여 저항할 수 있도록 설치하여야 한다.
(4) 안전난간과 작업발판 사이에는 재료, 기구 또는 공구 등이 떨어지는 것을 방지할 수 있도록 발끝막이판을 설치하여야 한다. 다만, KCS 21 70 15에서 낙하물 방지망 설치 등의 경우처럼 예외로 한 경우에는 발끝막이판을 설치하지 않을 수 있다.

▸ 3.5 해체 및 철거

(1) 해체 및 철거는 시공의 역순으로 진행하여야 한다.
(2) 해체 착수 전에 비계에 결함이 발생했을 경우에는 정상적인 상태로 복구한 후에 해체하여야 한다. 특히, 벽 이음재와 가새는 반드시 확인하여야 한다.
(3) 해체는 규칙적이고 계획적으로 진행되어야 하며, 수평부재부터 차례로 해체하여야 한다.
(4) 해체 및 철거 시에는 도괴, 낙하, 추락 등의 방지를 위한 조치를 취하여야 한다.
(5) 모든 분리된 부재와 이음재는 비계로부터 떨어뜨리지 말고 내려야 하며, 아직 분해되지 않은 비계부분은 안정성이 유지되도록 작업하여야 한다.

(6) 해체된 부재들은 비계 위에 적재해서는 안 되며, 해체된 부재들은 지정된 위치에 보관하여야 한다.
(7) 벽 이음재는 가능하면 나중에 해체한다. 특히 안전시설이 설치되어 있는 비계에서는 벽 이음재 등의 해체에 주의하여야 하며, 필요에 따라서는 보조장치를 한 후에 해체한다.
(8) 비계를 해체할 경우에는 다음 사항에 주의하여야 한다.
① 모든 벽 이음재를 한 번에 제거하지 말 것
② 모든 가새를 먼저 제거하지 말 것
③ 모든 중간매개체와 발판 끝의 장선을 제거하지 말 것
④ 모든 중간 난간대를 한 번에 제거하지 말 것
(9) 해체된 비계 부재를 취급하거나 보조장치를 설치할 경우에는 건물의 마감에 손상을 주지 않도록 하여야 한다.
(10) 비계기둥의 이음부에서 비계기둥, 띠장 등을 해체할 경우에는 이음 위치와 해체 순서를 확인한다.
(11) 공사가 완료될 때까지는 모든 공사용 비계를 철거하여야 한다.

▶ 3.6 현장 품질관리

3.6.1 일반사항
(1) 비계에서의 작업을 개시하기 전에, 검사표를 사용해 검사하고, 불량 혹은 이상이 발견되었을 경우에는 즉시 보수 및 교체하여야 한다.

3.6.2 정기 검사
(1) 비계기둥의 좌굴 여부 및 수직도를 확인한다.
(2) 비계 각 부분의 접속부, 교차부 결합 상태 및 클램프의 조임 상태를 확인한다.
(3) 비계에 설치된 각종 망의 결합 상태를 확인한다.
(4) 작업발판에 최대 적재하중을 초과하는지 여부를 확인한다.
(5) 안전난간 및 작업발판의 탈락 여부를 확인한다.

3.6.3 조립 전·후의 검사
(1) 재료가 규격에 적합한지를 확인한다.
(2) 재료에 녹, 변형 또는 손상 등에 의한 결점이 없는지를 확인한다.
(3) 비계의 설치가 시공상세도에 따라 적합하게 되었는지를 검사한다.
(4) 비계의 기초는 침하를 일으키지 않도록 조치하였는지를 확인한다.
(5) 비계 재료의 결합 상태 및 조임 상태를 확인한다.
(6) 비계는 거푸집과 접촉되어 시공되었는지를 확인한다.

3.6.4 악천후 시의 검사
(1) 악천후 전의 검사
① 강풍 주의보가 나온 경우는 즉시 벽 이음재나 버팀목 등의 상황을 점검하고, 필요에 따라 비계의 경사, 무너짐이나 재료의 흩어짐을 방지하는 조치를 한다.
② 비계에 설치된 추락 방호망, 수직 보호망 및 작업발판 등은 해체하거나, 풍하중에 대하여 안전하도록 보강한다.

③ 벽이음재나 비계의 구성부재가 소정의 위치에 확실하게 설치되어 있는지를 확인하고 필요에 따라 버팀목등으로 보강한다.

(2) 악천후 후의 검사

① 비계 위에 떨어져 있는 자재나 공구 등의 유무를 확인한다.
② 전선 등이 걸려 있는지를 확인한다.
③ 작업발판 등이 날리거나, 어긋나 있는지를 확인한다.
④ 비계기둥이 놓여진 밑면에 미끄러짐이나, 미끄러짐의 우려가 있는지를 확인한다.
⑤ 벽 이음재나 클램프 등이 이완되거나 어긋남이 없는지를 확인한다.
⑥ 안전난간 등의 탈락 유무를 확인한다.
⑦ 비계기둥이 침하되었는지를 확인한다.
⑧ 각 부재들의 손상, 설치 및 결함 상태를 확인한다.

9.3 건설공사 안전관리 업무지침에 따른 시공 평가표

건설공사 안전관리 업무 수행지침(국토교통부 고시 제2019-769호)의 [별표 14] 시공자 안전관리 수준 평가표(체크리스트)에 따르면 가설구조물 관련 내용은 다음과 같다.

점검자는 현장 점검시에 아래 표를 참조하여 시공상세도가 계산서와 일치하는지 여부를 확인하고, 시공상세도의 설치상태로 설치되어 있는지 확인하여야 한다.

재료 측면에서는 사용 가설기자재(안전인증을 받은 혹은 받지 않은 자재 모두 포함)의 관리상태와 사용상태를 확인하고 불량 가설기자재 폐기(자율폐기)기준을 준수하고 있는지 확인하여야 한다.

표 4.46 건설공사 안전관리 업무지침의 시공자 안전관리 수준평가표

건설공사 안전관리 업무 수행지침(국토교통부 고시 제2019-769호)

[별표 14] 시공자 안전관리 수준 평가표(체크리스트)

본사

▸본사 : D. 유해위험 요인 제거 활동(Technical Part)(10)

평가항목			세부기준 및 방법 (배점)	여부	점수	비고
대분류(배점)	중분류(배점)	소분류(배점)				
D. 유해위험 요인 제거 활동 (Technical Part)(10)	2. 가설구조물 안전성 확보 지원 (5)	2.1 안전 전담 부서 또는 관련 부서(기술부서 등)의 현장 지원 시스템 (2)	가설 구조물(구조물공사, 굴착공사 등)의 구조 안전성을 기술적으로 지원할 시스템을 갖추고 있는가? (2)			
		2.2 현장 지원 실적 (3)	가설 구조물(구조물공사, 굴착공사 등)의 안전성 확보를 위해 기술지원을 수행하고 있는가? (3)			

▸현장 : D. 유해위험 요인 제거(Technical Part)(33)

<table>
<tr><th colspan="3">평가항목</th><th rowspan="2">세부기준 및 방법
(배점)</th><th rowspan="2">여부</th><th rowspan="2">점수</th><th rowspan="2">비고</th></tr>
<tr><th>대분류
(배점)</th><th>중분류
(배점)</th><th>소분류
(배점)</th></tr>
<tr><td rowspan="10">D. 유해위험 요인 제거 (Technical Part) (33)</td><td rowspan="6">2.
가설구조물 안전성 확보 지원 (10)</td><td>2.1 계획 및 기준에 따른 검토 결과의 적절성 (2)</td><td>가설 구조물이 현장 조건에 맞게 계획 및 설계되었는지 확인하고 기록·관리되고 있는가? (2)</td><td></td><td></td><td></td></tr>
<tr><td rowspan="5">2.2 시공상세도, 작업절차서 등 관련 서류와 시공 일치도 확인 실적 (8)</td><td>시공상세도가 계산서와 일치하는지 확인하고, 기록·관리하고 있는가? (2)</td><td></td><td></td><td></td></tr>
<tr><td>시공상세도가 설치상태와 일치하는지 확인하고, 기록·관리하고 있는가? (2)</td><td></td><td></td><td></td></tr>
<tr><td>작업절차서에 따라 시공되었는지 확인하고, 기록·관리하고 있는가? (2)</td><td></td><td></td><td></td></tr>
<tr><td>가설 구조물 해체 순서와 안전성에 대해 검토하고 기록·관리하고 있는가? (2)</td><td></td><td></td><td></td></tr>
<tr style="display:none"></tr>
<tr><td rowspan="4">3.
안전시설 (8)</td><td rowspan="2">3.1 설치 기준에 적합한 안전시설 설치 (4)</td><td>안전시설 설치 계획 및 설치 절차를 문서화하고 기록·관리하고 있는가? (2)</td><td></td><td></td><td></td></tr>
<tr><td>안전시설 설치 절차에 따라 실시되어 있는가? (2)</td><td></td><td></td><td></td></tr>
<tr><td rowspan="2">3.2 사용 가설 자재의 관리도 (4)</td><td>검정 받은 가설재를 사용하는지 확인·기록·관리하고 있는가? (2)</td><td></td><td></td><td></td></tr>
<tr><td>사용 가설재(검증을 받은 혹은 받지 않은 자재 모두 포함)의 관리 상태를 확인하고 불량 가설재 폐기(자율폐기)기준을 준수하고 있는가? (2)</td><td></td><td></td><td></td></tr>
</table>

9.4 건설공사 안전관리 업무 매뉴얼의 주요 검토항목

1) 건설공사 안전관리 업무 매뉴얼의 주요 검토항목

건설공사 안전관리 업무 매뉴얼(국토교통부, 2014,12)에서는 취약공종 안전관리업무에서 가시설공에 대한 안전관리를 정하고 있지만 주로 거푸집·동바리와 흙막이 공사를 위주로 정하고 있고 시스템 비계나 강관비계에 대해서는 언급이 없다.

그래도 다행히 부록 1의 안전관리계획서의 공사별 주요 검토항목에서 일부 공종별 점검항목에서 일부 내용을 다루고 있다.

표 4.47 건설공사 안전관리 업무 매뉴얼의 주요 검토항목

<table>
<tr><th colspan="4">건설공사 안전관리 업무 매뉴얼의 주요 검토항목</th></tr>
<tr><th colspan="4">부록 Ⅰ: 안전관리계획서의 공사별 주요 검토항목</th></tr>
<tr><td rowspan="3">건축
공사</td><td colspan="3">▸부록 Ⅰ: 안전관리계획서의 공사별 주요 검토항목</td></tr>
<tr><td>공종구분</td><td>공종별 점검항목</td><td>비고</td></tr>
<tr><td>1. 가설공사</td><td>• 가설구조물의 재료 및 설치상태
• 비계 안전성
• 가설물 및 기계설비등 배치의 적정 여부</td><td></td></tr>
</table>

또한 부록 Ⅱ 자체 및 정기안전점검표에서 가설공사에 대하여 자체 안전점검표와 정기안전점검표를 제시하고 있다.

점검 내용은 산업안전보건기준에 관한 규칙의 내용으로 이루어져 있다. 시스템 비계에 대한 구체적인 점검항목은 없다.

표 4.48 건설공사 안전관리 업무 매뉴얼의 주요 검토항목

건설공사 안전관리 업무 매뉴얼의 주요 검토항목
부록 II 자체 및 정기안전점검표

가설공사

▸부록 II 자체안전점검표

구분		점검사항	점검결과	조치사항
1. 가설비계	(1) 강관비계	강관 및 부속철물은 KS규격에 합당한 것인가?		
		강관은 외력에 의한 균열, 뒤틀림 등의 변형 및 부식은 없는가?		
		각부에는 깔판, 깔목 등을 사용하고 밑둥잡이를 설치하였는가?		
		비계기둥 간격은 보방향 1.5~1.8 m, 간사이 방향 1.5 m 이하로 하였는가?		
		지상에서 첫 번째 띠장은 높이 2 m 이하의 위치에 설치하였는가?		
		띠장 및 장선은 1.5 m 이하 간격으로 설치하였는가?		
		비계기둥의 적재하중은 400 kg 이하로 하였는가?		
		비계기둥의 최고부로부터 31 m 되는 지점의 밑부분은 2본의 강관으로 묶어 세웠는가?		
		구조체와 수직·수평으로 5 m 이내마다 견고히 연결하였는가?		
		기둥간격 10 m마다 45집 각도의 처마방향 가새를 설치하였으며, 가새에 접속되지 않은 기둥은 없는가?		
		지주, 띠장, 수평재, 가새 등의 접합은 전용철물(꺽쇠, 보울트 등)을 사용하였는가?		
		지주나 띠장의 이음은 동일 직선상에 오지 않도록 하였는가?		
		벽이음이 인장재와 압축재로 구성되어 있을 때에는 그 간격을 1.0 m 이내로 하였는가?		
		작업발판의 설치가 필요한 경우에는 쌍줄비계로 하였는가?		
		다음 사항을 수시로 점검하는가? • 비계발판의 손상이나 위험하게 돌출된 곳은 없는가? • 지주, 수평재, 띠장의 긴결상태가 이완된 곳은 없는가? • 벽이음이나 연결대가 풀어진 곳은 없는가? • 지주가 침하하였거나, 미끄러진 곳은 없는가?		
	(2) 틀비계	부재에 외력에 의한 변형 또는 불량품은 없는가?		
		전체 높이가 20 m를 초과할 때는 주틀의 높이를 2 m 이내로 하고, 주틀 간의 간격은 1.8 m 이하로 하였는가?		
		주틀간의 교차 가새를 설치하고, 최상층과 5층 이내마다 수평재를 설치하였는가?		

		구조체와 수직 6 m, 수평 8 m 이내마다 견고히 연결하였는가?		
		밑받침을 설치하고, 고저차가 있을 때는 조절형 받침을 설치 수평·수직을 유지시켰는가?		
		각 부재, 프레트 등의 연결핀, 접합철물 또는 고정핀은 완전히 조였는가?		
		벽이음이 인장재와 압축재로 구성되어 있을 때에는 그 간격을 1 m 이내로 하였는가?		
		띠장 방향으로 길이가 4 m 이하이고, 높이 10 m를 초과하는 경우 높이 10 m 이내마다 띠장방향으로 버팀 기둥을 설치하였는가?		
		다음 사항은 수시로 점검하는가? • 지주의 지지물이나 각 부재의 이음 부분이 풀려있지 않은가? • 지주와 수평강관 그리고 가새의 이음 부분에 변형은 없는가? • 벽이음이나 연결대가 풀린 곳은 없는가? • 지주가 침하하거나 미끄러진 곳은 없는가?		
	(3) 달비계	결속선은 #8 또는 #10 철선으로서 새것을 사용하였는가?		
		다음에 해당하는 달기 와이어 로프를 사용하지 않는가? • 한 가닥에서 소선(필러선은 제외한다)의 수가 10% 이상 절단된 것 • 지름의 감소가 공칭지름의 7%를 넘는 것 • 현저한 변형이나 부식된 것		
		다음에 해당하는 달기 체인을 사용하지 않는가? • 길이가 제조 당시 보다 5% 이상 늘어난 것 • 고리의 단면 직경이 10% 이상 감소된 것		
		달기 와이어 로프 및 달기 강선의 안전율은 10 이상, 달기 체인 및 달기 후크의 안전율은 5 이상으로 설치하였는가?		
		권상기에는 제동장치를 설치하였는가?		
		와이어 로프 일단은 콘크리트 구조물, 앵커 또는 권상기에 2개소 이상 묶어 결속하였는가?		
	(4) 이동식 비계	비계에 사용된 강관은 KS규격에 합당하고, 부식, 균열, 변형 등이 없는 것으로 하였는가?		
		비계의 최대 높이는 밑변 최소 폭의 4배 이하로 설치하였는가?		
		비계의 일부를 건물에 체결하여 이동, 전도 등을 방지하였는가?		
		최대 적재하중 및 사용 책임자를 명시하였는가?		
		부재의 접속부, 교차부는 확실하게 연결하였는가?		
		최상층 및 5층 이내마다 수평재를 설치하였는가?		

	2. 가설 통로	(1) 가설 경사로	비탈면의 경사각은 30도 이내로 하고 미끄럼 방지 조치를 하였는가?		
			목재는 미송·육송 또는 동등 이상의 재질을 가진 것과, 철재는 6 mm 이상의 철판을 바닥판으로 사용하였는가?		
			경사로 지지기둥은 3 m 이내마다 설치하였는가?		
			경사로의 폭은 최소 90 cm 이상으로 하고 높이 7 m마다 계단참을 설치하였는가?		
		(2) 가설 계단	가설계단은 1단의 높이가 22 cm, 너비 25~30 cm를 표준으로 설치하였는가?		
			계단의 폭을 옥내에서 75 cm 이상, 옥외에서는 60 cm 이상으로 하였는가?		
			지주 및 난간기둥 간격은 120~150 cm로 적당하며 적절한 조명설비를 갖추었는가?		
			높이 7 m 이내마다 계단참을 설치하였는가?		
			계단 및 계단참은 500 kg/m^2 이상의 하중에 견딜 수 있는 강도로 설치하였는가?		
		(3) 작업 발판	발판 1개는 폭 40 cm 이상, 두께 3.5 cm 이상, 길이 3.6 m 이하의 것을 사용하였는가?		
			최대적재하중(400 kg 이하), 위험경고 및 지지판을 부착하였는가?		
			작업발판 폭은 40 cm 이상, 간격 3 cm 이하로 발판 1개당 2개소 이상 지지하였는가?		
			이음부는 발판간에 20 cm 이상 겹치고 중앙부는 장선 위에 고정하였는가?		
			작업발판의 최대 폭은 1.6 m 이내인가?		
	4. 낙하물 방지	(1) 방호 철망	철망호칭 #13 내지 #16의 것, 또는 아연 도금한 철선 0.9 mm 이상의 것을 사용하였는가?		
			15 cm 이상 겹쳐 대고 60 cm 이내의 간격으로 긴결하여 틈이 생기지 않도록 하였는가?		
		(2) 방호 시트	재료의 인장강도와 신율의 곱이 500 kg·mm 이상인 것을 사용하였는가?		
			방호시트 둘레 및 모서리를 잡아매는 멍에는 천을 덧대거나 기타의 방법으로 보강하였는가?		
			단열처리를 한 재료를 사용하였는가?		
			구조체와 45 cm 이하의 간격으로 틈새가 없도록 설치하고 시트 상호간에도 틈새가 없도록 하였는가?		

(3) 방호 선반	시공하는 부분의 높이가 20 m 이하의 높이일 때는 2단 이상으로 설치하였는가?		
	비계 발판의 외측에서 2 m 이상 내밀고 수평면과 선반이 이루는 각도는 20° 내지 30° 정도로 하였는가?		
	선반 널은 두께 1.5 cm 이상의 나무판자 또는 이와 동등 이상의 효과가 있는 것을 사용한다.		

▸부록 II 정기안전점검표

구분	점검사항	점검 결과	조치 사항
1. 가설계획	가설공사 계획의 적정성		
	가설물의 형식과 배치계획의 작성 여부		
2. 비계 및 발판	비계용 자재의 규격과 상태		
	외부비계의 설치상태 (지주·띠장간격)		
	외부비계와 구조물과의 연결 상태		
	발판의 설치상태 (재질,틈,고정)		
	비계용 브라켓을 사용할 때 브라켓의 고정상태 및 강도		
	틀비계의 전도 방지 시설		
3. 낙하물 방지	낙하물 방지시설 재료의 규격과 상태		
	낙하물 방지망의 돌출길이 및 설치 각도		

2) 부록Ⅳ 건설공사 위험요소 체크리스트의 주요 검토항목

부록Ⅳ 건설공사 위험요소 체크리스트(교량, 터널, 하천, 건축)에서는 비계에 대한 내용이 언급되어 있다.

주로 그동안의 사고사례를 바탕으로 위험성 평가나 설계 안전성 검토(DFS) 단계에서 활용되었던 프로파일이 언급되어 있다.

표 4.49 부록 Ⅳ 건설공사 위험요소 체크리스트(교량, 터널, 하천, 건축)의 주요 검토항목

부록Ⅳ 건설공사 위험요소 체크리스트(교량, 터널, 하천, 건축)

▶ 교량공사 : 비계

Hazard	Risk			단계별 저감대책				관련기준
	물적	인적	S	설계	발주	시공	관리감독	
ACS폼 (고소) 인상	낙하 탈락	추락	M	•구조물별(공종별) 임시시설(비계, 거푸집, 동바리, 시스템동바리)의 설치 및 해체를 고려한 표준도 작성(구조계산 포함) •설계표준도에 따른 비계 및 지지구조의 상세도작성	•지지용 앵커의 규격, 근입깊이, 수량 등의 표준도, 상세도 적정성 여부 확인 •설계 표준도와 시공 순서 및 상세도의 적합성 검토 확인	•설계표준도에 따른 비계 및 지지구조의 상세도 작성 - 필요시 구조검토 •시공 순서 및 상세도 (As Built Dwg.)에 따른 시공계획서의 작성 및 준수 •비계의 고정 및 연결 상태 확인	•지지용 앵커의 규격, 근입 깊이, 수량 등의 표준도, 상세도 적정성 여부 확인 •설계 표준도와 시공 순서 및 상세도의 적합성 검토 확인 •시공계획서 확보 및 준수 상태 확인	•가설공사표준 시방서 •콘크리트표준 시방서
비계 (고소) 이동		추락	L	•시공상세도 작성 (구조검토서 포함) •설치, 해체 순서도 작성 - 표준도면을 참조하여 전체 시공 순서 및 상세도(As Built Dwg.) 작성 (구조계산서 포함) - 시공계획 수립 시 반영	•감독확인서검토 •설계 내용반영 여부 확인	•시공상세도 작성 (구조검토서 포함) •설치, 해체 순서도 작성 - 표준도면을 참조하여 전체시공 순서 및 상세도(As Built Dwg.) 작성(구조계산서 포함) - 시공계획 수립 시 반영 •환경적 영향(바람,눈,우천)을 고려한 가시설의 시공전검토가 필요하며 지역을 고려한 최악의 상황을 고려한 설치(필요시 구조계산서 포함)	•시공 순서 및 상세도의 적합성 검토 확인 •시공계획서 확보	•가설공사표준 시방서 •도로교 표준 시방서 •토목공사표준 일반 시방서
비계 (고소) 자재 이동	붕괴 구조 기준 미준수	추락	M	•고소위치에서 거푸집 해체에 대한 표준 시공순서도 설계 반영		•위치별, 상황별 시공 상세도(shop DWG.) 수립	•시공계획서의 적정성 확인 •설계 및 시공계획서의 준수 여부 확인	•콘크리트공사 표준시방서 •가설공사 표준 시방서
비계 (고소) 철거	붕괴 해체 작업 방법 및 순서 부적절	추락	H				•시공계획서의 적정성 확인 •설계 및 시공계획서의 준수 여부 확인	

비계 (달비계) 도장	낙하 로프 매듭 풀림							
비계 (달비계) 청소	낙하 탈락							
비계 (외부 쌍줄 비계) 이동		추락	M			•시공 전 작업자 안전 교육 철저	•안전교육 실시 여부의 확인 •보호장구의 지급·착용여부에 대한 일지 등에 대한 검토. •건설사업관리기술자 작업전 교육 및 보호구 착용 확인여부를 작업안전 적합성 검사 체크리스트를 이용하여 체크	•산업안전보건법 시행령 •가설공사 표준 시방서
비계 돌붙임 및 줄눈 설치	붕괴 벽 이음 일부 해체		H	•구조물별(공종별) 임시시설(비계, 거푸집, 동바리, 시스템동바리)의 설치 및 해체를 고려한 표준도 작성(구조계산 포함) •거푸집과 비계의 지지구조에 대한 별도의 안전설계(연결시 문제 발생이 연계됨) •설계표준도에 따른 비계 및 지지구조의 상세도 작성	•감독확인서검토 •설계 내용 반영 여부 확인	•설계 내용이 반영된 비계 및 지지구조의 상세도 작성 -필요시 구조검토 •시공 순서 및 상세도(As Built Dwg.)에 따른 시공계획서의 작성 및 준수	•시공 순서 및 상세도의 적합성 검토 확인 •시공계획 확보	•가설공사 표준 시방서
비계 (고소) 해체	전도 작업 발판 고정 철선 절단	추락	M	•구조물별(공종별) 표준도면(가시설도) 작성 •설치, 해체 순서도 작성	•감독확인서검토 •설계 내용반영 여부확인	•시공상세도 작성 (구조검토서포함) •설치, 해체 순서도 작성 - 표준도면을 참조하여 전체 시공 순서 및 상세도(As Built Dwg.)작성(구조계산서 포함) - 시공계획 수립 시 반영 •추락방지망 설치	•시공 순서 및 상세도 의적합성 검토 확인 •시공계획서 확보	•가설공사 표준 시방서 •도로교 표준 시방서 •토목공사표준 일반 시방서

비계 파이프 이동		전락	L			•작업 전 주요공정 관련 사전 안전교육(TBM)	•작업 전 산업안전보건법 제 33조제1항 제27호관련 특별안전교육 필히 실시 •작업 전 주요공정 관련 사전 안전교육(TBM) 운영방안 건설사업관리기술자 실시	•산업안전보건법 시행령
달비계 (고소) 수평 단차 확인	낙하 작업 발판을 범위 에서 인력 으로 인양	추락	M					
사다리 (고소)		추락	L	•사다리 사용표준 마련(높이, 등받이, 경사)		•작업 전 주요공정 관련 사전안전교육(TBM) •안전교육시 사다리 표준사용제원 교육		•산업안전보건법 시행령
시스템 비계 (고소) 정비	전도 비계 조립시 부재 누락	추락	H	•구조물별(공종별) 임시시설(비계, 거푸집, 동바리, 시스템동바리)의 설치 및 해체를 고려한 표준도 작성(구조계산 포함) •거푸집과 비계의 지지구조에 대한 별도의 안전설계	•감독확인서 검토 •설계 내용 반영 여부 확인	•설계표준도에 따른 비계 및 지지구조의 상세도 작성 -필요시 구조검토 •시공 순서 및 상세도(As Built Dwg.)에 따른 시공계획서의 작성 및 준수 •시공상세도를 작성하여 관리,성능검사 필증 및 반입시 외간 검사 •강관 Pipe 6M이용 X-브레싱 설치	•시공 순서 및 상세도의 적합성 검토 확인 •시공계획서 확보	•가설공사 표준 시방서 •콘크리트공사 표준시방서
이동식 비계 (고소) 이동	낙하 이동식 비계 조정 및 추진 방향 판단 미흡	충돌	H					

작업 발판 지지대 (이동식 비계) 설치	낙하 탈락	추락	M			•시공 전 작업자 안전교육 철저 •작업발판의 설치전 자재반입시 성능검사 및 외관감사 실시 재품안전성검사,주기적인 외관검사의 시행	•안전교육 실시 여부의 확인 •보호장구의 지급 -착용여부에 대한 일지등에 대한 검토.	•산업안전보건법 시행령 •가설공사 표준시방서
작업 발판		추락	L			•작업 전 주요공정 관련 사전 안전교육(TBM) •작업발판의 설치전 자재반입시 성능검사 및 외관감사 실시 재품안전성검사,주기적인 외관검사의 시행		•산업안전보건법 시행령
작업발판(비계)	낙하 탈락	추락	M	•가시설의 설치,해체순서도 작성	•감독확인서 검토 •시공 순서 및 상세도의 적합성 검토 확인	•위험작업 반경 내 안전팬스 및 접근차단 조치 시행 •가시설의 설치,해체순서도작성 - 표준도면을 참조하여 전체 시공 순서 및 상세도(As Built Dwg.)작성(구조계산서 포함) - 시공계획 수립 시 반영 •작업발판의 설치전 자재반입시 성능검사 및 외관감사 실시 재품안전성검사,주기적인 외관검사의 시행	•시공 순서 및 상세도의 적합성 검토 확인 •시공계획서 확보 •안전반경 확보 여부 및 안전시설물의 설치 적정성 확인	•가설공사 표준시방서 •콘크리트 표준시방서
작업 발판 (비계) 설치	파손	추락	M			•시공 전 작업자 안전교육 철저 •주기적 외관검사 실시	•안전교육 실시 여부의 확인 •보호장구의 지급 - 착용여부에 대한 일지 등에 대한 검토.	•산업안전보건법 시행령 •가설공사 표준시방서
작업 발판 (이동식 비계) 설치	낙하 탈락	추락	M	•구조물별(공종별) 임시시설(비계, 거푸집, 동바리, 시스템동바리)의 설치 및 해체를 고려한		•설계표준도에 따른 비계 및 지지구조의 상세도 작성 -필요시 구조검토 •시공 순서 및 상세도	•지지용 앵커의 규격, 근입깊이, 수량 등의 표준도, 상세도 적정성 여부 확인 •설계 표준도와 시공	•가설공사 표준시방서 •콘크리트 표준시방서

				표준도 작성(구조계산 포함) •거푸집과 비계의 지지구조에 대한 별도의 안전설계 •설계표준도에 따른 비계 및 지지구조의 상세도 작성		(As Built Dwg.)에 따른 시공계획서의 작성 및 준수 •설치위치의 확인 반입자재의 성능검사 확인	순서 및 상세도의 적합성 검토 확인 •시공계획서 확보 및 준수 상태 확인	
작업발판(이동식비계) 해체	전도 과하중 발생	추락	M	•구조물별(공종별) 임시시설(비계, 거푸집, 동바리, 시스템동바리)의 설치 및 해체를 고려한 표준도 작성(구조계산 포함) •거푸집과 비계의 지지구조에 대한 별도의 안전설계	•감독확인서 검토 •시공 순서 및 상세도의 적합성 검토 확인	•가시설의 설치,해체 순서도작성 - 표준도면을 참조하여 전체 시공 순서 및 상세도(As Built Dwg.) 작성(구조계산서 포함) - 시공계획 수립 시 반영 •안전교육 및 안전장구의 착용 여부 확인 •위치별 지반상태 확인 및 시공계획 반영 •설치 해체 공종의 시공전 안전교육의 시행	•시공 순서 및 상세도의적합성 검토 확인 •시공계획서 확보 •안전반경 확보 여부 및 안전시설물의 설치 적정성 확인	•가설공사 표준시방서 •콘크리트 표준시방서
고소작업대 정리	낙하 탈락	추락	H					
고소작업대 붐 와이어 제거	파손	추락	M	•고소작업대에 대한 표준도 작성(구조검토서 포함)	•시공계획서, 확인서 검토	•제원, 작업반경 등 안전성이 확보된 장비의 반입 •장비운용 계획(지지방법,안전팬스 확보거리, 추가적인 안전조치)를 시공계획에 반영 •주요장비 반입시 체크리스트를 통안 장비점검 후 시행	•건설장비 초기 현장 투입시 제조년 10년 이하 장비 사용 및 안전인증제 도입 •월1회 장비검사 인증기관 입회하 장비 점검실시 •장비운전원 특별안전교육 실시(2시간) •건설사업관리기술자 지휘감독하에 장비작업 실시 •산업안전보건법 시행규칙 제30조 4항에 관한 중량물, 하역계 및 차량계 운전 작업계획서 작업전 제출	•산업안전보건법 시행령 •가설공사 표준시방서 •기타 장비관련 공인 기술자료

고소 작업대 (받침대 연결부) 설치	낙하 장애물 충돌	추락	M			•시공 전 작업자 안전교육 철저	•안전교육 실시 여부의 확인 •보호장구의 지급, 착용여부에 대한 일지 등에 대한 검토.	
고소 작업대 붐 설치	파손	추락	M			•제원, 작업반경 등 안전성이 확보된 장비의 반입 •장비운용 계획(지지방법,안전팬스 확보거리, 추가적인 안전조치)를 시공계획에 반영		
고소 작업대 연결	전도 고소 작업대 설치 미흡	추락	M					•산업안전보건법 시행령 •가설공사 표준시방서 •기타 장비관련공인 기술자료
고소 작업대 인양	전도 지지용 로프 풀림	추락	M	•장비 신호수 반영		•제원, 작업반경 등 안전성이 확보된 장비의 반입 •장비운용 계획(지지방법, 안전팬스 확보거리, 추가적인 안전조치)를 시공계획에 반영 •사용 로프의 외관검사 시행 및 파단여부의 확인 주기적 로프점검 후 작업시행		

9.5 건설현장 비계작업안전 실무안내서의 점검항목

한국산업안전보건공단에서 발행한 건설현장 비계작업안전 실무 안내서에서는 시스템 비계의 조립기준과 안전점검 체크리스트를 정해놓고 있지만 법적인 강제사항은 없다. 내용 대부분도 산업안전보건기준에 관한 규칙에 있는 내용 위주로 구성되어 있다.

표 4.50 건설현장 비계작업안전 실무 안내서 점검항목

건설현장 비계작업안전 실무 안내서 점검항목	
안전기준	
안전기준	▸시스템 비계 안전기준 • 시스템 비계의 수직재·수평재·가새재를 견고하게 연결하여야 한다. • 수평재는 수직재와 직각으로 설치하여야 하며, 체결 후 흔들림이 없도록 견고하게 설치한다. • 벽 연결 철물의 설치간격은 제조사가 정한 기준 또는 구조설계 기준에 따라 설치한다. * 제조사가 정한 기준이 없는 경우 수직방향 5 m 이내, 수평방향 5 m 이내로 설치 • 비계 기둥의 밑둥에는 밑받침 철물을 사용하여야 하며, 밑받침에 고저차가 있는 경우에는 조절형 밑받침 철물을 사용하여 시스템 비계가 항상 수평 및 수직을 유지하도록 한다. • 비계 밑단의 수직재와 받침철물은 밀착되도록 설치하고, 수직재와 받침철물의 연결부의 겹침길이는 받침철물 전체 길이의 3분의 1 이상이 되도록 한다. • 경사진 바닥에 설치하는 경우에는 피벗형 받침 철물 또는 쐐기 등을 사용하여 밑받침 철물의 바닥면이 수평을 유지하도록 한다. 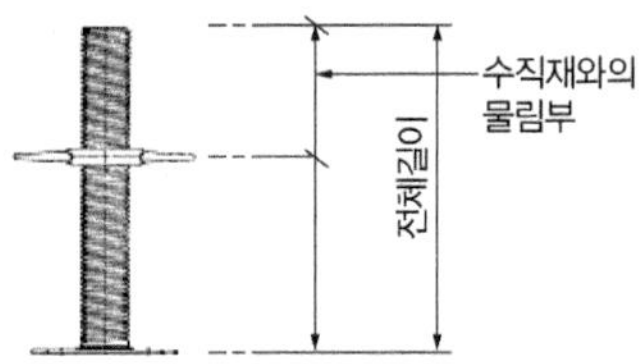 **그림 4.91** 받침철물 겹칩길이 • 가공전로에 근접하여 비계를 설치하는 경우에는 가공전로를 이설하거나 가공 전로에 절연용 방호구를 설치하는 등 가공전로와의 접촉을 방지하기 위한 조치를 한다. • 비계 내에서 노동자가 상하 또는 좌우로 이동하는 경우에는 반드시 지정된 통로를 이용하도록 주지하여야 한다. • 비계 작업 노동자는 같은 수직면상의 위와 아래 동시 작업을 금지한다. • 작업발판에는 제조사가 정한 최대적재하중을 초과하여 적재해서는 아니 되며, 최대적재하중이 표기된 표지판을 부착하고 노동자에게 주지하도록 한다. • 대각으로 설치하는 가새는 비계의 외면으로 수평면에 대해 40~60° 방향으로 설치하며, 수평재 및 수직재에 결속한다. • 가새의 설치간격은 시공 여건을 고려하여 구조 검토를 실시한 후에 설치한다. • 작업발판 단부 등 떨어짐의 위험이 있는 곳에는 안전난간을 설치한다. - 선행 안전난간 설치 방법, 상승식 안전난간 설치방법 등으로 안전난간을 미리 설치하여 노동자의 떨어짐위험을 최소화 한다. - 상부난간대 : 90~120 cm, 중간난간대 : 상부 난간대와 작업발판 중간 위치

• 시스템 비계를 해체할 경우에는 가새 또는 벽 연결 철물을 한 번에 제거하지 않도록 상부에서 하부로 단계적으로 해체한다.

▸ 시스템 비계의 조립기준

구분	준수 사항	비고
지반	• 침하방지 조치 (다짐, 두께 4.5 cm 이상의 깔목, 버림 콘크리트 타설 등)	
수직재	• 띠장방향 : 1.8 m 이하 • 장선방향 : 1.5 m 이하	간격
	• 수직재와 받침철물의 겹침길이는 받침철물 전체길이의 1/3 이상	겹침길이
	• 주출입구 통행을 위한 기둥 미설치 구간 트러스 등으로 보강	보강
	• 비계기둥 간 적재하중 400 kgf 이내 (최상단에서 최하단까지의 누계 적재하중)	적재하중
띠장	• 첫 번째 띠장 : 2 m 이하 • 그 외 띠장 : 제조사 기준으로 하되 2 m 이하	간격
장선	• 비계의 내·외측 기둥에 모두 결속	
벽이음	• 제조사가 정한 기준으로 설치 - 제조사가 정한 기준이 없는 경우 수직방향 5 m 이내, 수평방향 5 m 이내 • 비계의 최상단과 가장자리 끝에도 벽이음 설치	전용철물 원칙
가새	• 비계의 외면으로 수평면에 대해 40～60° 방향으로 설치 • 수직재 및 수평재에 결속	
작업 발판	• 한국산업표준 또는 안전인증 규격에 적합하거나 이와 동등 이상의 제품 사용 - 폭 40 cm 이상	
승강 설비	• 작업발판 간 이동을 위해 승강설비 설치 - 가설계단 또는 수직사다리와 개폐형 작업발판 구조로 설치	
안전 난간대	• 작업발판 등 단부에 안전난간대 설치(100 kgf 이상의 하중에 견딜 수 있는 구조) - 상부난간대 : 90~120 cm - 중간난간대 : 상부난간대와 작업발판 중간위치 - 발끝막이판 : 10 cm 이상	
구조물 사이 간격	• 비계기둥과 구조물 사이의 간격은 떨어짐 방지를 위해 300 mm 이내	
높이 제한	• 구조검토 결과 안전성이 확보된 높이	

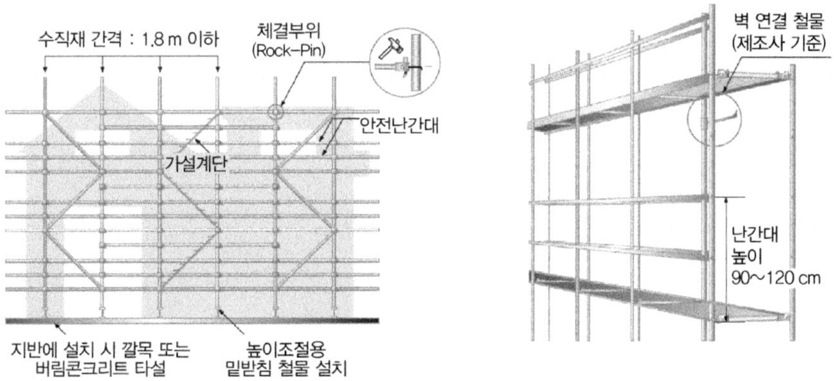

그림 4.92 시스템 비계 설치 개념도

▸ 안전점검 체크리스트

순번	평가문항	비고
1	• 구조안전성 검토 후 작성한 조립도에 따라 설치하였는가? - 시스템 비계의 수직재, 수평재, 가새의 간격 등 확인	
2	• 벽 이음은 전용철물로 제조사 기준에 따라 설치하였는가? - 제조사 기준이 없는 경우 수평방향 5 m 이내, 수직방향 5 m 이내로 설치	
3	• 작업발판 상부에 자재는 최대적재하중 이내로 적재하였는가?	
4	• 작업발판 상·하간 이동을 위한 승강설비는 설치하였는가?	
5	• 시스템 비계의 벽이음 철물과 마감작업 간섭 시 Block out 공법 등 안전한 방법으로 작업하는가?	
6	• 수직재 기둥 하부에 침하방지(다짐, 버림 콘크리트 등) 조치를 하였는가?	
7	• 작업발판 단부에는 안전난간대(2단)를 설치하였는가?	
8	• 작업발판의 폭은 40 cm 이상 확보하고, 2곳 이상 고정하였는가?	
9	• 시스템 비계 주변에 고압선이 있는 경우 최소안전거리(3 m 이상) 유지 또는 절연방호구를 설치하였는가?	
10	• 시스템 비계 설치·해체 작업 시 작업발판 설치 및 안전대를 착용하고 있는가?	

9.6 시스템 비계 설치 순서에 따른 점검요령

일반적으로 시스템 비계를 설치하는 순서는 다음과 같다. 점검자는 표와 같은 작업순서에 따라 주의사항을 참조하여 점검하면 된다.

표 4.51 시스템 비계 설치 순서

작업내용	그림
편평도 및 다짐 등 지반상태 확인	
받침철물(잭 베이스) 설치	
받침철물(잭 베이스)에 수직재 설치	
밑둥잡이(수평재) 설치	
1단부 수평재 설치	

1단부 작업발판 설치	
가설계단 설치	
1단부 수평재(난간대) 설치	
작업 반복	

예를 들어 지반이 편평하게 되었는지, 지반의 다짐상태는 양호한가를 점검하여야 한다. 수평계 수평자를 활용하여 지반의 편평도와 수직재, 수평재의 수직과 수평을 측정하고 바닥은 침하방지 조치(다짐, 두께 4.5 cm 이상의 깔목, 버림 콘크리트 타설 등)가 되어 있는지 확인한다. 받침철물이 설치된 지반의 상태 또는 보강된 목재받침에 받침철물이 견고하게 밀착되었는지 여부를 점검한다.

일반적으로 현장에서는 많이 무시하고 있지만 필히 염두해 두어야 할 사항은 받침철물 등이 설치된 위에 배수로가 확보되었느냐 여부를 확인하는 일이다. 배수로가 확보되지 않으면 강우 등에 의하여 지반이 연약해질 가능성이 있으므로 배수로를 꼭 확보해야 한다. 세부적인 설치기준은 없지만 일반적으로 받침철물 지면은 2% 정도의 구배와 배수로(200×200 mm) 안쪽은 3% 정도의 구배를 두어서 빠른 시간 내에 강우 등에 의한 물이 빠져나갈 수 있도록 하면 된다.

그림 4.93 받침철물이 불안전하게 설치된 현장 전경

받침철물은 설계도면에서 제시된 정위치에 위치하고 있고 수직재와 받침철물의 겹침 길이는 받침철물 전체 길이의 1/3 이상인지를 확인한다. 꽂히는 길이가 3/L 이상인지 꼭 확인해야 한다.

조절형 받침철물은 바닥구조물에 계단이나 턱이 설치되어 높낮이가 있거나, 지반이 불균질할 경우 사용한다.

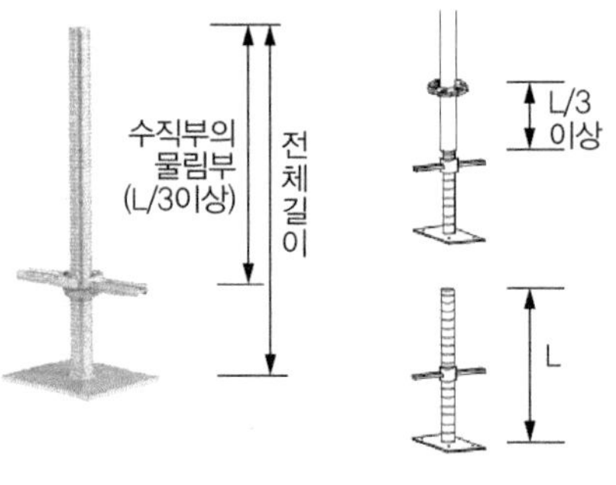

그림 4.94 받침철물 겹침길이 준수

그림 4.95 받침철물 겹침길이 미준수 & 작업발판, 승강통로 설치 전경

받침철물(잭 베이스)에 설치된 수직재는 수직도를 유지하고 있는지 수평계 수평자, 트랜싯 등을 활용하여 측정한다. 또한 수직재와 수직재의 연결부위가 탈락 또는 휘어지지 않는가를 확인해야 한다. 수직재를 연결할 때 수직재 상부 맨 끝 부위의 연결 조인트를 완전히 끝까지 집어넣어 설치되어 있는지 확인해야 한다.

수직재와 수직재를 연결하는 연결핀이 누락되는 경우가 많으므로 연결핀이 제대로 체결되어 있는지 확인해야 한다. 최근에 제조되는 일부 제품은 이러한 문제를 해결하기 위해 수직재를 회전하여 돌리면 체결되는 구조가 있기는 하지만 시중에 유통되고 있는 대부분 제품은 아직도 연결핀을 체결하여야 하는 구조이다. 특히 시스템 동바리의 수직재에 있어서는 붕괴될 때 수직재가 이탈되어 분리되는 경우가 종종 있다.

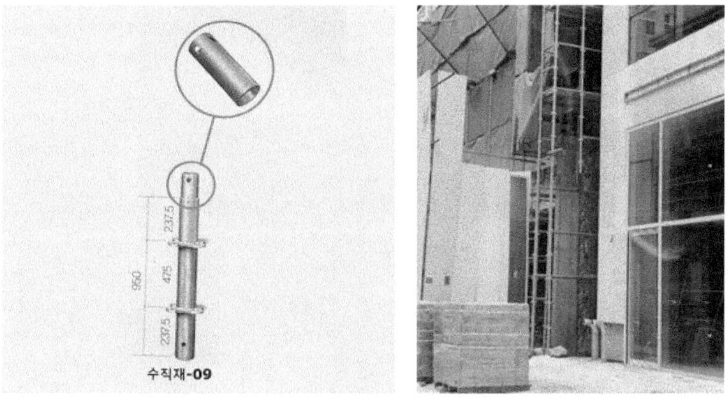

그림 4.96 시스템 비계 수직재 연결 상태

그림 4.97 수직재 연결핀 누락

그림 4.98 시스템 비계 수직재 수직도 불량

밑둥잡이(수평재)는 지면에서 첫 번째 수평재가 그 역할을 하며, 흔들림을 잡아주는 역할을 수행하므로 설치가 되어 있는지 확인하여야 한다.

1단부 수평재의 수평상태를 확인하여야 한다. 특히 수평재와 수직재의 연결핀(웨지핀) 등이 완전히 정상적으로 체결되었는지 확인해야 하는데, 통상적으로 작업자들은 연결핀을 꼽아놓기만 하고 망치를 이용하여 타격 등을 행하지 않는 경우가 많다.

수직재와 수평재 연결은 튼튼하고 흔들림이 없어야 한다. 연결상태를 필히 확인해야 한다.

그림 4.99 수평재와 수직재 연결상태

그림 4.100 수평재 고정핀 체결상태 불량과 확인을 위한 다양한 방법

이는 작업자들이 해체 작업의 편리성을 위해서 관례적으로 행하여지고 있는데 망치로 최소한 2~3회 이상 타격을 실시해야 구조검토에서 고려하였던 절점 조건과 유사한 상황을 만들 수 있다. 점검자들은 고정핀이 정확하게 일정 깊이까지 체결되었는지를 육안으로 확인하든지 아니면 손으로 흔들어 보아 체결 여부를 점검하여야 한다.

장선재 위에 작업발판이 전면에 걸쳐서 빈틈없이 설치되었는지 확인하여야 한다. 비계를 설치하는 근본적인 목적은 작업발판과 통로발판을 설치하기 위해서이다. 사람들이 걸어 다니는 도로처럼 단단하고 견고한 작업발판이 형성되어야 하는데, 점검자가 작업발판 위를 걸어 다니면서 발로 굴려 흔들어 보아서 발판이 흔들리면 안 된다. 또한 작업발판은 장선재에서 이탈이 되지 않도록 걸침 고리나 이탈방지장치가 완전히 채워졌는지 여부를 확인하여야 한다.

비계는 원칙적으로 지상의 밖에서 비계 내부로 입장하여 비계 내부에 설치된 가설계단을 타고서 상하 수평으로 이동하는 흐름을 가져야 한다. 사실 우리나라는 그동안 강관비계를 사용하는 경우 지상에서 구조물 내부로 들어가 구조물에서 비계로 이동하는 방법을 택하였다. 이는 관행이었지만 매우 잘못된 방법이다. 강관비계 내부에 가설계단을 설치하지 않았기 때문에 이러한 방법으로 이동하다가 작업자들이 추락하는 경우가 많았다.

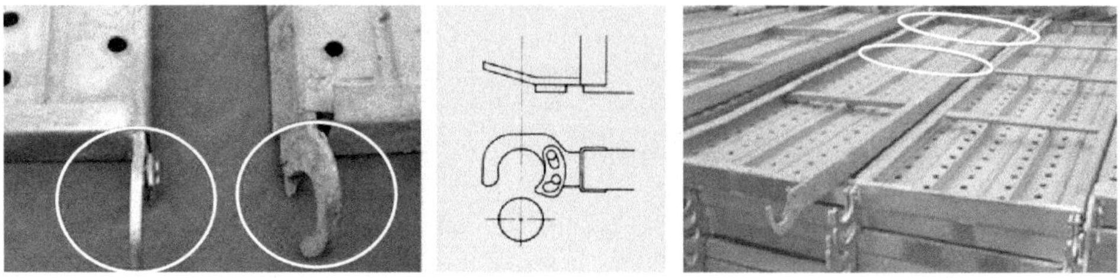

그림 4.101 걸침고리(이탈방지) 탈락여부 및 보강재 탈락여부

비계 내부에는 반드시 승·하강할 수 있는 가설계단을 꼭 설치하여야 한다. 점검자는 이러한 점을 명심하고 설계도면을 확인하고 현장에서는 비계의 밖에서 비계구조물의 모든 구역으로 이동할 수 있는 원활한 흐름의 통로가 확보되어 있는지를 점검하여야 한다. 예를 들어 A라는 지점에서 B라는 지점까지 이동할 때 갈 수는 있는지, 가는 중에 불안전한 통로가 있는지라는 개념을 가지고서 점검하면 된다.

그림 4.102 가설계단이 없는 경우와 전층에 걸쳐서 설치되어 있는 가설계단

강관비계 비계기둥 간 작업발판의 적재하중은 400 kgf를 초과하지 않도록 최대 적재하중을 정하여 표지판이 부착되어 있는지 확인하여야 한다.

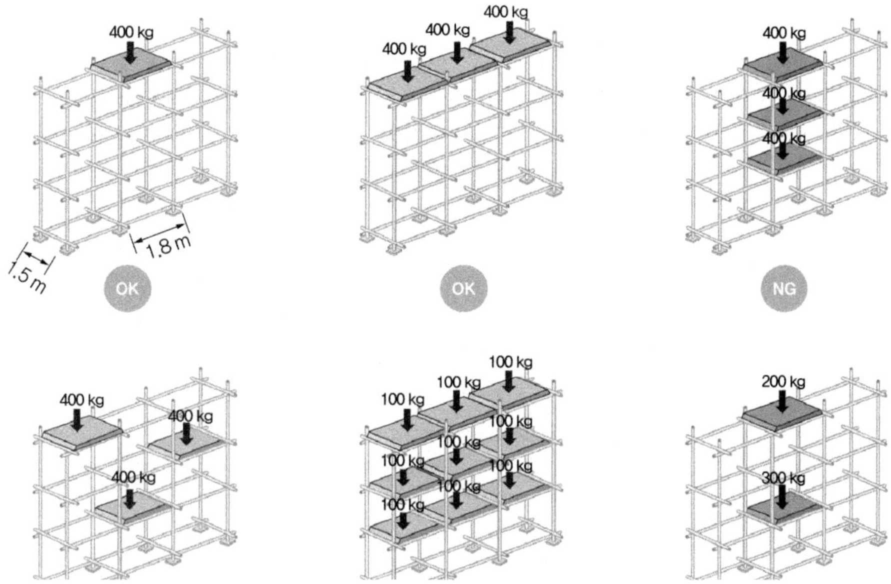

그림 4.103 하중기준 : 기둥 간 최대적재하중 400 kgf[24]

안전난간대는 안전시설물로서 반드시 설치가 되어 있어야 하고 유지관리를 할 때도 설치되어 있어야 한다. 종종 현장 작업자들이 안전난간대를 제거하고 작업하는 경우가 있는데 작업 후에는 그대로 방치하는 경우가 있다. 반드시 제거하는 경우에는 원상복귀가 되어 있는지 확인할 필요가 있다. 일부 작업자들이 안전난간대에 앉아서 휴식을 취하는 경우가 있으므로 추락할 위험이 있으므로 금지시켜야 한다.

그림 4.104 안전난간대 임의해체

24) 출처 : 한국산업안전보건공단 산업안전보건연구원(2019), 건설현장 비계작업안전 실무 안내서

그림 4.105 작업발판 해체 개방 & 안전난간 자재 불량

시스템 비계의 벽 연결재는 아무리 강조해도 지나치지 않는 사항이다. 설계도면과 최초 공사 과정에서는 설치가 되어 있지만 돌붙임과 같은 마감작업이 이루어지게 되면 일부 벽 연결재를 해체하게 된다. 그런데 문제는 바로 이때 발생한다. 돌을 붙이는 작업구간만 해체하고 나머지 구간은 존치해야 함에도 불구하고 작업의 편리성을 위해 작업자들은 전체구간이나 과다하게 벽 이음을 해체하다가 붕괴사고가 발생하는 경우가 많은 실정이다. 따라서 점검자는 마감작업 순서에 따라 단계별 해체 순서도가 작성되어 있는지, 이때 해체 단계별로 각각의 구조안전성 검토가 이루어졌는지 여부를 확인해야 한다.

그림 4.106 비계 벽이음 설치 불량과 정상적인 설치상태

CHAPTER

5 강관비계 안전 및 품질관리 점검 실무

1 강관비계의 개념

강관비계(Steel pipe scaold)란 강관을 이음철물이나 연결철물(클램프)을 이용하여 조립한 비계로 단관비계이다. 일반적으로 그동안 건설현장에서 주로 설치하여 사용되고 있던 비계이다.

강관비계는 크게 비계기둥이 2열인 쌍줄비계(본 비계)와 비계기둥이 1열인 외줄비계(외쪽 비계)로 나눌 수 있다.

쌍줄비계는 비계기둥, 띠장, 장선, 가새, 작업발판, 벽이음 철물(벽 연결용 철물), 강관 조인트, 클램프 및 받침 철물 등으로 구성된다.

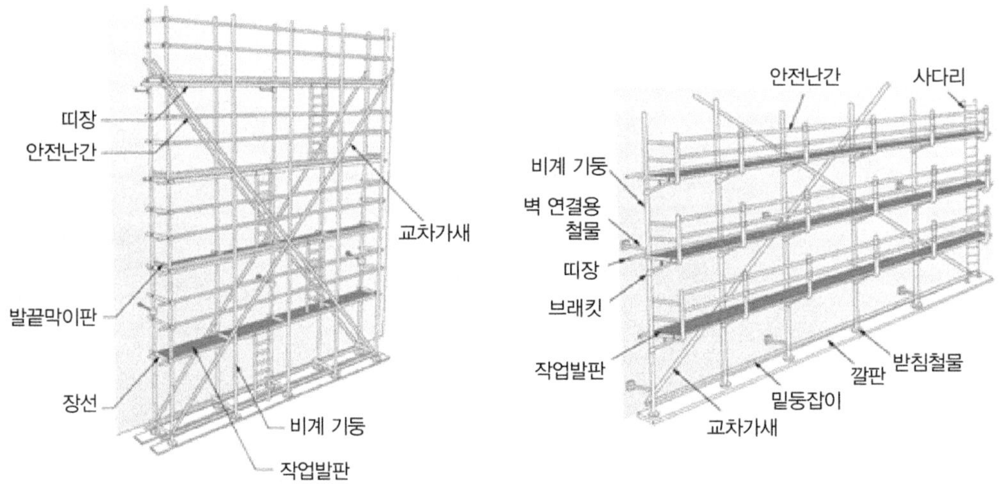

그림 5.1 쌍줄비계와 외줄비계[25)]

강관비계의 연직하중(고정하중, 작업하중), 수평하중, 풍하중 및 특수하중 등에 의한 좌굴 및 변형 방지를 위해 최대높이는 45 m 이하로 설치하는 것을 원칙으로 하고 있다.

25) 출처 : 한국산업안전보건공단 산업안전보건연구원(2019), 건설현장 비계작업안전 실무 안내서

2 강관비계의 구조적 특징

강관비계가 가지고 있는 구조적 특징인 다음과 같다.

첫째, 강관비계는 일반적으로 다양한 형태로 조립이 가능하다. 구조물 형상이 어떻든지 구조물 주위로 구조물의 형태를 따라서 설치가 가능한 장점을 가지고 있다. 최근 정부가 시스템 비계 사용을 원칙으로 하고 있지만 단면이 불규칙하거나 경사진 지반 등에서는 아무래도 강관비계를 사용할 수밖에 없는 한계를 가지기도 한다.

둘째, 강관비계 구조물 부재와 부재의 연결은 힌지로 간주하고 있다. 강관비계의 경우 클램프를 사용하여 연결하며 클램프의 성능 여하에 따라서 비계 강도가 결정된다는 단점을 가지고 있다. 또한 가새도 클램프 강도에 영향을 받는다. 강관비계는 작업자가 일일이 여러 부재의 연결부를 고정하다 보니 아무래도 시공 정밀도는 떨어진다는 단점을 가지고 있다. 따라서 점검자는 이러한 점에 착안하여 연결부인 클램프 상태와 성능을 만족하고 있는지 여부를 점검하여야 한다.

셋째, 수직부재, 수평부재 등 비계 부재가 비계 강도에 영향을 미친다. 특히 구부러지거나 휘어있는 비계 부재는 현장관리를 통해서 사용해서는 안 되는 부재이다.

넷째, 강관비계는 특히 벽 이음 설치 수나 설치상태에 따라서 비계 강도가 크게 영향을 받는다. 구조계산을 하는 목적도 벽 이음 수량을 결정하기 위한 목적이 강하다.

다섯째, 강관비계를 설치하는 목적은 시스템 비계에서도 말했지만 작업발판 자체를 설치하기 위함이다. 따라서 강관비계에 작업발판이나 가설계단이 필히 전 면과 전 층에 걸쳐서 설치되어야 한다.

그림 5.2 강관비계

3 강관비계 설치 개념과 구성요소

3.1 강관비계의 설치 개념도

강관비계의 일반적인 개념도와 설치 부위별 명칭은 아래 그림과 같다.

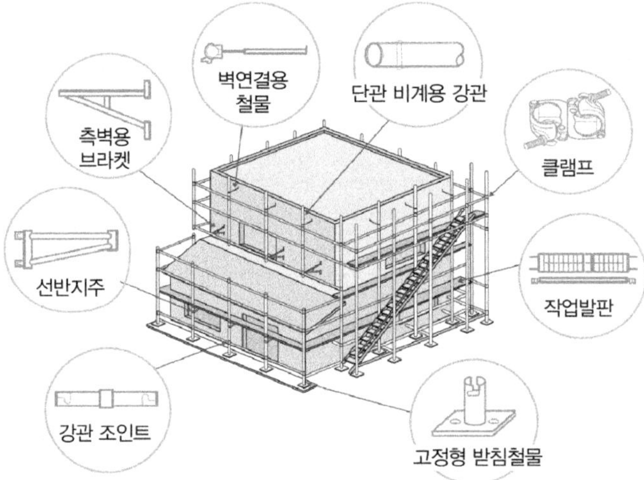

그림 5.3 강관비계의 개념도

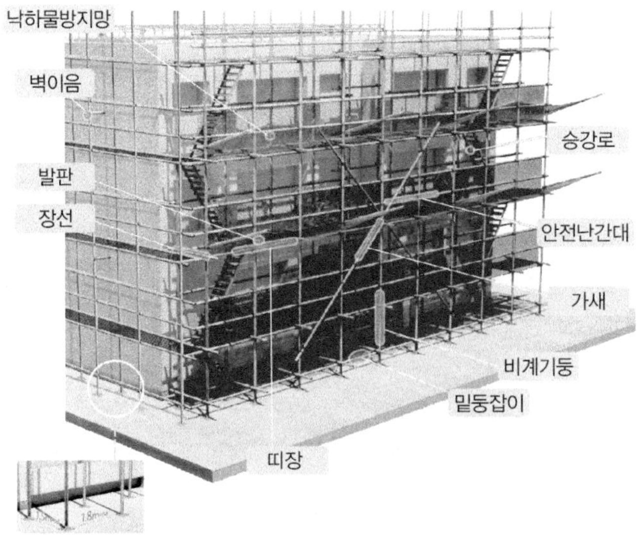

그림 5.4 강관비계 설치도와 부위별 명칭[26]

3.2 강관비계 설치 구성요소

1) 단관비계

• 강관을 이음철물이나 연결철물(클램프)을 이용하여 조립한 비계에 사용되는 단관비계용 강관

표 5.1 단관비계

규격	단중(kg)	차량적재량(11톤 기준)
6 m × Ø48.6	15.4	700
4 m × Ø48.6	10.2	1,000
3 m × Ø48.6	7.6	1,400
2 m × Ø48.6	7.6	2,000
1 m × Ø48.6	2.7	4,000

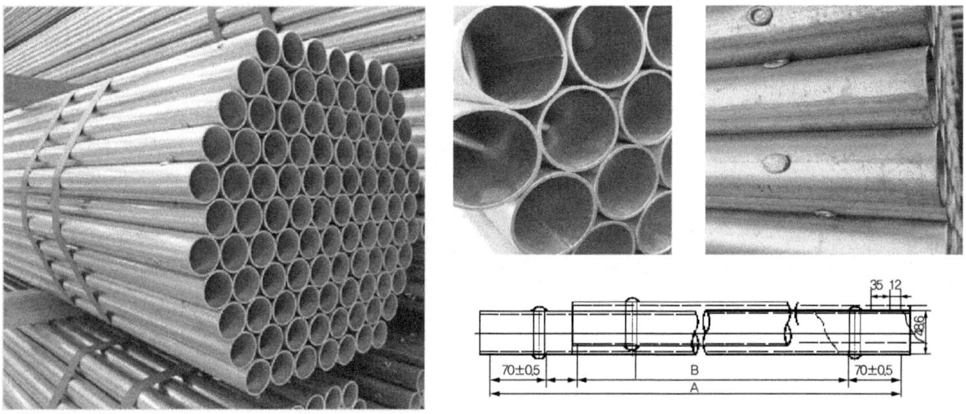

그림 5.5 강관비계용 단관

26) 출처 : 한국산업안전보건공단 산업안전보건연구원(2019), 건설현장 비계작업안전 실무 안내서

2) 단관연결핀(강관조인트)

• 단관비계용 강관 2개를 서로 이어서 비계의 길이를 늘이기 위하여 사용하는 이음 부재

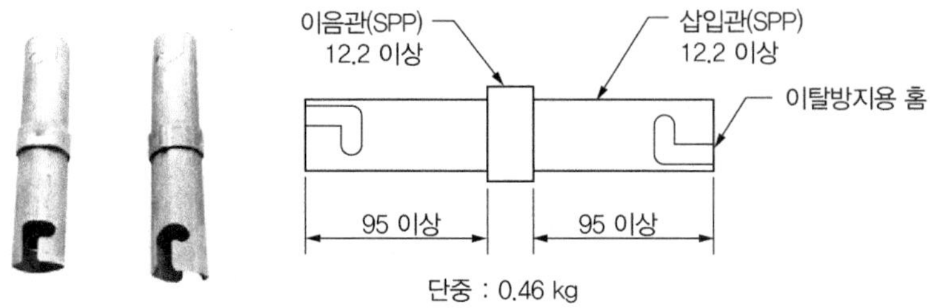

그림 5.6 단관 연결핀

3) 클램프(조임철물)

• 비계용 강관 등을 조립·설치하기 위하여 강관과 강관, 강관과 형강의 체결에 사용되는 철물
• 클램프 : 강관과 강관을 연결하는 조임 철물
• 철골용 클램프 : 강관과 형강을 체결하는 조임 철물

표 5.2 클램프

규격	직경(mm)	단중(kg)	마대포장 수
단관/고정	Ø48.6 × Ø48.6	0.67	50
단관/자동	Ø48.6 × Ø48.6	0.67	50
이형/고정	Ø48.6 × Ø42.7	0.75	50
이형/자동	Ø48.6 × Ø42.7	0.72	50
빔/고정	Ø48.6	1.05	30
빔/자동	Ø48.6	1.0	30
직교		0.6	40

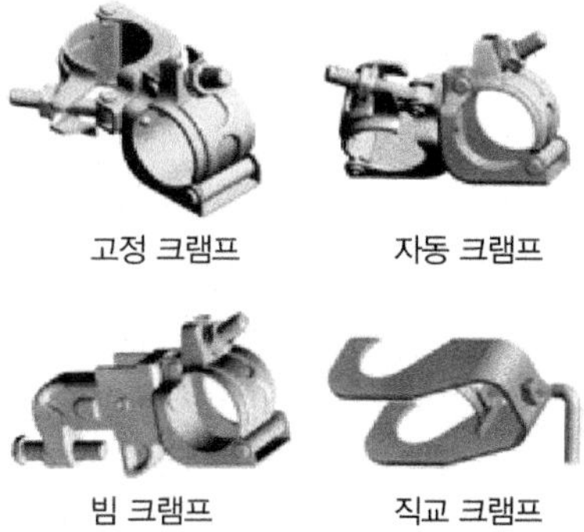

그림 5.7 클램프

그림 5.8 베이스 플레이트

4) 베이스 플레이트(받침철물)

- 비계 기둥의 상하부에 설치하여 미끄러짐이나 침하를 방지하고 항상 수평 및 수직을 유지하도록 하는 데 사용하는 철물
- 종류 : 고정형 받침철물과 조절형 받침철물

표 5.3 베이스 플레이트

제품명	단중(kg)
베이스 플레이트	0.85

5) 수평계단

표 5.4 수평계단

규격(mm)	단중(kg)	밴딩 수(장)	허용하중(kg)
914 × 250	6.5	50	200

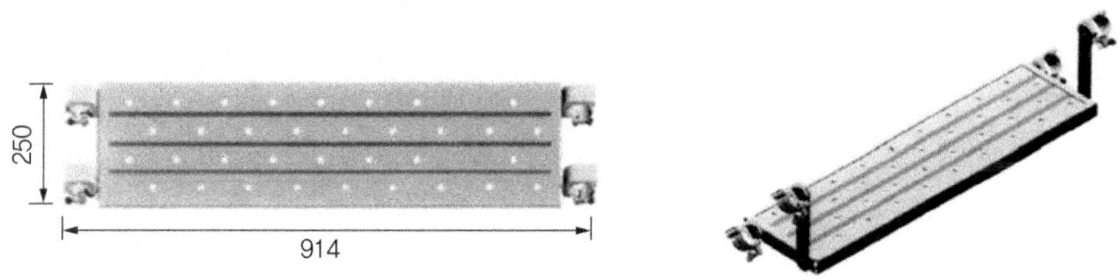

그림 5.9 수평계단

6) 작업발판

- 단관비계와 시스템 비계 겸용으로 사용하는 범용성 작업발판이다.
- 고강도 재질(SGC570)을 사용하여 기존 발판(SS400)보다 내구성 및 안전성이 높다.
- 고용노동부 안전인증 KCS 마크와 제한하중이 발판 끝단에 표시되어 있다.
- 기존 발판 대비 보강용(각 시험차수 1.2배 이상) 발판 보유 : 판 두께 1.0 T ☞ 1.2 T, 마구리 추가보강

표 5.5 작업발판 규격 '예'

규격(W×L)	길이(mm)	단중(kg)
400 × 1,817	1,817 (1,829)	11.2
400 × 1,512	1,512 (1,524)	9.8
400 × 1,207	1,207 (1,219)	8.4
400 × 902	902 (914)	6.5
400 × 598	598 (610)	4.8
250 × 1,817	1,817 (1,829)	8.7

규격(W×L)	길이(mm)	단중(kg)
500 × 1,817	1,817 (1,829)	14.0
500 × 1,512	1,512 (1,524)	12.5
500 × 1,207	1,207 (1,219)	10.4
500 × 902	902 (914)	8.1
600 × 598	598 (610)	6.0

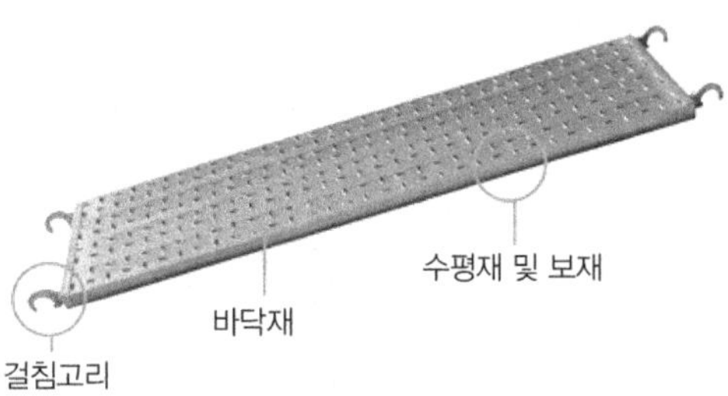

그림 5.10 시스템 비계 작업발판

7) 비계용 버팀대(벽연결재)

- 구조물의 흔들림을 방지하고 전도 및 붕괴 위험을 막기 위해서 설치하는 지지물로서 비계를 건물의 벽체나 기둥 등의 구조체에 연결함으로써 풍하중, 충격 등의 수평 및 수직하중에 의한 인장 및 압축하중을 지지하는 부재
- 강관, 클램프, 앵커 및 벽 연결용 철물 등의 부재를 사용하여 비계와 구조체 사이를 연결함으로써 풍하중, 충격 등의 수평 및 수직하중에 대하여 안전하도록 설치하는 버팀대

표 5.6 비계용 버팀대 규격 '예'

품명	사용길이(mm)	단중(kg)
비계용 버팀대	300 ~ 400	1.4
	430 ~ 650	1.7
	700 ~ 920	2.5

- 베이스판 앙카 구멍 : 16 mm(13 mm/3부 앙카 사용)

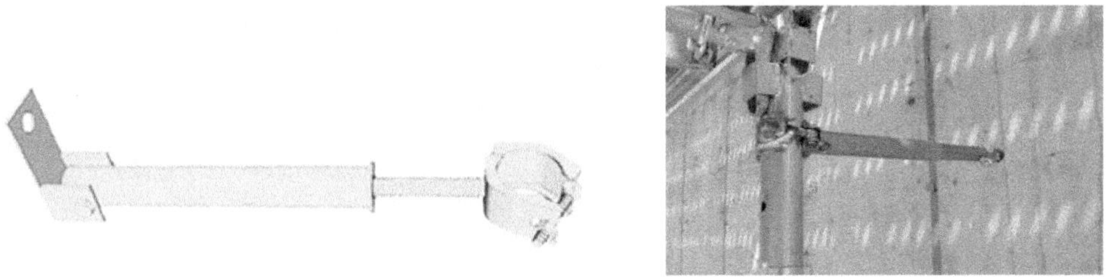

그림 5.11 시스템 비계용 버팀대

8) 측벽용 브래킷

- 구조물 벽체 외부에 쌍줄비계를 설치할 목적으로 측벽에 설치하는 브래킷 형식의 부재

9) 선반 지주

- 구조물의 돌출부위 등으로 인해 작업공간을 별도로 설치하여야 할 필요가 있을 때 또는 외줄비계의 경우 비계기둥에 부착하여 작업발판을 설치할 목적으로 사용되는 브래킷 형식의 부재

• 종류 : 고정형 선반 지주, 조절형 선반 지주

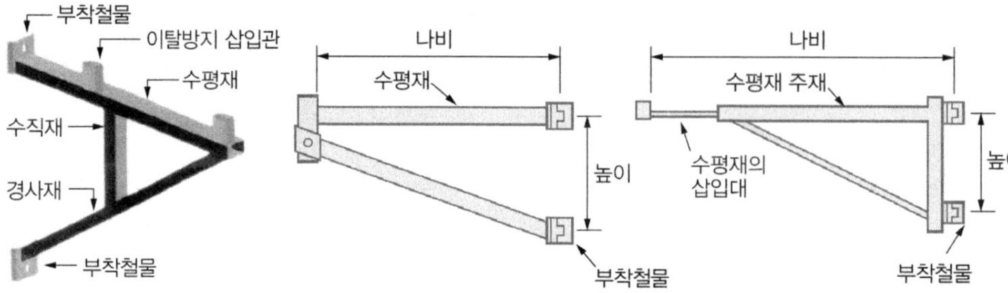

그림 5.12 측벽용 브래킷과 선반 지주

4 강관비계 설치순서

4.1 강관비계의 일반적인 설치순서

일반적인 강관비계의 설치순서는 다음과 같다. 강관비계 설치·해체 작업 시 떨어질 위험이 있을 경우 안전대 부착 후 작업하여야 한다.

1) 밑받침 철물(깔판) 설치
2) 기둥 설치
3) 밑둥잡이 설치
4) 띠장 및 장선 설치
5) 작업발판 설치
6) 안전난간대 설치
7) 벽 이음 설치
8) 밑받침 철물 설치(반복)
9) 기둥 설치(반복)
10) 밑둥잡이 설치(반복)
11) 띠장 및 장선 설치(반복)
12) 작업발판 설치(반복)
13) 안전난간대와 띠장 설치(반복)
14) 가설계단 설치(반복)
15) 벽이음 설치(5 m×5 m 이내)
16) 브레이싱 설치(10 m 이내마다)
17) 수직보호망 설치

① 밑받침 철물(깔판) 설치

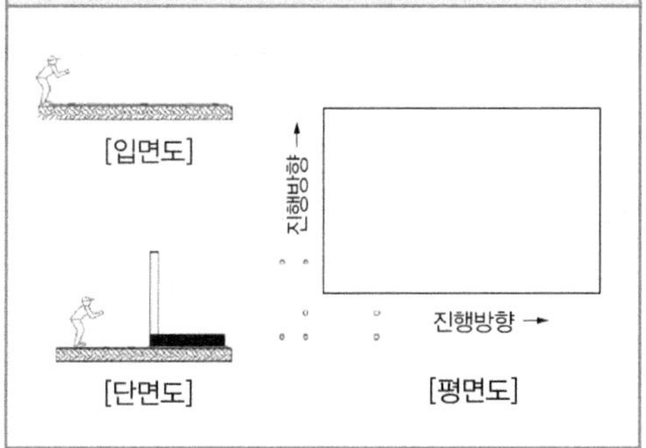

② 기둥 설치

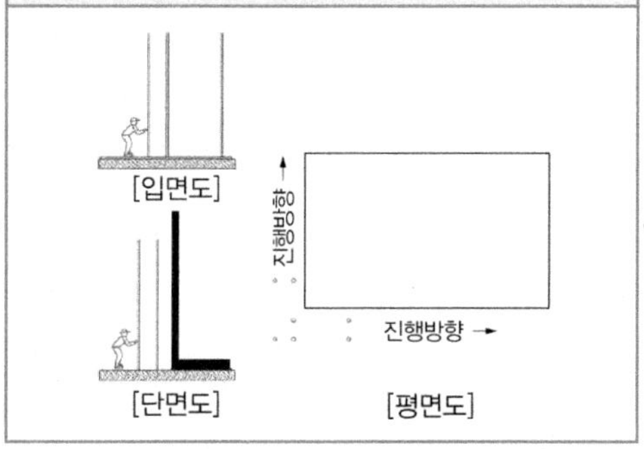

③ 밑둥잡이 설치

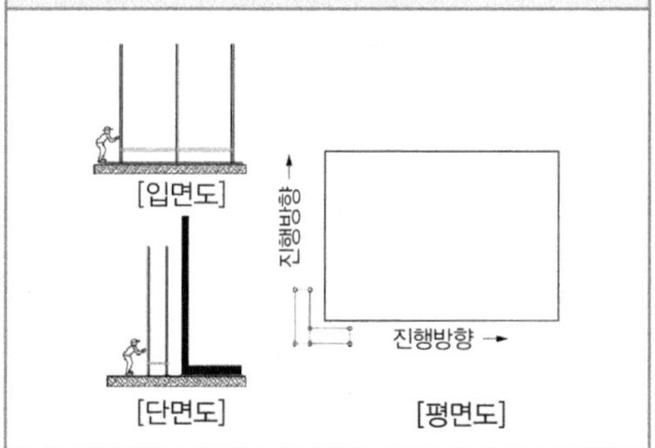

④ 띠장 및 장선 설치

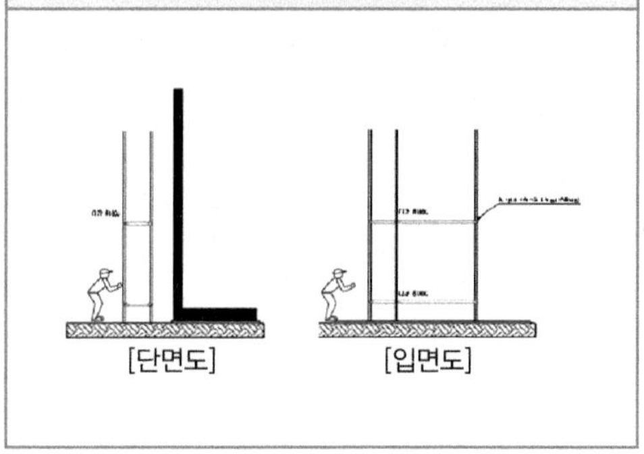

⑤ 작업발판 설치

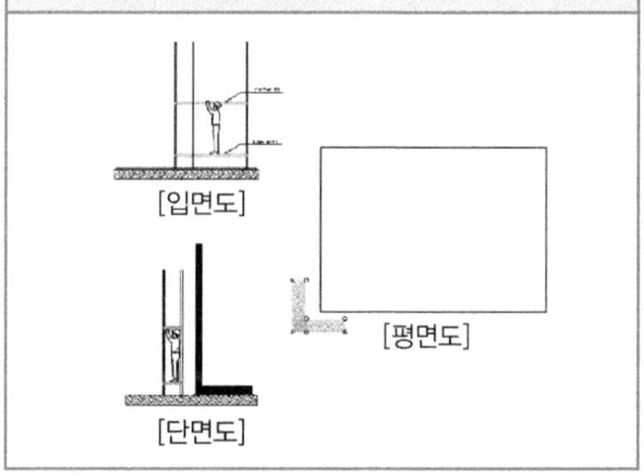

⑥ 안전난간대 설치

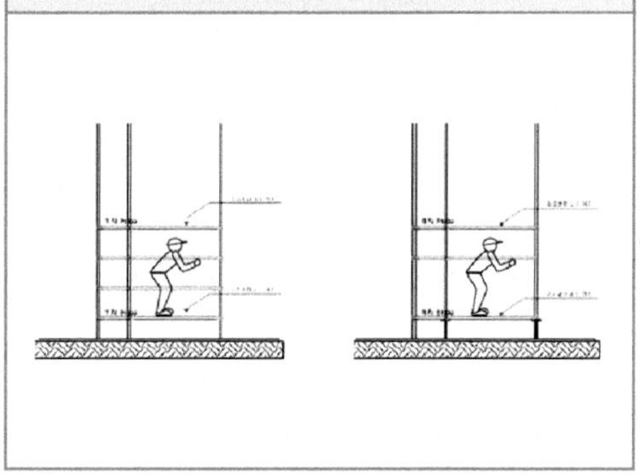

⑦ 벽이음 설치

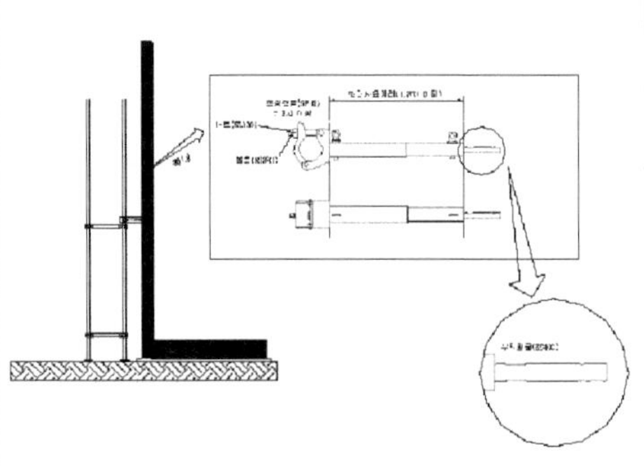

⑧ 밑받침 철물 설치(반복)

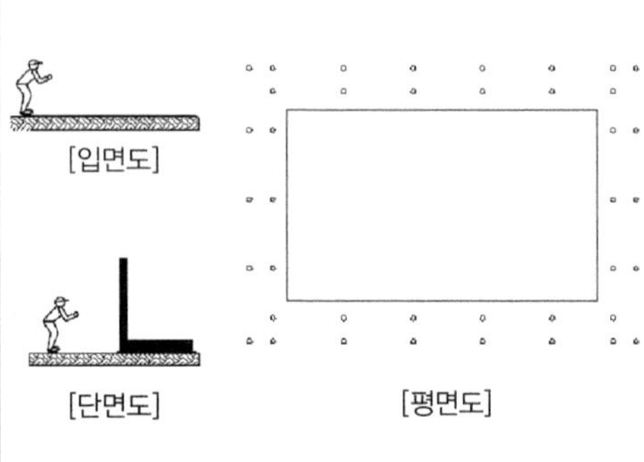

⑨ 기둥설치(반복)

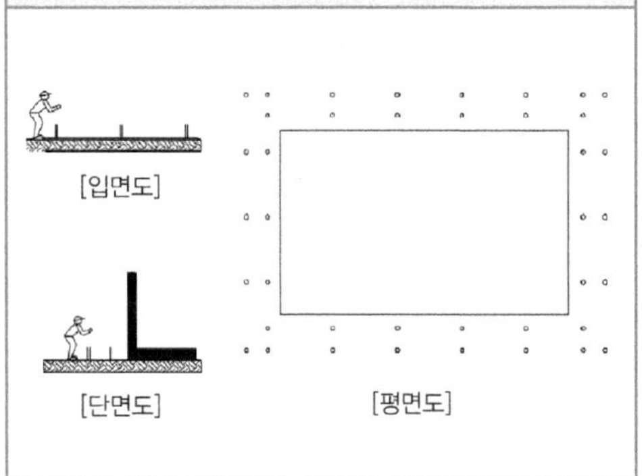

⑩ 밑둥잡이 설치(반복)

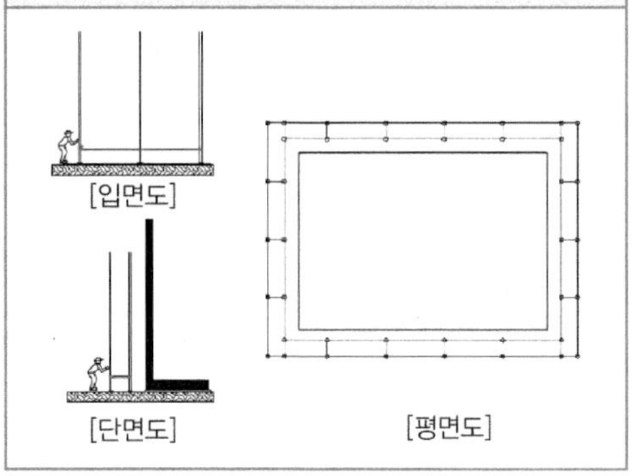

⑪ 띠장 및 장선 설치(반복)

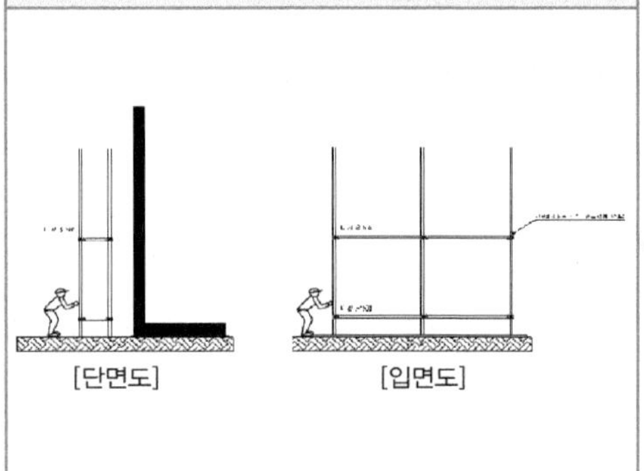

⑫ 작업발판 설치(반복)

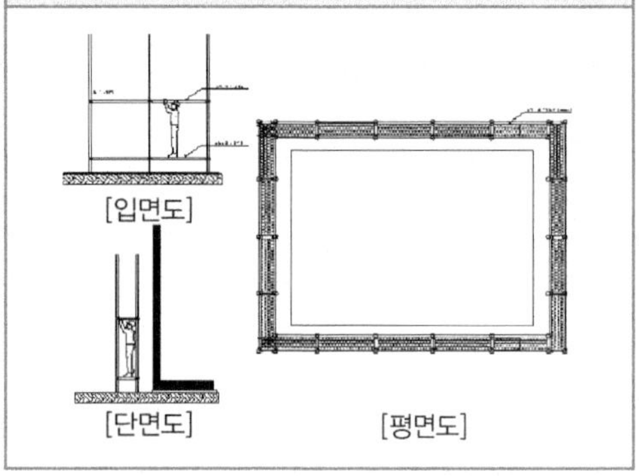

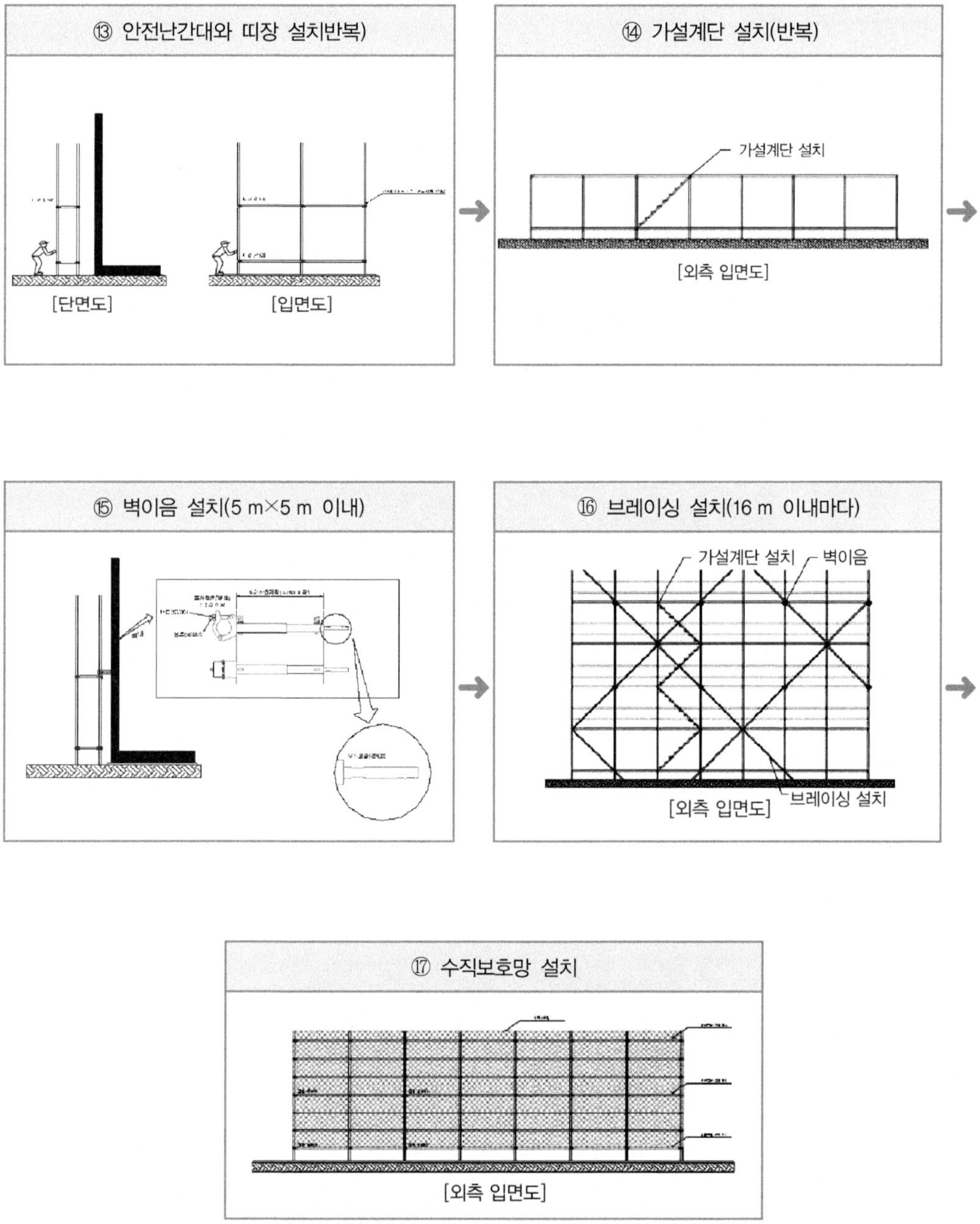

그림 5.13 강관비계 설치순서[27]

27) 출처 : 한국산업안전보건공단 산업안전보건연구원(2019), 건설현장 비계작업안전 실무 안내서

4.2 강관비계의 구성요소별 상세도

강관비계의 구성 요소별 상세도는 일반적으로 다음 그림과 같다.

강관비계 지주의 침하 방지를 위하여 견고한 깔판을 설치하거나 연약지반 보강, 버림 콘크리트 등을 타설한다. 지주의 침하가 생기게 되면 기둥의 침하, 변형, 변위 상태는 위험하게 된다.

그림 5.14 비계 침하방지 조치

밑받침 철물을 고정하고 밑둥잡이를 설치하여야 한다. 또한 최고부로부터 측정하여 31 m보다 아래인 부분 기둥은 2본으로 보강한다.

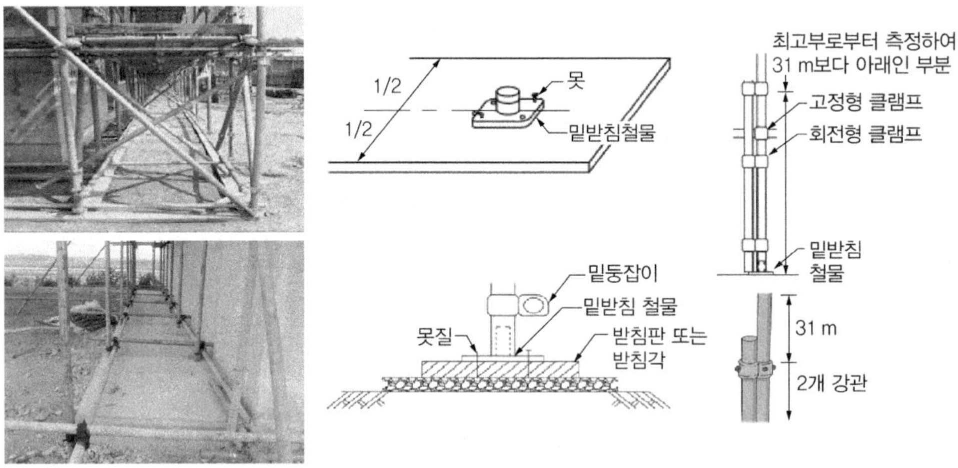

그림 5.15 밑받침 철물, 밑둥잡이, 기둥 2본으로 보강

기존 구조체와 강관비계의 연결을 위한 벽 이음 철물을 설치한다. 기존 구조체에 벽 이음용 앵커볼트를 미리 매입해 놓고 여기에 벽 이음 철물을 설치한다.

그림 5.16 벽 이음 철물

주출입구에는 가새로 보강을 하여야 하는데, 수직 기둥 강관을 2개 묶고 사재를 설치한다. 외부에는 교차가새(X 브레이싱)로 보강을 실시하는데, 교차가새 각도는 45°, 설치 간격은 10 m로 설치한다. 또한 우각부에는 견고하게 보강을 실시하여야 한다.

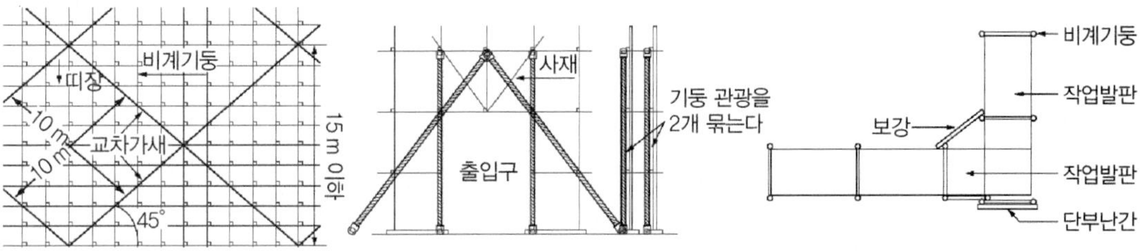

그림 5.17 가새와 우각부 보강

폐합이 되지 않는 구조는 전도될 가능성이 높으므로 비폐합 구조에는 최외측 또는 매층마다 벽 이음으로 보강을 실시한다.

작업자가 비계 위에서 작업하는 중에 추락(떨어짐) 사고를 방지하기 위해서는 반드시 작업발판을 설치하고 안전난간을 설치해야 한다. 또한 작업발판과 벽체 사이에는 추락방호망을 설치해야 한다.

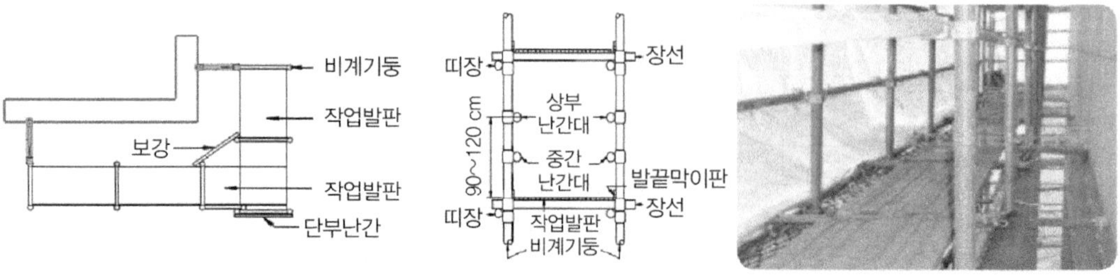

그림 5.18 비폐합구조 벽이음 보강과 떨어짐(추락) 방지

5 강관비계 주요 위험요인과 예방대책

5.1 강관비계 주요 위험요인과 대책

강관비계에서 발생하는 사고는 시스템 비계와 마찬가지로 주로 비계가 무너지거나 넘어지는 사고와 비계 위에서 작업 중 작업자가 추락하는 등의 사고가 주로 발생하고 있다. 강관비계에서 일반적으로 발생하는 주요 위험요인과 대책을 살펴보면 아래와 같다.

1) 비계 기둥 하부 지내력 미확보로 지반이 침하되며 비계 변형과 무너짐 위험
   - 비계 기둥 하부에는 버림콘크리트 타설, 잡석다짐, 침하방지목 설치 등 침하방지 조치
2) 비계 작업발판 상부 석재 등 자재 과적으로 무너짐 위험
   - 비계 작업발판에는 최대 적재하중 표지 설치 후 과적하지 않도록 관리 (기둥 간 최대 400 kgf 이내)
3) 비계 설치 중 인근 고압전선에 접촉되며 감전 위험
   - 비계 설치 작업 시 인근 고압전로를 이설하거나, 절연용 방호구를 설치하여, 고압선에 접촉되지 않도록 관리 감독
4) 작업구간 하부에 노동자 작업 중 낙하물에 맞을 위험
   - 작업발판 단부 발끝막이판 설치, 낙하물 방지망 설치, 하부 노동자 통제 실시
5) 승강설비 미설치 및 비계 조립 시 작업발판 없는 상태에서 비계 위로 무리하게 올라가던

중 떨어짐

- 비계에는 작업발판, 가설계단 또는 승강사다리(개폐형 작업발판 포함) 설치

6) 비계에 벽 이음 미설치 또는 철선 등 비규격품의 벽 이음 설치로 비계 무너짐

- 비계의 좌굴 방지를 위해 전용철물을 사용하여 가로 5 m 이내, 세로 5 m 이내마다 벽 이음 설치

7) 마감작업의 편의를 위해 벽 이음 선 해체로 비계 무너짐

- 벽 이음 해체 전 동등 이상 강도의 벽 이음을 보강하고, 벽 이음을 임의 해체하지 않도록 관리

8) 비계 결속부에 전용 클램프를 사용하지 않아 비계 무너짐

- 비계 결속부는 클램프 등 전용철물 사용하여 체결

9) 비계 설치·해체 시 작업지휘자 미배치 상태로 노동자 단독 작업 중 떨어짐

- 비계 설치·해체 작업 시 관리감독자를 배치하여 지휘 감독 실시

10) 비계 외부 교차가새(X-브레이싱), 주출입구 브레이싱 미설치로 비계 변형 또는 무너짐 위험

- 비계 외부 교차가새(X-브레이싱) 및 주출입구에 브레이싱 설치

11) 노동자가 안전작업 수칙을 미숙지하고 무리하게 작업 중 떨어짐 작업 시작 전 안전작업 수칙 교육

- 작업 시작 전 안전작업 수칙 교육

12) 안전모, 안전대 등 개인보호구를 미착용하고 비계 상에서 작업 중 부딪히거나 떨어짐

- 비계 설치 및 비계 상에서 작업 시 안전모, 안전대 등 개인보호구 착용

5.2 강관비계 주요 사고사례 분석 결과

강관비계가 무너지는 주요 사고사례를 분석한 결과 ① 작업발판에 석재 등 자재 과적 ② 비계 외부 및 주출입구 상부 가새재 미설치 ③ 벽 이음 미설치 또는 기 설치된 벽 이음 임의 해체 ④ 벽 이음 설치 불량(전용철물 미사용/설치간격 과다) ⑤ 비계 비폐합 구조로 전도 위험이 높으나, 최외측 단부 벽 이음 미설치 등 전도방지 미흡 ⑥ 비계 침하방지 조치 미흡 ⑦ 강풍에 대한 대형거푸집 전도방지 조치 미흡 등으로 나타났다. 특별히 유의하여야 할 사항은 비계 해체 작업 중 무너짐 방지를 위하여 벽 이음 철물은 해체순서에 맞도록 단계적으로 해체하여야 하고, 비계 한쪽 면에 작업자들이 밀집되어 작업하는 등 비계기둥 간 400 kgf를 초과하여 집중하중이

발생하지 않도록 작업 간격과 구획을 나누는 등 작업방법을 개선하도록 하여야 한다.

원인 : ①, ②, ④

원인 : ②, ③

원인 : ①, ②, ④

원인 : ③

원인 : ①, ②, ④, ⑥

원인 : ②, ④

원인 : ④, ⑤

원인 : ⑦

그림 5.19 비계 무너짐 사고 사례

6 강관비계의 설계와 구조검토 점검요령

6.1 강관비계의 설계와 구조검토 점검요령 개요

강관비계 등에 대한 설계기준은 시스템 비계에서 다루었던 것처럼 국가건설기준인 비계 및 안전시설물 설계기준(KDS 21 60 00 : 2020)과 가시설물 설계 일반사항(KDS 21 10 00 : 2018)에서 정하고 있다.

이 기준에서는 강관비계를 포함하여 시스템 비계, 강관틀 비계, 이동식 비계, 안전시설물 등에 대하여 규정하고 있다. 또한「건설기술진흥법」에서는 시공단계에서 시공사는 가설구조물에 대한 구조적 안전성 확인하도록 규정하고 있다.

건설기술진흥법에 따른 가설구조물의 구조검토와 구조적 안전성 확인에 대한 사항은 시스템 비계와 같기 때문에 시스템 비계 편을 참조하면 된다.

국가건설기준에 따른 비계의 설계하중(연직하중, 수평하중, 풍하중, 특수하중), 하중조합, 구조설계, 비계 설계의 재료 적용, 비계 설계 등에 대한 내용은 시스템 비계와 같으므로 시스템 비계 편을 참조하면 된다.

그림 5.20 강관비계 설치 현장

6.2 강관비계 설계 구조계산서 검토 요령 '예'

구 조 계 산 서

STRUCTURAL DESIGN CALCULATION SHEET

강관비계

2019. 1.

목 차

일반사항

1.1 검토개요

1) 본 구조계산서는 신축공사 현장에 적용되는 가설공사의 구조안정성 검토를 위한것임.
2) 안전성 검토는 제공한 도면 및 시공조건을 바탕으로 검토함.
3) 안전성 검토는 개별부재의 응력 및 변위에 대하여 검토함.
4) 구조물 전체 외부에 설치되는 비계 구조물 중, 높이와 간격이 최고 불리한 일부 구간에 대하여 구조해석을 통한 안정성 검토를 수행함.
5) 풍하중 적용은 서울시 의 기본풍속 26 m/s ,노풍도 C 를 기준으로 검토하며, 산업안전보건기준에 관한 규칙에 의거하여 10m/sec이상일 경우 작업을 금지함.
6) 비계의 수평하중은 수직하중의 5%를 적용하여 검토함.
7) 비계 외부의 난간 설치 구간에 보호망은 충실률 0.3으로 검토함.
8) 비계 기둥간격은 띠장 방향으로 1.8 m 이하, 장선방향 0.6 m 조건임
9) 벽연결용 철물은 수직 5m이하, 수평 5m이하 마다 영구구조물에 고정 되는 조건으로 검토함.
10) 벽연결용 철물은 수직재와 수평재의 교차부에서 비계면에 대하여 직각이 되도록하여 수직재에 설치하고, 비계의 최상단과 가장자리 끝에도 벽 이음재를 설치함.
11) 비계 기둥에는 미끄러지거나 침하하는 것을 방지하기 위하여 밑받침철물을 사용하거나 깔판, 깔목 등을 사용하여야 하며, 밑둥잡이 등의 조치를 할 것.
12) 설치되는 바닥은 시방기준에 적합하도록 하여, 기초에 안전하게 전달할 수 있는 조건으로 검토함
13) 설치 및 구조적으로 산업안전보건기준에 관한 규칙 및 가설공사표준시방서를 준수 할 것.
14) 풍하중에 대하여 부재의 내력은 허용범위 이내이나 일부구간의 변위가 과다 발생될 우려가 있으므로 폭풍시에는 작업을 중단하고 보호망을 제거하는 등의 조치를 취함.
15) 적재는 집중적재를 금지하므로 분산하여 적재하여야 하며 작업하중과 적재하중을 포함하여 허용이내로 적재함.
16) 검토 내용과 현장상황이 상이할 경우 확인을 요함.

1.2 적용 규격 및 표준

1) 한국산업표준(KS), 한국표준협회
2) KDS 21 10 00 가시설물 설계 일반사항, 국토교통부(2016)
3) KDS 21 60 00 비계 및 안전시설물 설계기준, 국토교통부(2016)
4) KDS 14 30 00 강구조 설계 (허용응력설계법), 국토교통부(2016)
5) KDS 41 00 00 건축 설계기준 , 국토교통부(2016)
6) KCS 21 60 00 비계공사, 국토교통부(2016)
7) 산업안전보건 기준에 관한 규칙(개정 2011.7.6)

1.3 사용프로그램

- MIDAS Gen 2017

▸ 5) 풍하중 적용은 현장이 소재하는 지역의 기본풍속과 노풍도를 적절하게 적용하였는지 확인
▸ 8) 비계기중 간격(띠장, 장선 방향) 확인하고 설계도면과 일치 여부 확인
1.2 적용규격 및 표준은 최신 개정된 규격이나 표준을 적용하였는지 확인
- 국가건설기준인 비계 및 안전시설물 설계기준(KDS 21 60 00 : 2020)은 2020년에 개정되었음

1.4 사용재료

- 수직재 : Φ48.6 x 2.3 (STK490) (안전인증기준) , ㈜신영스틸
  최대 압축하중 : 30.0 kN/본

- 수평재 Φ-42.7 x 2.2, STK400 (안전인증기준) , ㈜신영스틸
  최대 휨하중 : 8.0 kN (610mm)
  최대 휨하중 : 6.0 kN (914mm)

- 가새재 Φ-34 x 2.3, STK500 (안전인증기준) , ㈜신영스틸
  최대 압축하중 : 12.0 kN
  최대 인장하중 : 12.0 kN

- 벽 연결용 철물 : KS F 8003 (안전인증기준) , ㈜신영스틸
  최대 압축하중 : 9.81 kN
  최대 인장강도 : 9.81 kN

1.5 설계하중

1) 고정하중 및 활하중

		D.L	L.L	D.L+L.L
작업발판	(kN/m^2)	0.20		
작업하중	(kN/m^2)		1.25	
		0.20	1.25	1.45

※ 수평하중은 수직하중의 5%를 적용함.

※ 작업하중은 적재 및 작업에 대한 하중임.

※ 자중은 프로그램 자동계산됨.

▸ 1.4 사용재료의 수직재, 수평재, 가새, 벽연결철물, 클램프 등의 규격(φ, 두께, 강종)이 실제 사용재료와 일치하는지 측정(두께측정, 직경측정 등)

▸ 1.4 사용재료에서 시스템 비계 각 부재의 허용인장성능은 허용인장응력을 따르고, 수직재의 안전인증기준은 거푸집 및 동바리 설계기준(KDS 21 50 00)에 따랐는지 여부 확인(시험값보다는 안전인증값을 적용하여야 함)

- 시스템 비계 각 부재의 허용인장성능은 허용인장응력을 따르고, 수직재의 압축성능(P_{scr})은 안전인증 기준값을 적용하였는지 확인

▸ 1.5 설계하중의 고정하중은 KDS 21 60 00 1.3.2 연직하중에서 다음의 3종류로 분류되며 이중 택 1하여 적용하였는지 확인(특히 중작업, 돌붙임 작업의 적용 여부)

1) 경작업 : 1.25 kN/m^2 2) 중작업 : 2.5 kN/m^2 3) 돌붙임작업 : 3.5 kN/m^2

2) 풍하중

KDS 41 10 15의 풍하중기준을 적용한다.

a. 가시설물의 설계용 풍하중

$W_D = P_F \times A$

P_F : 가시설물의 설계풍압 (N/m^2)

A : 유효수압면적 (m^2)

b. 설계속도압

$q_H = 1/2 \times \rho \times V_H^2 =$ 212.71 N/m^2

ρ : 공기밀도로서 균일하게 1.22kg/m^3적용

V_H : 설계풍속(m/s)

c. 설계풍속

$V_H = V_0 \times K_{zr} \times K_{zt} \times I_w =$ 18.45 m/s

V_0	: 기본풍속 (m/s)	:	26 m/s	서울
K_{zt}	: 가시설물이 위치한 지형에 의한 계수	:	1.00	(평탄한 지역)
I_w	: 재형기간에 따른 중요도계수	:	0.6	
	I_w = 0.56 + 0.1In(T) (존치기간 1년이하의 경우 0.6 적용)			
	T = 1 / (1-P^(1/N)) = 2.5 년	:	재현주기(년)	
	P = 0.6	:	비초과 확률(60%)	
	N = 1 년	:	가시설물의 존치기간(년)	
K_{zr}	: 풍속고도분포계수	:	1.18	
	노풍도	:	C	
	지표면에서의 높이, Z	:	30 m	
	대지경계층의 시작높이, Z_b	:	10 m	
	기준경도풍높이, Z_g	:	350 m	
	풍속고도분포지수, α	:	0.15	

d. 풍력계수

$C_f = (0.11+0.09\gamma+0.945C_0 \cdot R)\cdot F =$ 0.454 (정압)

-0.422 (부압)

C_f	: 가시설물의 풍력계수		
γ	: 보호망, 네트 등의 풍력저감계수	:	0.7
	충실률, Φ	:	0.3
C_0	: 가시설물의 기본풍력계수	:	0.5

▸ 설계 풍하중 산정은 건축구조기준(KDS 41 10 15)을 적용하였는지 확인

- 다만 중요도계수와 풍력계수는 KDS 21 50 00(1.3.4)와 KDS 21 60 00(1.3.4)을 준용하여 산정

▸ 기본풍속(m/s)은 비계 설치 지역의 값을 입력하였는지 확인

R : 가시설물의 형상보정계수 : 0.594

패널의 길이, l : 1.8

패널의 높이, h : 1.8

지면에서 패널상부까지의 높이, H : 30 m

① 망이나 패널이 지면과 공간을 두고 설치되는 경우

R_{sh} = 0.5813+0.013(l/h)-0.000(l/h)^2 = 0.594

② 망이나 패널이 지면에 붙어서 설치되는 경우

R_{sh} = 0.5813+0.013(2H/l)-0.000(2H/l)^2 = 0.904

③ l/h 또는 2H/l가 1.5이하인 경우에는 R=0.6을 적용하며, l/h 또는 2H/l가 59 이상인 경우에는 R=1.0을 적용

l/h = 1.00

2H/l = 33.33

F : 비계 위치에 대한 보정계수 : 1 (정압)

: -0.931 (부압)

비계의 종류	풍력방향	적용부분	보정계수(F)
독립적으로 지지되는 비계	정압, 부압	전 부분	F=1.0
구조물에 지지되는 비계	정압	상부 2개층	F=1.0
		기타 부분	F=1+0.31Φ
	부압	개구부 인접부 및 돌출부	F=-1.0
		우각부에서 2스팬 이내	F=-1+0.23Φ
		기타 부분	F=-1+0.38Φ

e. 가스트영향계수 (강체구조물)

$G_D = 1 + 4\gamma_D \cdot \sqrt{B_D} =$ 1.820

γ_D : 풍속변동계수=((3+3α)/(2+α))xI_H : 0.262

I_H : 기준높이에서의 난류강도

=0.1(H/Z_g)$^{-\alpha-0.05}$: 0.163

B_D :비공진계수

=1-[1/{1+5.1(L_H/√HB)$^{1.3}$(B/H)^k]$^{1/3}$] : 0.611

H : 가시설물의 기준높이 : 30 m

B : 가시설물의 대표폭 : 46 m

L_H : 기준높이에서의 난류스케일

=100(H/30)$^{0.5}$: 100 m

k : 0.33 : H ≥ B

-0.33 : H < B : -0.33

n_D : 풍방향 1차 고유진동수

=46/H (근사식) : 1.53 Hz

(고유진동수가 1Hz를 초과하는 경우 강체구조물로 본다.)

▶ 형상보정계수(R)는 ①항, ②항, ③항 중 택1일하여 적용하여야 하지만 ③항은 기준이 모호하기 때문에 ①, ② 중 택 1하여 적용하였는지 여부 확인

d. 적용 풍하중

$P_F = q_H \cdot G_D \cdot C_f$ = **180.0 N/m²** (정압)

= **-170.0 N/m²** (부압)

3) 하중조합

a) (D + L)

b) (D + L + M)

c) (D + W) / 1.25

D: 고정하중 M: 수평하중

L: 활하중 W: 풍하중

▸ 가시설물 설계 시에는 시공 중 또는 사용기간 중에 작용할 것으로 예상되는 하중들을 각 하중들의 발생 특성에 따라 합리적으로 조합하여 검토하였는지 여부를 확인

▸ 하중 종류에 따라 적용되는 하중조합 및 증가계수는 다음과 같이 적용하였는지 여부 확인

비계 및 안전시설물 등의 하중조합 및 허용응력 증가계수

CASE	하중조합	허용응력 증가계수
1	$D+L_i+M$	1.00
2	$D+W$	1.25
3	$D+L_i+M+S$	1.50

2. 구조검토

2.1 비계 설치높이 : 28.5m

1) 설계조건

- 작업은 1개층에서 가능하며, 발판은 전층에 설치되는 조건임.
- 각 부재의 교차부는 클램프로 체결하여 견고한 조건임.
- 수직재 간격
  - 띠장방향 : 1800 mm (1.8m 이내)
  - 장선방향 : 600 mm (1.5m 이내)
- 수평재 간격
  - 기준층 : 1800 mm
  - 최하층 : 1500 mm (2.0m 이내)
- 작업층수 : 16 층
- 비계설치 높이 : 28.50 m

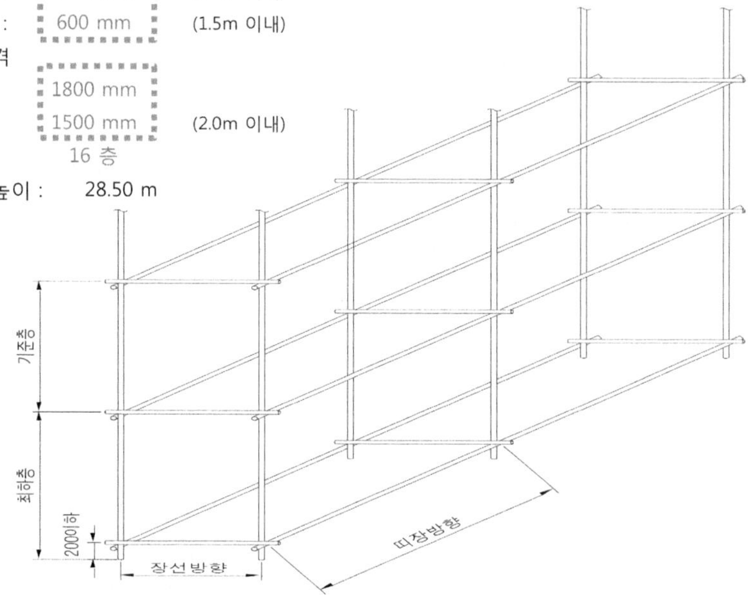

2) 사용부재의 단면성능

부재	규격	강종	강도	단면2차반경
작업발판	안전인증기준	-	-	-
수평재	Φ- 48.6 x 2.3	STK490	Fy = 315 MPa	16.38
수직재	Φ- 48.6 x 2.3	STK400	Fy = 235 MPa	16.38
가새	Φ- 48.6 x 2.3	STK400	Fy = 235 MPa	16.38

3) 설계하중

- 작업발판 : = 0.2 kN/m²
- 작업하중 : 경작업 = 1.25 kN/m²
- 설계하중 : 0.0015 N/mm² = 1.5 kN/m²

▶ 설계도면의 수직재의 간격, 수평재의 간격, 작업 층수, 설치 높이 등을 검토한다. 일반적으로 시스템 비계는 규격이 회사별로 조금씩 차이가 있으므로 주의를 요함

▶ 사용 부재의 직경, 두께, 강종 등을 확인하고 해당 부재를 기입 여부 확인

- 수직재는 안전인증기준에서 1종과 2종으로 구분되며, 강종별 규격을 확인

▶ 설계하중에서 작업하중은 작업자의 중량, 적재하중을 포함하며 경, 중, 돌붙임 작업 등을 구분하여 적절한 하중을 적용하여 설계에 반영 여부 확인

4) 발판 검토

- 발판이 받는 하중,ω

설계하중 x 수직재 간격(장선방향) = 0.9 N/mm

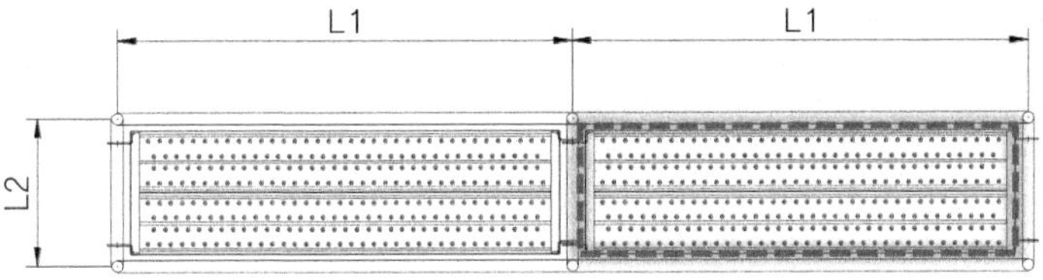

① 휨강도 검토

$$M = \frac{\omega \cdot L^2}{8} = 0.35\ \text{kN-m}$$

$$M_0 = \frac{P \cdot L}{4} \qquad 2.97\ \text{kN-m}$$

여기서, P는 안전인증기준 11N

S.F = M_0 / M = 8.43 > 2.0 --- **O.K**

※ 최대하중 : 1.25 x 1.80 x 0.60 = 1.35 kN

발판의 하중은 138 kg 을 초과할수 없다.

▶ 발판의 경우 작업하중이 400 kg을 초과하는 경우 검토가 필요하며, 상기와 같이 스팬에서는 1.25×0.598×1.817=1.36 kN에 이므로 4 kN을 초과하지 않으므로 해당이 되지 않는다.

5) 장선재 검토

- 장선재가 받는 하중,ω

설계하중 x 수직재 간격(띠장방향) = 2.6 N/mm

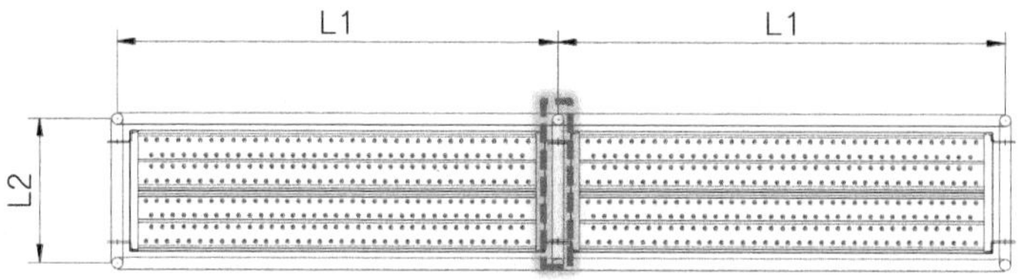

- 장선의 단면성능

탄성계수(E) :	205000 MPa	단면적(A) :	335 mm²
단면2차 모멘트(I) :	89867 mm⁴		
단면계수(Z) :	3698 mm³		
허용 휨응력(Fb) :	155.1 MPa		
허용 전단응력 (τ_a) :	94 MPa		

- 휨응력 검토

$$M_s = \frac{\omega \cdot L^2}{8} = 0.12 \text{ kN-m}$$

$$M_a = \frac{P_{max} \cdot L}{4} = 1.20 \text{ kN-m}$$

수평재 Φ-42.7 x 2.2, STK400　　최대 휨하중 :　8.0 kN　(시험성적서기준)

안전율 S.F = M_a / M_s = 10.22 > 1.5 --- **O.K**

- 변위 검토

$$\delta = \frac{5 \cdot \omega \cdot L^4}{384 \cdot E \cdot I} = 0.24 \text{ mm}$$

안전인증기준 작업발판의 허용처짐기준

L / 100 = 6.00mm

$\delta < (L/100)$ → 0.24 < 6.0 --- **O.K**

- 전단 검토

$$V_{max} = \frac{\omega \cdot L}{2} = 783 \text{ N}$$

$$\tau = 2 \cdot \frac{V_{max}}{Aw} = 4.68 \text{ MPa}$$

$\tau < \tau_a$ → 4.68 < 94 --- **O.K**

▶ 띠장 간격(수직재 간격 L1)은 일반적인 경우 1,817 mm 적용하였는지 확인하고, 특히 중작업, 돌붙임 작업의 장선 간격 여부 확인

- 경작업(1.25) : 최대 장선 간격 : 1,100 mm
- 중작업(2.5) : 최대 장선 간격 : 800 mm
- 돌붙임작업(3.5) : 최대 장선 간격 : 700 mm

6) 수직재 검토

- 수직재 1본의 하중, P_s

작업하중	띠장방향 간격 x 장선방향 간격/2 x 작업하중 = 1.8 x 0.6 / 2 x 1.25 =	0.68 kN
발판 자중	띠장방향 간격 x 장선방향 간격/2 x 작업발판 자중 x 층수 = 1.8 x 0.6 / 2 x 0.2 x 16 =	1.73 kN
수직재 자중	수직재 단위길이당 중량 x 길이 x 층수 = 0.02889 x 1.8 x 16 =	0.83 kN
수평재 자중	수평재 단위길이당 중량 x 길이 x 층수 = 0.02889 x 2.1 x 16 =	0.97 kN
안전난간 자중	안전난간 단위길이당 중량 x 길이 x (층수-1) x 개수 = 0.02889 x 1.8 x 15 x 2 =	1.56 kN
대각재 자중	대각재 단위길이당 중량 x 길이 x 층수 = 0.02889 x 2.546 x 16 =	0.39 kN
수직재 1본의 하중, P_s		6.16 kN

- 수직재의 단면성능

탄성계수(E) : 205000 MPa　　단면적(A) : 335 mm^2

단면2차 모멘트(I) : 89867 mm^4

단면계수(Z) : 3698 mm^3

허용 휨응력(Fb) : 207.9 MPa

허용 전단응력 (τ_a) : 126 MPa

- 허용압축하중 산정, (KDS 14 30 00 강구조 설계)

KL = 1800 mm

KL / r = 110 < 200 - **O.K**

$C_c = \sqrt{(2\pi^2 E / Fy)} =$ 113.3

KL/r ≤ Cc

$Fc=(1-(KL/r)^2/2/Cc^2)*Fy/(5/3+3*(KL/r)/8/Cc-(KL/r)^3/8/Cc^3)=$ 87.1 MPa

$\therefore P_{cr} = Fc \times A =$ 29.1 kN

재사용 안전율 적용은 폐지되었음
적용해서는 안됨

- 가설공사표준시방서 허용압축하중

$$P_a = \frac{P_{scr}}{RF_1 \times RF_2} = \frac{P_{scr}}{2.0 \times 1.3} = \frac{P_{scr}}{2.6}$$

비계 수직재의 시험성적서 기준 : P_{scr} = 30.0 kN

비계의 안전율 : RF_1 = 2.0

재사용 가설기자재의 성능저하에 따른 안전율 : RF_2 = 1.3

▸ 가설공사 표준시방서 허용압축응력 산정 시 재사용 가설기자재의 성능저하에 따른 안전율 (RF_2) = 1.3 적용에 대한 사항은 폐지되었으므로 적용하였는지 여부 확인

$$S.F = \frac{f_a}{f_d + f_i} = \frac{P_a/A}{(P_d + \alpha P_i)/A} = \frac{P_a}{(P_d + \alpha P_i)} = \frac{P_{scr}}{(RF_1 \times RF_2)(P_d + \alpha P_i)}$$

비계의 자중에 의한 압축력 : P_d = 5.5 kN

작업하중에 의한 압축력 : P_i = 0.7 kN

작업하중에 대한 할증계수 : α = 2.0

$\therefore$ $(RF_1 \times RF_2)(P_d/P_s + \alpha P_i/P_s)/P_s$ = 2.6 x (0.89 + 0.22) P_s = 2.88 P_s

$$S.F = \frac{P_{scr}}{(RF_1 \times RF_2)(P_d + \alpha P_i)} = \frac{P_{scr}}{2.88\ P_s} = 1.69 > 1.0$$ - **O.K**

- 검토결과, **가설공사표준시방서** 및 KDS 14 30 00 **강구조 설계** 이내의 하중이 재하되므로 구조적으로 이상이 없음을 확인함.

▸ 수치값에서 오타 유무 여부 확인

7) 가새재 검토

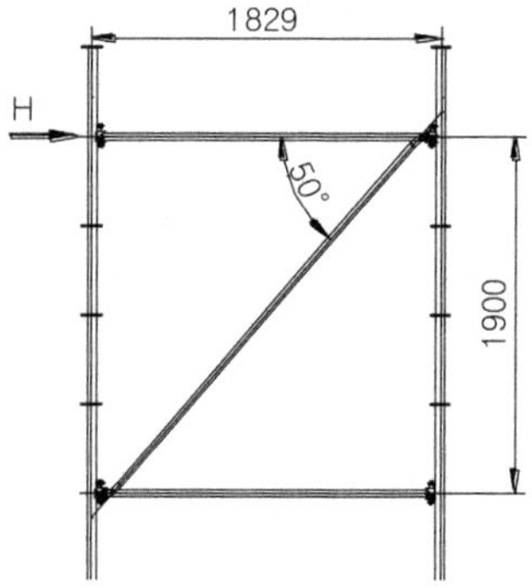

- 가새재의 인장력 및 압축력, P_s

가새재의 설치각도 : θ = 50

수평하중은 해당층 중력하중의 5% 고려하며, 가새설치 간격은 15m 이하로 한다.

H = 1.45 x 1800 x 600 x 0.05 x 8 = 0.63kN

$$P_s = \frac{H}{\cos\theta} = 0.63 \frac{2.55}{1.800} = 0.89 \text{ kN}$$

- 가새재의 단면성능

탄성계수(E) :	205000 MPa	단면적(A) :	335 mm^2
단면2차 모멘트(I) :	89867 mm^4		
단면계수(Z) :	3698 mm^3		
허용 휨응력(Fb) :	234.3 MPa		
허용 전단응력 (τ_a) :	142 MPa		

- 허용압축 및 인장강도 검토

가새재의 압축강도는 안전인증기준으로 한다.

시험 압축하중, P_c = 12.0kN

안전율 검토

압축력 S.F = P_c / P_s = 13.55 > 2.0 --- O.K

가새재의 허용안전율 = 2.0

▸ 강관비계에서 가새재는 10 m 이하로 설치하게 되어있다. 시스템 비계에서는 가새재의 설치간격은 별도로 정의 되지 않고 있다. 따라서 가새재의 설치간격이 적절하게 배치되었는지 여부를 확인 필요

- 그러나 대략 10~15 m 이내로 설치되어야 불확실성을 제거할 수 있다.

8) 풍하중에 의한 안정성검토

- 벽이음철물 간격
  수직간격 : 5.40 m
  수평간격 : 5.40 m

- 풍하중에 의한 벽이음철물 압축력 및 인장력

  정압에 의한 압축력(단기하중 적용)

  P_{w1} = P_f x 유효수압면적 / 1.25

  = 150.0 x 5.40 x 5.400 / 1.25 x 10^{-3} = 3.50kN

  부압에 의한 인장력(단기하중 적용)

  P_{w2} = P_f x 유효수압면적 / 1.25

  = 140.0 x 5.40 x 5.400 / 1.25 x 10^{-3} = 3.27kN

- 벽이음철물의 허용압축 및 인장강도 검토

  벽이음철물의 인장과 압축강도는 안전인증기준으로 한다.

  시험 압축하중, P_c = 9.81kN

  시험 인장하중, P_t = 9.81kN

  안전율 검토

  압축력 S.F = P_c / P_s = 2.80 > 2.0 --- O.K

  인장력 S.F = P_t / P_s = 3.00 > 2.0 --- O.K

  벽이음철물의 허용안전율 = 2.0

- 앵커강도 검토

  Hilti HSA Stud Anchor

앵커규격	M8	M10	M12	M16	M20
유효설치깊이	70	80	100	120	115
인장강도(kN)	7.6	11.9	16.7	23.8	29.7
전단강도(kN)	6.1	10.8	16.9	29.1	49

  사용앵커 : 1-M10 Stud Anchor (설치깊이는 80mm)

  F_{st} = 3.3 kN/ea

  F_{at} = 11.9 kN/ea / 2.0 (S.F) = 6.0 kN/ea > 3.3 kN/ea --- O.K

▶ 벽 이음 철물은 강관비계에서는 5 m×5 m 이하로 규정되어 있지만 시스템 비계에서는 별도의 규정은 없다. 따라서 벽 이음 철물의 간격이 적절하게 배치되었는지 여부를 확인

- 다만 풍하중에 대한 수평재의 안전성을 확보하기 위해서는 5 m×5 m 이하로 배치하는 것이 바람직하다.

3. 3차원해석을 활용한 구조검토

3.1 검토결과

1) 비계에 작용하는 자중 및 작업하중, 충격하중 등의 대하여 **구조검토결과 내력과 변위가 허용범위 이내인 것을 확인함.**
2) 작업발판은 전층에 설치가 가능하며, 작업범위는 작업하중 및 안전을 고려하여 1개단에서 수행함.
3) 비계 외부의 보호망은 태풍이 예상될 경우 제거하여 풍하중의 영향을 최소화 할 것.
4) 벽연결철물은 수직, 수평으로 영구구조물에 고정 되어야 하며, 수직재와 수평재의 교차에서 비계면에 대하여 직각이 되도록하여 수직재에 설치하고 비계의 최상단과 가장자리 끝에도 벽연결철물을 설치한다. 또한, 현장여건에 따라 설치가 불가능한 부분은 위 사항에 준하여 관리관독자의 판단에 따라 설치한다.
5) 비계 기둥 설치시 관리감독자가 비계 수직도를 철저히 관리감독하여야 한다.
6) 풍속 10m/sec 이상일 경우 산업안전보건기준에 관한 규칙에 의거하여 작업을 금지한다.
7) 작업발판에 적재시 집중적재 67.5kg , 분산적재 135kg 을 초과하지 않는다.
8) 벽연결철물은 풍압에 대하여 검토결과 수직 : 3.6m x 수평 : 3.6m 이내가 되도록 영구구조물에 고정하여야 하며, 시공이 어려울시에는 추가 보강방안을 강구할 것.

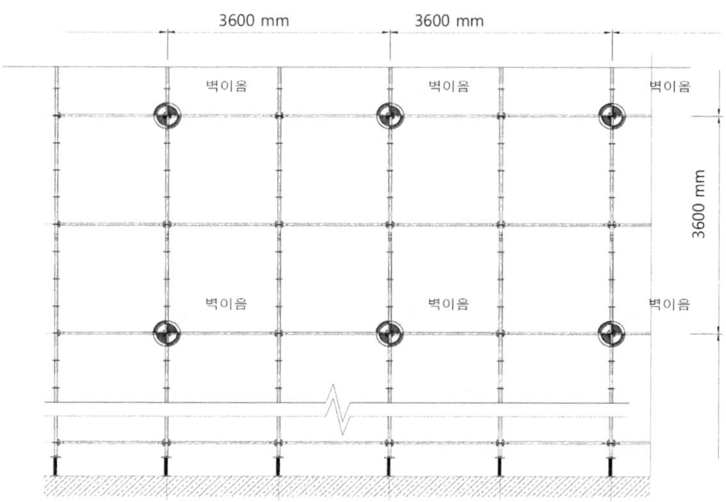

< 벽이음 설치 위치 >

▶ 작업발판 적재 시 분산적재 하중이 400 kgf를 초과하는지 확인하고, 벽 연결철물의 간격이 적절한지 확인

- 2D 해석과 3D 해석 결과를 상호 비교하여 일치하는지 확인

3.2 해석모델

(1) 3D 모델

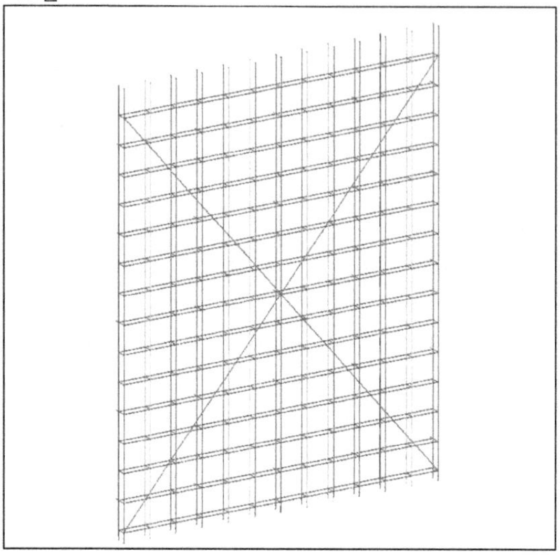

(2) 경계조건

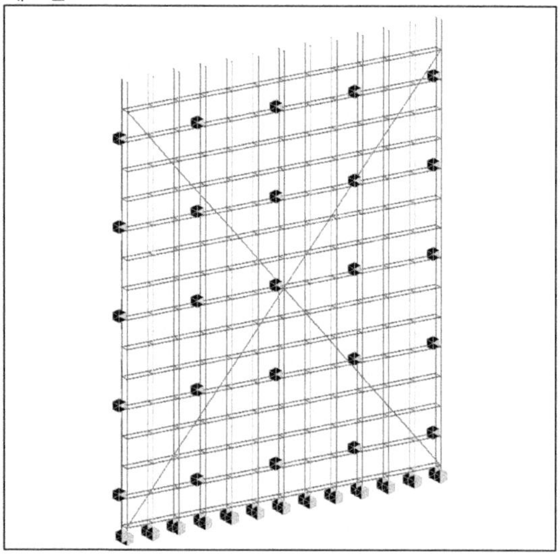

▸ 수직재의 경계조건은 연결부재로 그리고 수평재의 경계조건은 설계기준에 따르면 힌지 연결로 설정하도록 되어 있음

- 일부 사무장 기술사무소에서는 임대사의 요구에 따라 자재누락을 통한 원가도모 차원에서 20% 정도의 회전강성을 부여하여 NG → OK로 만들고 있다. 따라서 점검자는 구조해석 보고서를 보고서 힌지 연결부위에 이러한 회전강성을 임의로 부여하지는 않았는지를 꼭 확인할 필요가 있다.

(3) 입력하중

- 작업발판 : 0.20 kN/m²

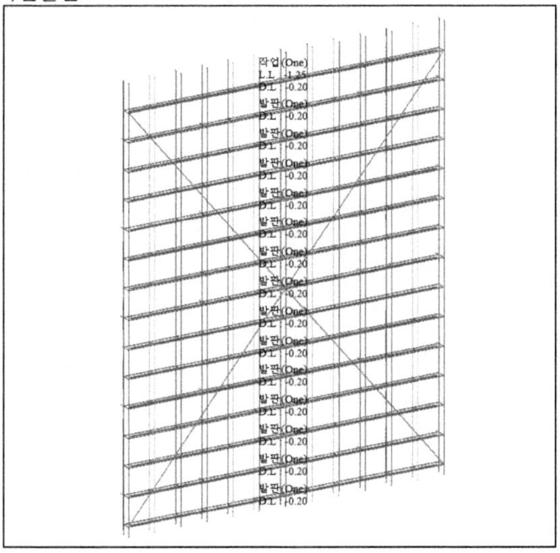

- 작업하중 : 1.25 kN/m²

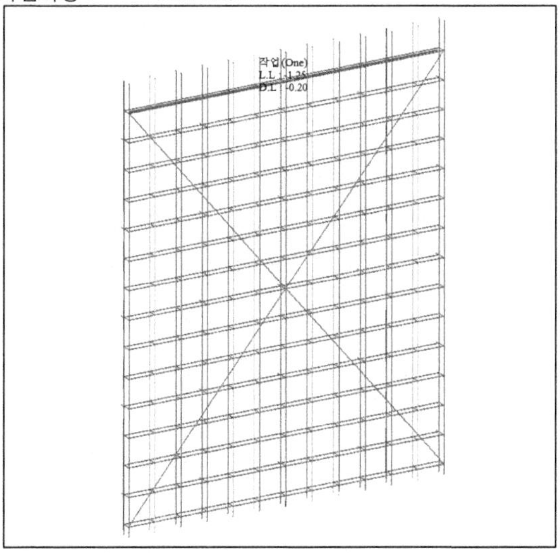

▸ 입력하중은 정확히 산정하여 적용하였는지 확인

- 수평하중

(45m x 0.6m x (0.2+1.25)) x 0.05 / 2 = 0.97875 kN

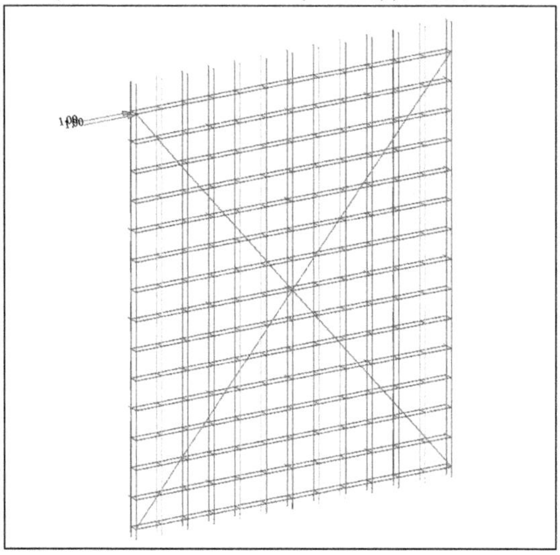

- 풍하중

정압 : 180.0 N/m² 부압 : -170.0 N/m²

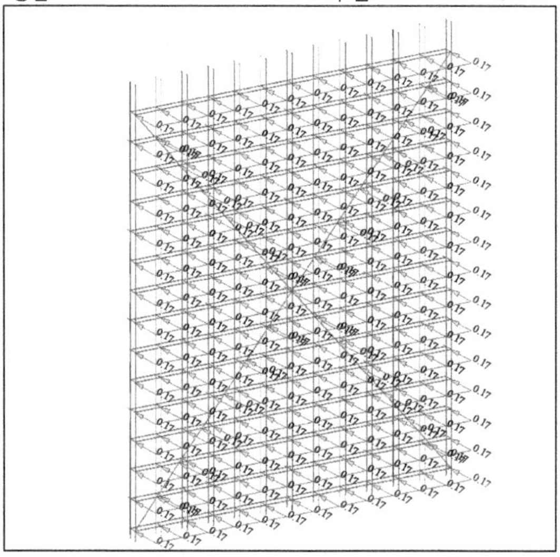

▶ 입력하중은 정확히 산정하여 적용하였는지 확인

3.3 해석결과

(1) 변위 결과

- 수직하중 : Load Case(D+L), δ_{max} = 1mm

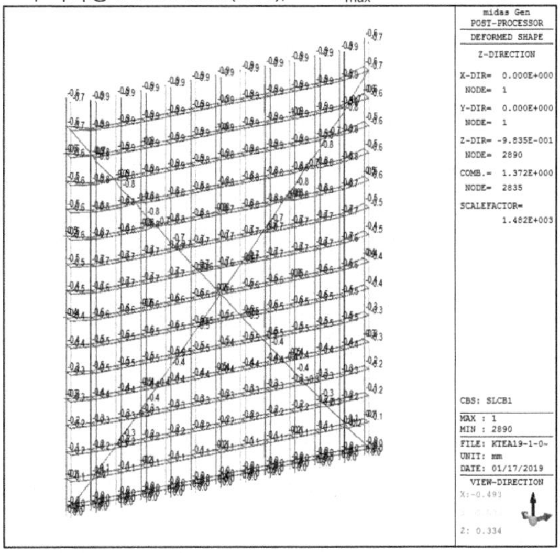

- 수평하중 : Load Case(W), δ_{max} = 4.7mm

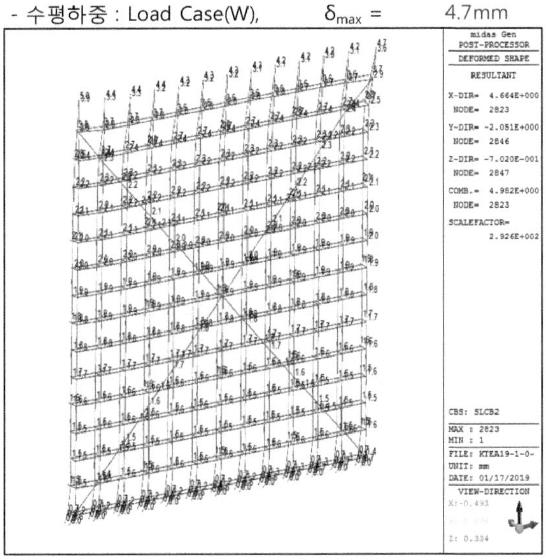

▸ 비계 벽 이음 마감공사 시 해체에 따른 단계별 변의 등에 대하여 검토되었는지 확인

- 비계가 전도되거나 무너지는 원인의 대부분은 벽 연결철물을 제대로 설치하지 않았거나 또는 설치된 벽 연결철물을 마감공사 시에 해체하는 경우에 발생하고 있다.
- 벽 연결철물을 일부 구간에 미설치 시에는 Y 방향의 변위가 아래 그림에서 보는 바와 같이 대폭 증가하게 된다.

(2) 반력 결과

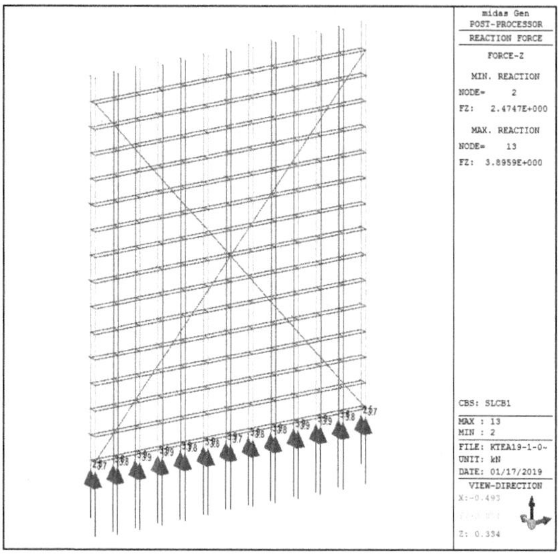

- 모델구간 총반력

Load Case	FX (kN)	FY (kN)	FZ (kN)
D.L	0	0	80.7
L.L	0	0	16.5
M	-2.0	0	0
WL(+)	0	-104.4	0

- 수직재 1본당 최대 반력

Load Case	FX (kN)	FY (kN)	FZ (kN)
Combination	0	0	3.9

3.4 내력검토

- 축력(Axial force)

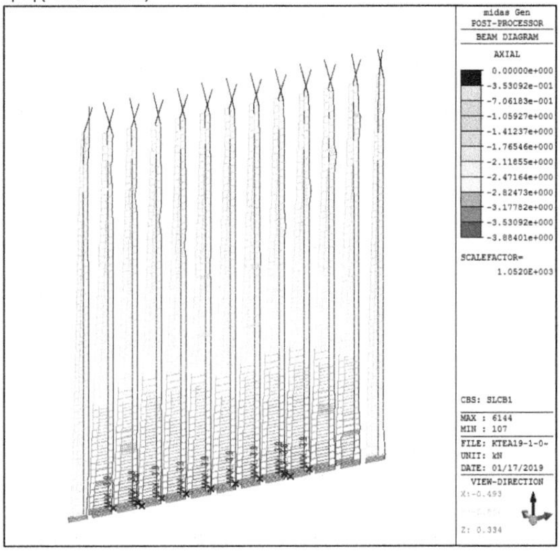

- 전단력(Shear force)

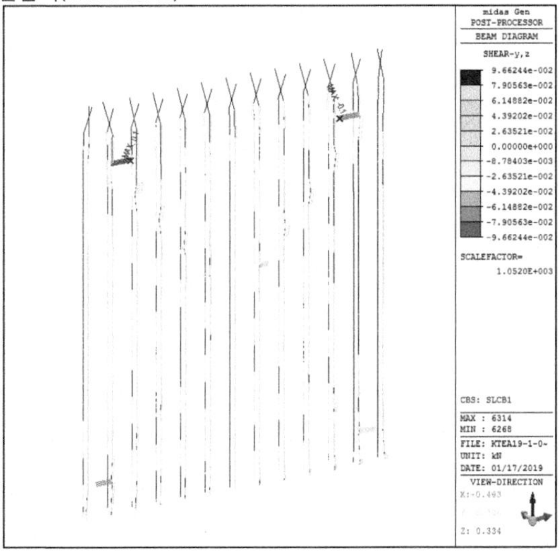

- 모멘트(Moment)

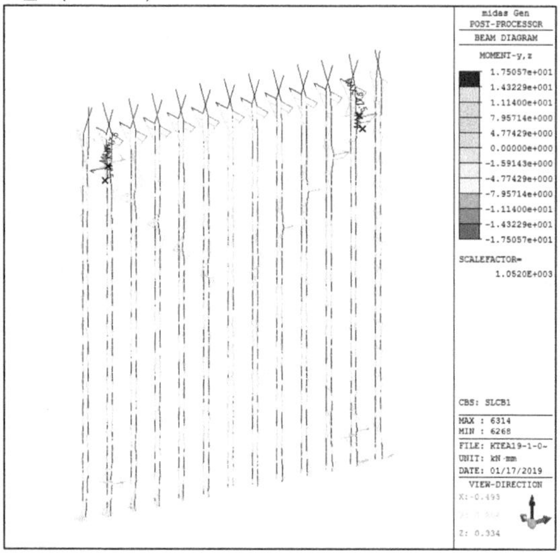
midas Gen
POST-PROCESSOR
BEAM DIAGRAM
MOMENT-y, z
1.75057e+001
1.43229e+001
1.11400e+001
7.95714e+000
4.77429e+000
0.00000e+000
-1.59143e+000
-4.77429e+000
-7.95714e+000
-1.11400e+001
-1.43229e+001
-1.75057e+001
SCALEFACTOR=
1.0520E+003
CBS: SLCB1
MAX : 6314
MIN : 6268
FILE: KTEA19-1-0-
UNIT: kN·mm
DATE: 01/17/2019
VIEW-DIRECTION
X: -0.493
Z: 0.334

3.5 허용하중 및 응력검토

(1) 벽연결철물 허용하중검토

벽연결철물의 최대 하중 P_{max}= 1kN

※ 10.6 kN / 1kN = 10.60 > 2.6 --- **O.K**

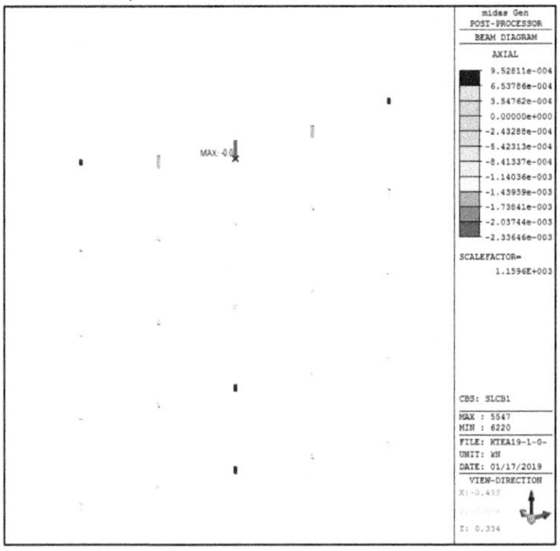

(2) 기둥재의 허용하중 검토

기둥재의 최대 하중 P_{max}= 3.9kN

※ 7 kN / 3.9kN = 1.79 > 1.0 --- **O.K**

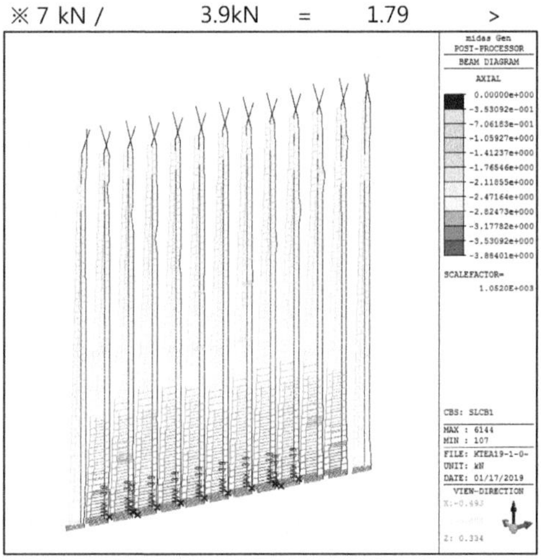

(3) 수직재 응력검토

midas Gen **Steel Checking Result**

Certified by :

	Company		Project Title	
	Author		File Name	F:\...冑 ?아이티가설(Truss TP1.mgb

1. Design Information

Design Code	: KSSC-ASD03
Unit System	: kN, mm
Member No	: 5413
Material	: STK500 (No:3)
	(Fy = 0.35500, Es = 205.000)
Section Name	: P 48.6x2.3(V) (No:1)
	(Rolled : P 48.6x2.3).
Member Length	: 1900.00

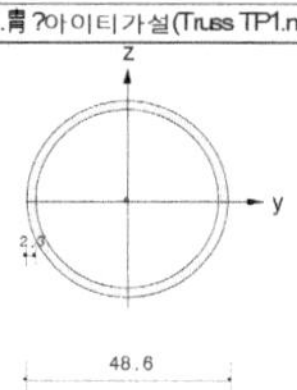

2. Member Forces

Axial Force	Fxx = -1.6906 (LCB: 3, POS:J)
Bending Moments	My = 0.00000, Mz = -750.69
End Moments	Myi = 0.00000, Myj = 0.00000 (for Lb)
	Myi = 0.00000, Myj = 0.00000 (for Ly)
	Mzi = 566.646, Mzj = -750.69 (for Lz)
Shear Forces	Fyy = 0.69333 (LCB: 3, POS:1/2)
	Fzz = 0.00030 (LCB: 2, POS:1/2)

Outer Dia.	48.6000	Wall Thick	2.30000
Area	334.500	Asz	167.274
Qyb	537.245	Qzb	537.245
Iyy	89900.0	Izz	89900.0
Ybar	24.3000	Zbar	24.3000
Syy	3700.00	Szz	3700.00
ry	16.4000	rz	16.4000

3. Design Parameters

Unbraced Lengths	Ly = 1900.00, Lz = 1900.00, Lb = 1900.00
Effective Length Factors	Ky = 1.00, Kz = 1.00
Moment Factor / Bending Coefficient	
	Cmy = 0.85, Cmz = 0.85, Cb = 1.00

4. Checking Results

Slenderness Ratio

KL/r = 115.9 < 200.0 (Memb:5413, LCB: 3)................................ O.K

Axial Stress

fa/Fa = 0.00505/0.07865 = 0.064 < 1.000 .... O.K

Bending Stresses

fby/Fby = 0.00000/0.23430 = 0.000 < 1.000 .... O.K

fbz/Fbz = 0.20291/0.23430 = 0.866 < 1.000 .... O.K

Combined Stress (Compression+Bending)

Rmax = fa/Fa + SQRT[(fbcy/Fbcy)^2 + (fbcz/Fbcz)^2] = 0.930 < 1.000 .... O.K

Shear Stresses

fv/Fv = 0.015 < 1.000 .... O.K

Modeling, Integrated Design & Analysis Software
http://www.MidasUser.com
Gen 2018

Print Date/Time : 01/17/2019 13:18

▶ 재료의 직경, 두께 등이 조립도에 명시된 것과 일치하는가 확인하고 실제 사용되는 제품과 일치 여부 확인

(4) 수평재 응력검토

midas Gen **Steel Checking Result**

Certified by :

	Company		Project Title	
	Author		File Name	F:\...青 ?아이티가설(Truss TP1.mgb

1. Design Information

Design Code : KSSC-ASD03
Unit System : kN, mm
Member No : 5814
Material : STK500 (No:3)
(Fy = 0.35500, Es = 205.000)
Section Name : P 48.6x2.3(H) (No:2)
(Rolled : P 48.6x2.3(H)).
Member Length : 778.714

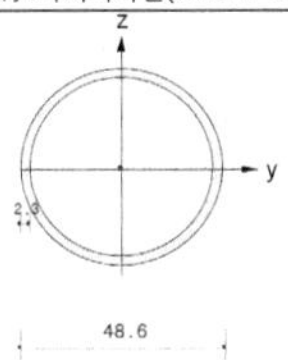

2. Member Forces

Outer Dia.	48.6000	Wall Thick	2.30000
Area	334.548	Asz	167.274
Qyb	537.245	Qzb	537.245
Iyy	89867.2	Izz	89867.2
Ybar	24.3000	Zbar	24.3000
Syy	3698.24	Szz	3698.24
ry	16.3897	rz	16.3897

Axial Force Fxx = -0.8907 (LCB: 3, POS:I)
Bending Moments My = 0.36470, Mz = 539.209
End Moments Myi = 0.36470, Myj = -6.7711 (for Lb)
Myi = 0.36470, Myj = -6.7711 (for Ly)
Mzi = 539.209, Mzj = 50.3078 (for Lz)
Shear Forces Fyy = 0.73436 (LCB: 3, POS:I)
Fzz = 0.00114 (LCB: 3, POS:I)

3. Design Parameters

Unbraced Lengths Ly = 778.714, Lz = 778.714, Lb = 778.714
Effective Length Factors Ky = 1.00, Kz = 1.00
Moment Factor / Bending Coefficient
Cmy = 1.00, Cmz = 1.00, Cb = 1.00

4. Checking Results

Slenderness Ratio
KL/r = 110.9 < 200.0 (Memb:237, LCB: 2)................................... O.K
Axial Stress
fa/Fa = 0.00266/0.17550 = 0.015 < 1.000 .... O.K
Bending Stresses
fby/Fby = 0.00010/0.23430 = 0.000 < 1.000 .... O.K
fbz/Fbz = 0.14580/0.23430 = 0.622 < 1.000 .... O.K
Combined Stress (Compression+Bending)
Rmax = fa/Fa + SQRT[(fbcy/Fbcy)^2 + (fbcz/Fbcz)^2] = 0.637 < 1.000 .... O.K
Shear Stresses
fv/Fv = 0.015 < 1.000 .... O.K

Modeling, Integrated Design & Analysis Software
http://www.MidasUser.com
Gen 2018

Print Date/Time : 01/17/2019 13:18

▸ 재료의 직경, 두께 등이 조립도에 명시된 것과 일치하는가 확인하고 실제 사용되는 제품과 일치 여부 확인

(5) 가새 응력검토

midas Gen **Steel Checking Result**

Certified by :

Company		Project Title	
Author		File Name	F:\...賣 ?아이티가설(Truss TP1.mgb

1. Design Information

Design Code : KSSC-ASD03
Unit System : kN, mm
Member No : 6270
Material : STK400 (No:2)
(Fy = 0.23500, Es = 205.000)
Section Name : P 48.6x2.3(VB) (No:3)
(Rolled : P 48.6x2.3(VB)).
Member Length : 2456.74

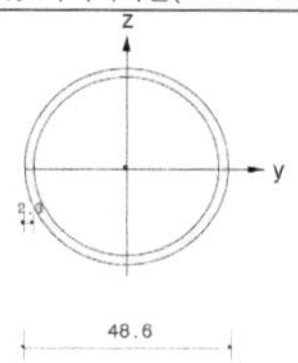

2. Member Forces

Axial Force Fxx = -2.4710 (LCB: 2, POS:I)
Bending Moments My = 0.00000, Mz = 0.00000
End Moments Myi = 0.00000, Myj = 0.00000 (for Lb)
Myi = 0.00000, Myj = 0.00000 (for Ly)
Mzi = 0.00000, Mzj = 0.00000 (for Lz)
Shear Forces Fyy = 0.00000 (LCB: 3, POS:J)
Fzz = 0.00000 (LCB: 3, POS:J)

Outer Dia.	48.6000	Wall Thick	2.30000
Area	334.548	Asz	167.274
Qyb	537.245	Qzb	537.245
Iyy	89867.2	Izz	89867.2
Ybar	24.3000	Zbar	24.3000
Syy	3698.24	Szz	3698.24
ry	16.3897	rz	16.3897

3. Design Parameters

Unbraced Lengths Ly = 2456.74, Lz = 2456.74, Lb = 2456.74
Effective Length Factors Ky = 1.00, Kz = 1.00
Moment Factor / Bending Coefficient
Cmy = 1.00, Cmz = 1.00, Cb = 1.00

4. Checking Results

Slenderness Ratio
KL/r = 149.9 < 200.0 (Memb:6270, LCB: 2)................................ O.K
Axial Stress
fa/Fa = 0.00739/0.04698 = 0.157 < 1.000 .... O.K
Bending Stresses
fby/Fby = 0.00000/0.15510 = 0.000 < 1.000 .... O.K
fbz/Fbz = 0.00000/0.14100 = 0.000 < 1.000 .... O.K
Combined Stress (Compression+Bending)
Rmax = 0.157 < 1.000 .... O.K
Shear Stresses
fv/Fv = 0.000 < 1.000 .... O.K

Modeling, Integrated Design & Analysis Software
http://www.MidasUser.com
Gen 2018

Print Date/Time : 01/17/2019 13:18

▶ 재료의 직경, 두께 등이 조립도에 명시된 것과 일치하는가 확인하고 실제 사용되는 제품과 일치 여부 확인

(6) 벽연결철물

midas Gen **Steel Checking Result**

Certified by :

Company		Project Title	
Author		File Name	F:\...肯 ?아이티가설(Truss TP1.mgb

1. Design Information

Design Code : KSSC-ASD03
Unit System : kN, mm
Member No : 6217
Material : SS400 (No:1)
(Fy = 0.23536, Es = 205.940)
Section Name : 벽연결철물 (No:5)
(Rolled : SR 10).
Member Length : 300.000

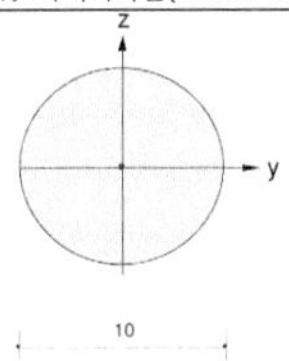

2. Member Forces

Axial Force Fxx = -4.5813 (LCB: 3, POS:I)
Bending Moments My = -0.2177, Mz = 0.00000
End Moments Myi = -0.2177, Myj = 0.00000 (for Lb)
Myi = -0.2177, Myj = 0.00000 (for Ly)
Mzi = 0.00000, Mzj = 0.00000 (for Lz)
Shear Forces Fyy = 0.00000 (LCB: 3, POS:1/2)
Fzz = -0.0018 (LCB: 1, POS:I)

Outer Dia.	10.0000		
Area	78.5400	Asz	70.6858
Qyb	8.33333	Qzb	8.33333
Iyy	490.874	Izz	490.874
Ybar	5.00000	Zbar	5.00000
Syy	98.1748	Szz	98.1748
ry	2.50000	rz	2.50000

3. Design Parameters

Unbraced Lengths Ly = 300.000, Lz = 300.000, Lb = 300.000
Effective Length Factors Ky = 1.00, Kz = 1.00
Moment Factor / Bending Coefficient
Cmy = 1.00, Cmz = 1.00, Cb = 1.00

4. Checking Results

Slenderness Ratio
KL/r = 120.0 < 200.0 (Memb:6217, LCB: 3)................................. O.K
Axial Stress
fa/Fa = 0.05833/0.07171 = 0.813 < 1.000 .... O.K
Bending Stresses
fby/Fby = 0.00222/0.17652 = 0.013 < 1.000 .... O.K
fbz/Fbz = 0.00000/0.17652 = 0.000 < 1.000 .... O.K
Combined Stress (Compression+Bending)
SFy = [Cmy/(1-fa/F'ey)], SFz = [Cmz/(1-fa/F'ez)]
Rmax1 = fa/Fa + SQRT[SFy*(fbcy/Fbcy)^2 + SFz*(fbcz/Fbcz)^2]
Rmax2 = fa/0.60Fy + SQRT[(fbcy/Fbcy)^2 + (fbcz/Fbcz)^2]
Rmax = Max[Rmax1, Rmax2] = 0.874 < 1.000 .... O.K
Shear Stresses
fv/Fv = 0.000 < 1.000 .... O.K

Modeling, Integrated Design & Analysis Software
http://www.MidasUser.com
Gen 2018

Print Date/Time : 01/17/2019 13:18

▸ 재료의 직경, 두께 등이 조립도에 명시된 것과 일치하는가 확인하고 실제 사용되는 제품과 일치 여부 확인

1. 가새설치
   - 가새 설치간격은 약 10 m 내외로 설치한다.
   - 가새는 하부 받침철물까지 연결하여 하중을 전달시키도록 한다.
   - 가새의 설치 각도는 40~60°로 설치한다.

2. 받침철물 및 밑둥잡이 설치
   - 받침 철물은 상세도면과 같이 설치한다.
   - 밑둥잡이 200 mm 이하로 설치하며 현장여건에 따라 조절 설치한다.

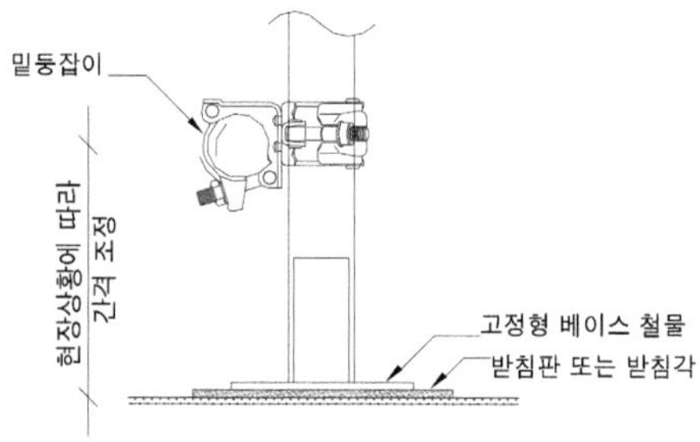

받침 철물 상세도면

2. 기타 설치
   - 비계 기둥의 간격은 띠장 방향으로 1.8 m 이내, 장선방향으로 1.5 m 이내이어야 한다.
   - 기둥 높이가 31 m를 초과하면 기둥의 최고부에서 하단 쪽으로 31 m 높이까지는 강관 1개로 기둥을 설치하고 31 m 이하의 부분은 좌굴을 고려하여 강관2개를 묶어 설치한다.
   - 비계 기둥과 구조물 사이의 간격은 별도로 설계된 경우를 제외하고는 추락방지를 위하여 300 mm 이내로 설치한다.
   - 장선은 띠장으로부터 50 mm 이상 돌출하여 설치한다.
   - 띠장의 이음위치는 가각의 띠장끼리 최소 300 mm 이상 엇갈리게 한다.
   - 체결에 사용되는 클램프는 자재입고시 전수 조사를 하여야하며 변형, 핀 탈락, 볼트 휨 등이 있는 클램프는 파기해야하며, 되도록이면 클램프는 새재품을 사용하도록 권장한다.
   - 작업이나 설치, 해체 시 상하 동시 작업을 금지한다.
   - 이외의 사항은 산업안전보건기준에 관한 규칙 및 KCS 21 60 00 비계공사에 따른다.

▶ 비계 설치 상세 및 시공

3. 벽이음재 설치

- 강관비계의 경우 벽이음재은 수직 5.0 m, 수평 5.0 m 이내마다 영구구조물에 고정 설치한다.
- 벽연결재는 수직재와 수평재의 교차부에서 비계면에 대하여 직각이 되도록하여 수직재에 설치하고, 비계의 최상단과 가장자리 끝에도 벽 이음재를 설치한다.
- 작업중 벽이음재를 제거할시 관리감독자의 승인을 받고 제거한다.
- 벽이음 철물 설치가 어려울시에는 벽이음재 보강도면과 같이 설치한다.

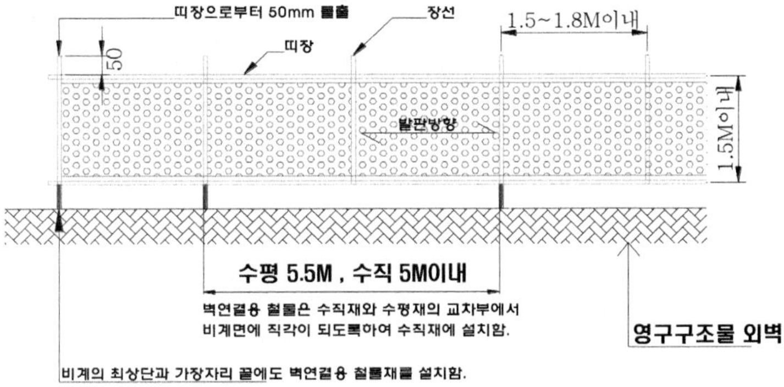

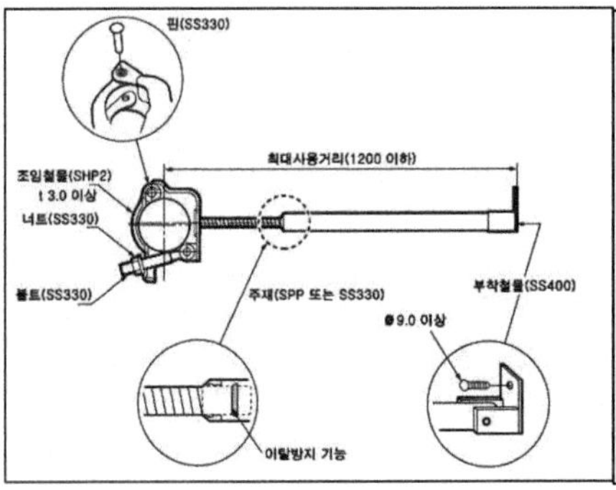

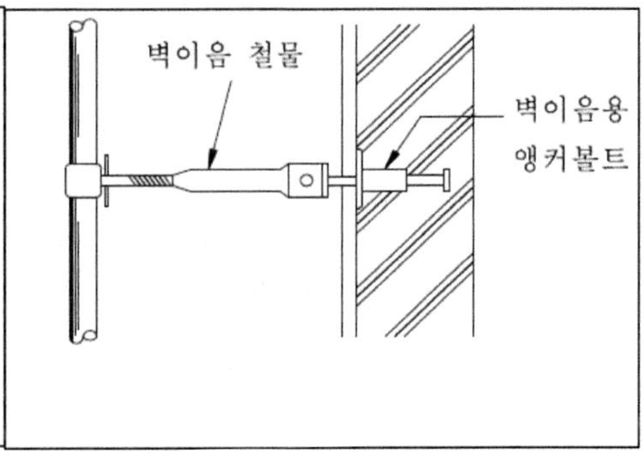

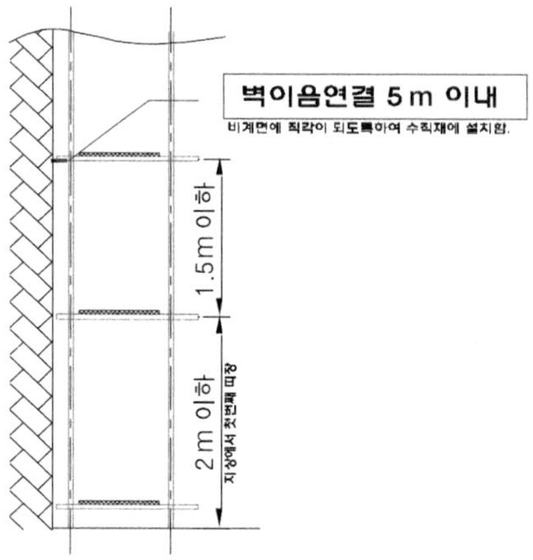

상세 벽이음재 설치

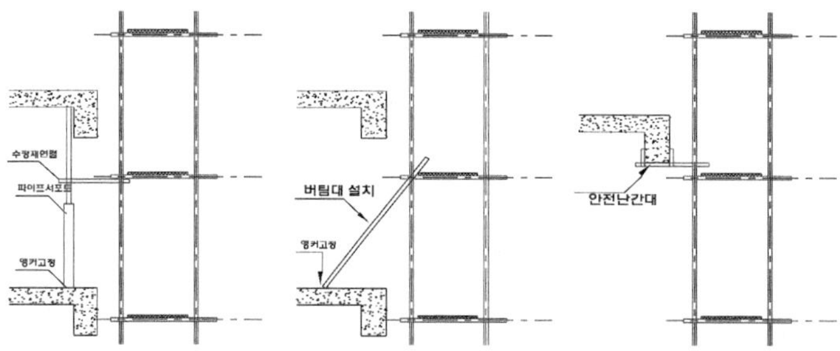

벽이음재 보강안

7 강관비계의 재료와 품질 성능 점검요령

7.1 재료 측면에서 강관비계가 만족해야 할 조건

1) 2가지 법적 만족 조건

강관비계를 포함한 비계류 등의 재료도 시스템 비계와 마찬가지로 법적으로 2가지 조건을 모두 만족한 제품을 사용하여야 한다. 자세한 내용은 시스템 비계 편을 참고하면 된다.

첫째, 고용노동부의 산업안전보건법에 따른 안전인증(자율안전확인신고)을 받은 제품을 사용하여야 한다. 또한 안전인증표시(Kcs)가 된 제품을 사용하여야 한다.

따라서 점검자 입장에서는 현장에서 사용하고 있는 강관비계 등을 포함한 가설기자재가 안전인증이나 자율안전확인 신고를 한 정상적인 제품인지 여부를 확인하여야 한다. 확인하는 방법은 임대업체에서 제출한 안전인증서나 자율안전확인 신고증명서를 육안으로 직접 확인하는 방법이 있다. 강관비계 등을 포함한 가설기자재는 역시 산업안전보건법에 따라 각 제품마다 안전인증이나 자율안전확인신고 표시(Kcs)를 한 제품만을 사용하여야 한다.

둘째, 건설기술진흥법에 따른 품질시험에 합격한 제품을 사용하여야 한다.

강관비계를 포함한 가설기자재는 시스템 비계와 마찬가지로 건설기술진흥법 제55조(건설공사의 품질관리) 및 건설공사 품질관리 업무지침(국토교통부 고시 제2020-720호) 제54조(부실공사 방지를 위한 성실의무)에 의하여 품질검사 건설기술용역업에서 실시한 품질시험에 합격한 제품만을 사용 [28]하여야 한다. 이때 소요되는 비용은 품질관리비(품질시험비)에서 사용하게 된다.

이때 강관비계에 대한 품질시험은 비계용 강관과 강관조인트만이 품질시험 대상이 된다. 가끔 일부 건설현장에서는 품질시험 대상인 비계용 강관과 강관조인트는 시험을 하지 않고 오히려 크램프를 품질시험하고 있는 경우도 있는데 정확한 내용을 이해하고 품질시험을 실시해야 한다.

특히, 클램프와 강관 조인트는 한번 사용하고 나면 성능이 저하되는 경우가 많이 있으므로 재사용 자재에 대하여는 필히 성능과 품질을 확인하여야 한다. 가급적이면 클램프와 강관조인트는 신품을 사용하는 것이 성능과 품질 측면에서 유리하므로 이러한 점에 착안하여 점검하여야

28) 2017년 7월 1일 이후 입찰공고 된 공사부터 적용된다.

한다.[29]

만약 성능이 미흡하다고 추정될 때에는 샘플링을 실시하여 공신력 있는 품질검사 전문기관에서 품질시험을 하는 것도 하나의 방법이다.

표 5.7 가설공사(강관비계) 품질시험기준

종별		시험종목	시험방법	시험빈도	비고
강관 비계용 부재	비계용 강관	인장 하중	KS F 8002	• 제품규격마다(3개) • 공급자마다	
	강관 조인트	휨 하중			
		인장 하중			
		압축 하중			

2) 국토교통부 현장점검 내용

최근 국토교통부에서는 건설현장 안전사고 및 부실시공 예방을 위해 전국 건설공사 현장점검에 나서고 있다. 주로 점점 과정에서 점검하고 있는 내용은 다음 표와 같다.

그러나 안타깝게도 점검자들의 점검 방법이나 점검기술, 점검에 대한 지식 부족으로 원활한 점검은 미흡한 것이 사실이다.

일부 시공사들의 경우 품질관리비 중에서 품질시험비를 집행하여 사용하여야 하지만, 가설기자재에 대한 품질시험비를 발주처가 미반영하였다는 사유를 들어 전문건설업체나 가설기자재 임대업체에게 품질시험 비용 등을 대납하게 하는 경우가 많이 있으므로 이 점에 유의하여 점검하여야 한다. 특히 품질관리(시험)계획서에 강관비계를 포함한 가설기자재에 대한 품질시험계획이 수립되어 있는지도 확인할 사항이다.

29) 감사원 감사결과 공개한 '건설자재 품질관리실태' 감사결과에 따르면 18개 건설현장의 가설기자재의 성능을 시험한 결과 절반 이상이 불량으로 확인됐다. 강관조인트나 파이프서포트 등의 기자재의 경우에는 표본 전체가 기준에 미달하는 등 품질 불량이 심각한 것으로 나타났다. 실제 감사원이 건설현장에 반입된 가설기자재 116개를 표본으로 시험한 결과 63개 표본에서 안전인증기준·자율안전기준에 미달한 것으로 나타났다. 강관조인트는 국내 3개 제조업체가 그동안 만들어왔는데 모두가 모두 기준에 미달했다.

표 5.8 국토교통부 건설현장 일제점검 내용

국토교통부 건설현장 일제점검 내용	
점검 내용	▶안전관리 • 주변 지반침하 및 지반붕괴 위험 계측관리 실태, 굴착·발파공사 적정성, 동바리, 비계 등 가시설 설치의 적정성 등 ▶품질품질 • 품질관리(시험)계획 수립 미흡 이행 여부, 품질시험비 전가, 품질관리자 미배치, 교육 미이수 및 타업무 겸직 등 관리 ▶건설기계 • 타워크레인, 항타기 등 작동상태, 균열, 파손 등 외관 상태 확인, 유효기간 경과 유무, 구조변경 여부 등 ▶감리업무 • 건설사업관리기술인 보고서 작성, 근태·교체 적정 여부, 안전관리계획서 수립• 이행 여부 확인 등 업무수행 실태 등 ▶기타 • 코로나-19 상황을 감안하여 마스크 착용, 현장 출입자에 대한 증상 확인 절차 이행 등 건설현장의 코로나-19 방역수칙 준수 여부도 함께 점검 ▶점검결과 조치 • 점검과정에서 안전관리가 미흡하거나 위법행위가 적발된 건설 • 현장은 공사 중지, 영업정지, 벌점, 과태료 부과 등 관련 법령에 따라 관용 없이 엄중히 조치할 예정

7.2 의무안전인증 및 자율안전 확인의 구조 점검기준

시스템 비계와 마찬가지로 고용노동부 방호장치 안전인증 고시(고용노동부 고시 제2020-33호)와 방호장치 자율안전기준 고시(고용노동부 고시 제2020-34호)에서는 강관비계 등 가설기자재의 재료, 구조, 성능, 시험방법에 대한 최소기준을 정하고 있다.

점검자는 현장에 설치된 가설기자재가 안전인증 기준의 구조와 성능에 적합한지를 확인할 필요가 있다. 특히 마이크로미터를 활용하여 두께를 측정하거나 버어니어 캘리퍼스를 활용하여 단면 직경 등을 측정하여 기준에 적합한지 여부를 확인해야 한다.

표 5.9 방호장치 안전인증 고시(강관비계)

방호장치 안전인증 고시

【별표 17】 조립식 비계용 부재의 성능기준 및 시험방법(제36조 관련)

방호장치 안전인증 고시

▸종류및 분류

조립식 비계용 부재의 종류 및 분류는 표와 같다.

조립식 비계용 부재의 종류 및 분류

종류	분류			
강관비계용 부재	• 강관조인트	• 벽연결용 철물		
틀형 비계용 부재	• 주틀	• 교차가새	• 띠장틀	• 연결조인트
시스템 비계용 부재	• 수직재	• 수평재	• 가새재	• 연결조인트

▸강관조인트의 재료

가. 강관조인트의 재료는 아래 표의 규정에 적합하거나 그 이상의 기계적 성질을 가진 것을 사용해야 한다.

강관조인트의 재료

구성 부분	재질
강관조인트	KS D 3566(일반구조용 탄소강관)의 STK 400 또는 KS D 3503(일반구조용 압연강재)의 SS 400

나. 강관조인트의 각 부분은 현저한 손상, 변형 또는 부식이 없는 것이어야 한다.

▸강관조인트의 구조

강관조인트는 그림과 같이 이음관과 삽입관으로 구성되며 다음 각 목과 같이 한다.

가. 삽입관의 길이는 95 mm 이상이어야 한다.

나. 삽입관에는 조립용 핀과 이탈방지 홈이 있어야 하며 이탈방지 홈과 이음관의 간격은 70 ±1.0 mm이어야 한다.

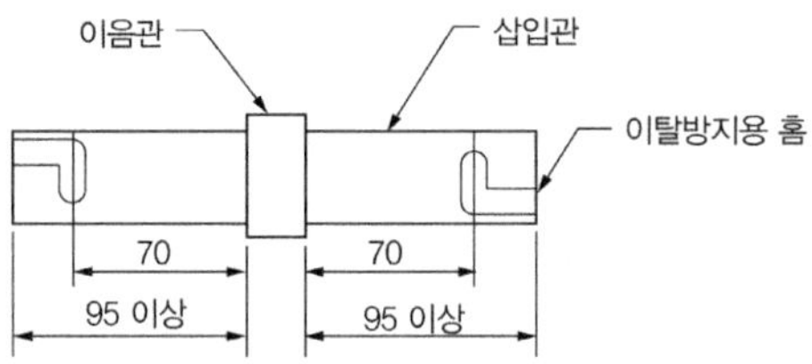

그림 5.21 강관조인트

▶ 강관조인트의 시험성능기준

강관조인트의 시험성능기준은 아래 표에 따른다.

강관조인트의 시험성능기준

항 목	시험성능기준
휨강도	2,940 N 이상
수직처짐량	19 mm 이하
변위량	1.0 mm 이하
인장강도	16,200 N 이상
압축강도	41,200 N 이상

▶ 벽 연결용 철물의 재료

가. 벽 연결용 철물 각 부분의 재료는 표에 적합하거나 이와 동등 이상의 기계적 성질을 가진 것을 사용해야 한다.

벽연결용 철물의 재료

구성 부분		재질
주재		KS D 3507(배관용 탄소강관)의 SPP 또는 KS D 3503(일반구조용 압연강재)의 SS330
조임 철물	볼트, 너트 및 핀	KS D 3503(일반구조용 압연강재)의 SS 330
	기타부분	KS D 3501(열간압연 연강판 및 강대)의 SPHD
부착철물		KS D 3503(일반구조용 압연강재)의 SS 400

나. 벽 연결용 철물의 각 부는 현저한 손상, 변형 또는 부식이 없어야 한다.

▶ 벽 연결용 철물의 구조

벽 연결용 철물은 주재, 조임철물 및 부착철물로 구성되며 다음 각 목과 같이 한다.

가. 최대사용길이(벽연결용 철물을 최대로 늘였을 때의 부착철물의 맨 끝단에서 조임철물의 중심까지의 길이를 말한다) 1,200 mm 이하이어야 한다.

나. 주재의 길이를 조절할 수 있는 경우에는 이탈방지 기능이 있어야 한다.

다. 조임철물의 판두께가 3.0 mm 이상이어야 한다.

라. 주재와 부착철물의 사이는 독립구조여야 한다.

마. 선단에 나사가 있는 부착철물에 있어서는 나사의 지름이 나사산까지 포함하여 9.0 mm 이상이어야 한다.

▶ 벽연결용 철물의 시험성능기준

벽연결용 철물의 시험성능기준은 표와 같이 한다.

벽연결용 철물의 시험성능기준

구분	시험성능기준	
인장재	인장강도	9,810 N 이상
인장·압축재	인장강도	9,810 N 이상
	압축강도	9,810 N 이상
압축재	압축강도	9,810 N 이상

【별표 20】 조임철물의 성능기준 및 시험방법(제36조 관련)

▸ 종류

조임철물의 종류 및 분류는 표와 같다.

조임철물의 종류 및 분류

종류	분류
클램프	고정형 회전형
철골용 클램프	직교형 평행형 겸용형

가) 고정형 나) 회전형

그림 5.22 클램프의 분류

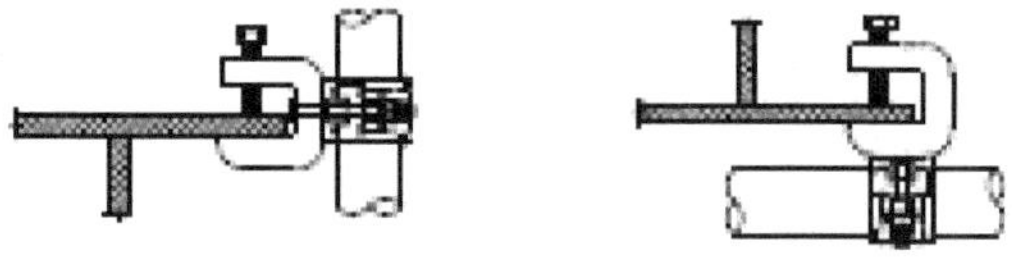

가) 직교형 나) 평행형

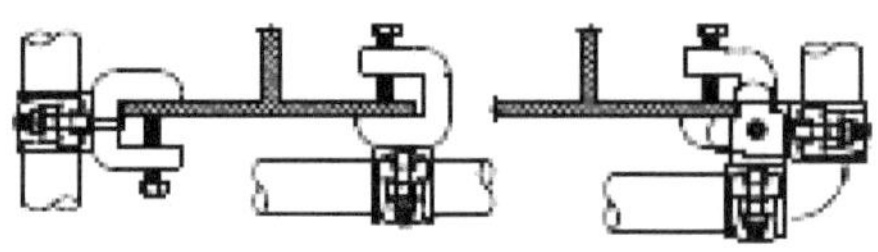

다) 겸용형

그림 5.23 철골용 클램프의 분류

▸ 제작

가. 클램프의 재료는 표의 규정에 적합하거나 이와 동등 이상의 기계적 성질을 가진 것을 사용해야 한다.

클램프의 재료

구성 부분	재질
본체 및 덮개	KS D 3501(열간압연 연강판 및 강대)의 SPHD
볼트, 너트 및 핀	KS D 3503(일반구조용 압연강재)의 SS 330

나. 클램프의 각 부분은 현저한 손상, 변형 또는 부식이 없어야 한다.

▸ 클램프의 구조

클램프는 그림과 같이 본체 및 덮개와 볼트, 너트 및 핀으로 구성되며 다음 각목과 같이 한다.
가. 본체 및 덮개의 판두께는 3.0 mm 이상이어야 한다.
나. 볼트의 지름은 나사산까지 포함하여 9.0 mm 이상이어야 한다.

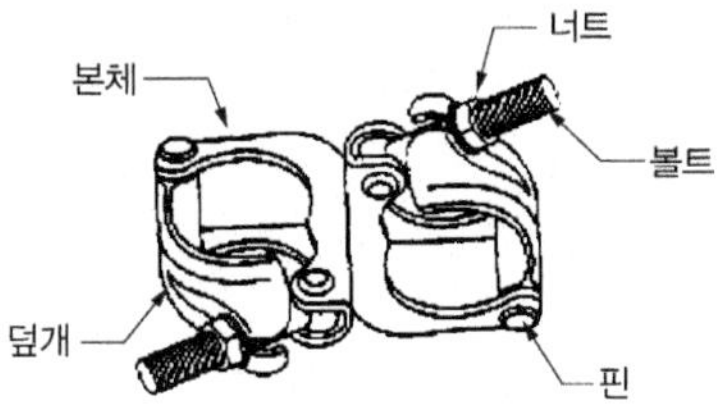

그림 5.24 클램프

▸ 클램프의 시험성능기준

클램프의 시험성능기준은 표에 따른다.

클램프의 시험성능기준

항목			시험성능기준
미끄러짐에 의한 변화량 시험	고정형	변화량	10 mm 이하
	회전형		
인장시험	고정형	인장강도	15,700 N 이상
	회전형		10,800 N 이상

【별표 8】 가설기자재(자율안전확인)의 성능기준(제16조 관련)

방호장치 자율안전기준 고시

▸ 종류

가설기자재의 종류는 다음과 같이 구분한다.

가. 선반지주
나. 단관비계용 강관
다. 고정형 받침철물
라. 달기체인
마. 달기틀
바. 방호선반
사. 엘리베이터 개구부용 난간틀
아. 측벽용 브래킷

▸ 제작

가설기자재의 제작기준은 다음 각목과 같이 한다.

가. 재료의 가공은 휨, 비틀림 등에 의한 강도의 저하가 없어야 한다.
나. 용접은 원칙적으로 아크 용접 또는 CO_2 용접으로 하고 용접 구조는 전체 둘레 용접, 양면 용접 또는 이들과 동등 이상의 강도를 갖는 방법으로 하여야 한다.
다. 강재는 부식 방지 도료에 의한 도장, 도금 등으로 표면처리를 한 것이어야 한다.

▸ 단관비계용 강관의 재료

단관비계용 강관의 재료는 다음 각목과 같이 한다.

가. 단관비계용 강관의 재료는 표의 기준에 적합하거나 이와 동등 이상의 기계적 성질을 가진 것을 사용하여야 한다.

단관비계용 강관의 재료

구성 부분	재질
단관비계용 강관	KS D 3566(일반구조용 탄소강관)의 STK 500 또는 KS D 3506(용융아연도금 강판 및 강대)의 SGH 490

나. 단관비계용 강관은 현저한 손상, 변형 또는 부식이 없어야 한다.

▸ 단관비계용 강관의 구조

단관비계용 강관의 구조는 다음 각목과 같이 한다.

가. 단관비계용 강관은 그림과 같으며, 강관의 바깥지름은 48.3 mm 이상, 두께는 2.2 mm 이상이어야 한다. 다만, 강관의 기계적 성질 및 강관조인트 사용 시 연결부위의 성능이 위 강관과 동등 이상일 경우에는 두께의 규정을 적용하지 아니할 수 있다.
나. 강관의 양 끝에는 조립용 핀이 있어야 하며 강관의 양 끝에서 조립용 핀과의 간격은 70 ±1.0 mm이어야 한다.

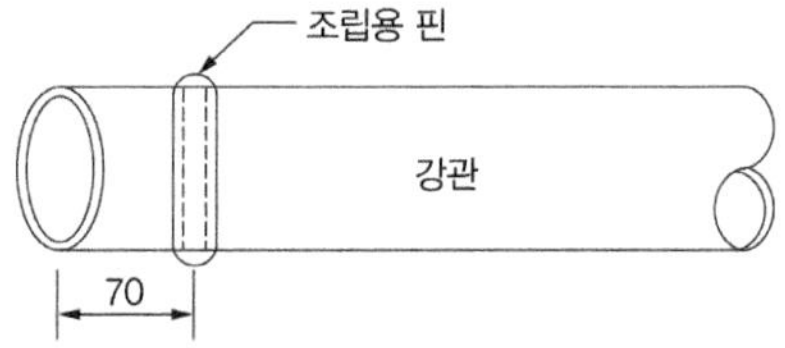

그림 5.25 단관비계용 강관(단위 : mm)

▸ 고정형 받침철물의 재료

고정형 받침철물의 재료는 다음 각목과 같이 한다.

가. 고정형 받침철물의 재료는 표의 사항에 적합하거나 이와 동등 이상의 기계적 성질을 가진 것을 사용하여야 한다.

고정형 받침철물의 재료

구성 부분	재질
삽입관	KS D 3507(배관용 탄소강관)의 SPP
바닥판	KS D 3503(일반구조용 압연강재)의 SS 330

나. 고정형 받침철물의 각 부는 현저한 손상, 변형 또는 부식이 없어야 한다.

▸ 고정형 받침철물의 구조

고정형 받침철물은 그림과 같이 삽입관 및 바닥판으로 구성되며 다음 각목과 같이 한다.

가. 삽입관의 두께는 2.2 mm 이상이어야 하며 길이는 95 mm 이상일 것

나. 고정형 받침철물의 삽입관은 강관에 체결될 때 이탈방지기능을 가지고 있어야 한다.

다. 바닥판은 판두께가 5.4 mm 이상이고 한 변의 길이는 120 mm 이상이어야 한다.

라. 바닥판에는 물 빼기 구멍과 지름 4 mm 이상의 못 구멍이 2개 이상이어야 한다.

마. 바닥판에서 이탈방지 홈 또는 핀 구멍과의 간격은 70 ±1.0 mm이어야 한다.

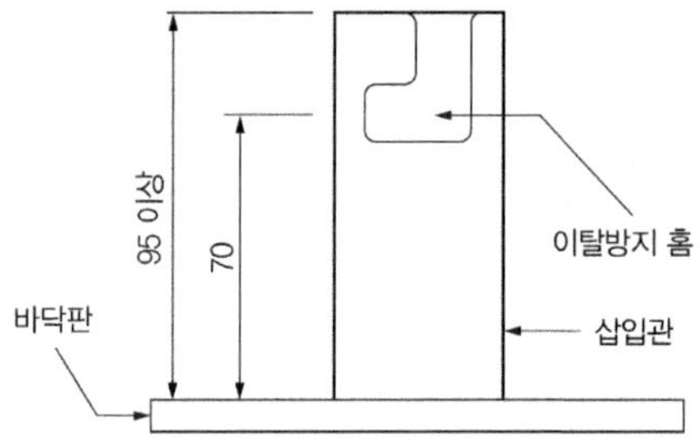

그림 5.26 고정형 받침철물(단위 : mm)

작업대와 통로용 작업발판 등은 시스템 비계와 같다.

7.3 재사용 가설기자재 성능기준에 관한 지침 점검요령

1) 강관비계의 폐기기준

강관비계를 포함하여 재사용하고자 하는 가설기자재는 변형·손상·부식 등이 현저하여 교정이 불가능한 가설기자재와 고용노동부 고시 방호장치 의무안전인증 고시, 방호장치 자율안전기준 고시의 시험성능기준에 미달하는 가설기자재는 폐기하여야 한다.

폐기기준의 판정시기는 보관장소에서 현장으로 반입 전에 재사용 여부를 판단한다.

강관비계의 경우 끝단부에서 70 mm 위치에 조립용 핀이 있는지 여부를 확인해야 한다. 조립용 핀이 없다면 강관 조인트를 제대로 결합할 수가 없기에 인증기준을 위배한 불법제품이 된다. 대부분은 임대업체에서 수리보수를 하는 중에 훼손된 부위를 절단하여 사용하는 경우가 대부분이므로 반드시 조립용 핀이 없으면 현장에서 퇴출해야 한다.

그림 5.27 폐기해야 할 단관 비계용 강관

2) 강관비계용 부재의 폐기기준

강관비계 등을 포함하여 재사용 가설기자재 성능기준에 관한 지침에서 정하고 있는 폐기기준을 살펴보면 아래 표와 같다.

점검하는 방법은 첫째, 점검기준의 공통사항으로서 변형, 휘어짐, 뒤틀림, 용접부 균열, 부식, 콘크리트 등의 부착물을 육안이나 비파괴검사(NDT) 방법에 의하여 점검하게 된다.

둘째, 각 부재나 부품에 대해서는 부재마다 다르지만 대부분 구부러짐, 균열, 움푹 패임, 핀 구멍의 변형, 두께 등을 점검하게 된다. 점검을 수행하는 과정에서 정량적인 수치보다는 점검자에 따라 각기 차이가 있을 수 있는 정성적인 측정이 이루어진다는 한계점을 가지고 있다.

셋째, 성능시험 결과 방호장치 의무안전인증고시 등에서 규정하고 있는 기준 값을 만족하고 있는지를 점검하게 된다.

넷째. 안전인증 및 자율안전확인의 식별 표시가 있는지를 점검하는 방법으로 수행하게 된다.

표 5.10 재사용 가설기자재 성능기준에 관한 지침에 따른 폐기기준

재사용 가설기자재 성능기준에 관한 지침에 따른 폐기기준(부록 1)

〈강관비계용 부재 품목별 점검 기준〉

강관 조인트

▸ 강관조인트

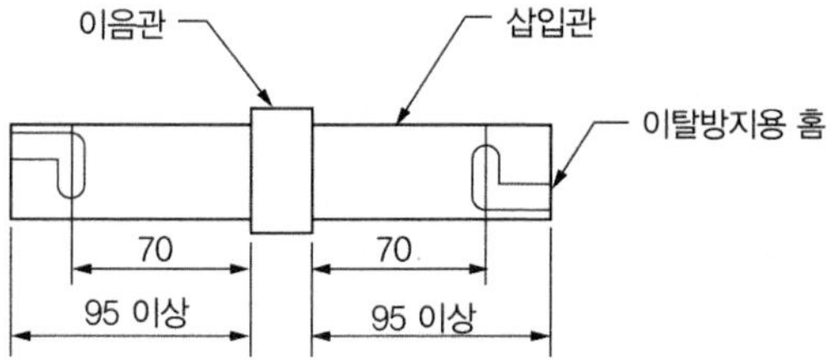

그림 5.28 강관조인트

▸ 점검기준

<table>
<tr><th rowspan="2" colspan="2">점검부위</th><th rowspan="2">점검항목</th><th colspan="2">점검 종류</th><th rowspan="2">점검방법</th><th rowspan="2">폐기기준</th></tr>
<tr><th>일상</th><th>정기</th></tr>
<tr><td rowspan="3" colspan="2">1. 공통 사항</td><td>변형 휘어짐, 뒤틀림</td><td>○</td><td></td><td>육안</td><td>변형, 휘어짐, 뒤틀림이 현저하여 정비가 불가능한 것</td></tr>
<tr><td>용접부, 균열, 부식</td><td>○</td><td></td><td>육안 NDT</td><td>용접부 부식이 현저하여 정비가 불가능한 것 (균열이 있는 것)</td></tr>
<tr><td>콘크리트 등의 부착물</td><td>○</td><td></td><td>육안 NDT</td><td>콘크리트 등 부착물이 현저하여 정비가 불가능한 것</td></tr>
<tr><td rowspan="3">2. 부재 / 부품</td><td rowspan="3">삽입관 및 이음관</td><td>구부러짐</td><td>○</td><td></td><td>육안</td><td>구부러짐이 현저하여 정비가 불가능한 것</td></tr>
<tr><td>균열</td><td>○</td><td></td><td>육안 NDT</td><td>균열이 있는 것</td></tr>
<tr><td>핀구멍의 변형</td><td>○</td><td></td><td>육안</td><td>변형이 현저하여 정비가 불가능한 것</td></tr>
</table>

점검부위	점검항목	일상	정기	점검방법	폐기기준
3. 성능기준	휨강도	○	○	성능시험	휨강도가 2,940 N 미만인 것
	수직처짐량	○	○	성능시험	수직처짐량이 19 mm를 초과하는 것
	변위량	○	○	성능시험	변위량이 1.0 mm를 초과하는 것
	인장강도	○	○	성능시험	인장강도가 16,200 N 미만인 것
	압축강도	○	○	성능시험	압축강도가 41,200 N 미만인 것
4. 안전인증 및 자율안전 확인의 표시	"안", 'KCS'마크	○	○	육안	안전인증 및 자율안전확인 표시가 없거나 망실되어 확인이 불가능한 것
	안전인증 및 자율 안전확인 번호 등 법에서 정한 식별표시	○	○	육안	안전인증 및 자율안전확인 번호 등 법에서 정한 식별표시가 없거나 망실되어 확인이 불가능한 것

벽 연결용 철물

▸ 벽 연결용 철물

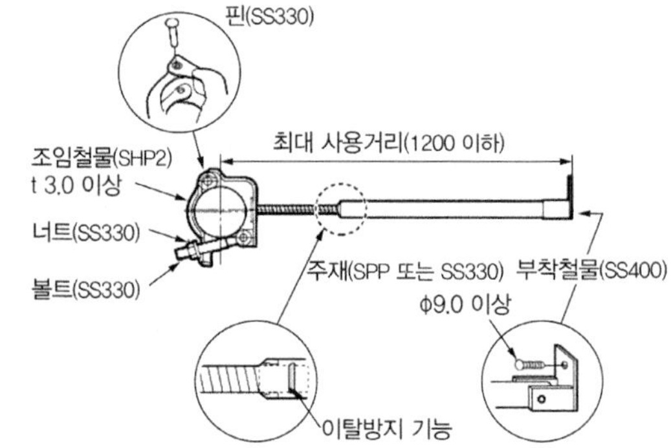

그림 5.29 벽 연결용 철물

▸ 점검기준

점검부위	점검항목	점검 종류		점검방법	폐기기준
		일상	정기		
1. 공통 사항	변형 휘어짐, 뒤틀림	○		육안	변형, 휘어짐, 뒤틀림이 현저하여 정비가 불가능한 것
	용접부, 균열, 부식	○		육안 NDT	용접부 부식이 현저하여 정비가 불가능한 것 (균열이 있는 것)
	콘크리트 등의 부착물	○		육안 NDT	콘크리트 등 부착물이 현저하여 정비가 불가능한 것

2. 부재 / 부품	주재	변형	○		육안	변형이 현저하여 정비가 불가능한 것
		균열	○		육안 NDT	균열이 있는 것
		구부러짐	○	○	육안	구부러짐이 현저하여 정비가 불가능한 것
		조절나사부의마모	○		육안	마모가 현저하여 정비가 불가능한 것
	조임 철물	변형	○		육안	변형이 현저하여 정비가 불가능한 것
		균열	○		육안 NDT	균열이 있는 것
		판두께	○	○	육안 계측	두께가 3.0 mm 미만으로서 불량한 것
	부착 철물	탈락 또는 손상	○		육안	탈락 또는 손상이 있어 정비가 불가능한 것
3. 성능 기준	인장재	인장 강도	○	○	성능시험	인장강도가 9,810 N 미만인 것
	인장·압축재	인장 강도	○	○	성능시험	인장강도가 9,810 N 미만인 것
		압축 강도	○	○	성능시험	압축강도가 9,810 N 미만인 것
	압축재	압축 강도	○	○	성능시험	압축강도가 9,810 N 미만인 것
4. 안전인증 및 자율안전 확인의 표시		“안”, ‘KCS’마크	○	○	육안	안전인증 및 자율안전확인 표시가 없거나 망실되어 확인이 불가능한 것
		안전인증 및 자율 안전확인 번호 등 법에서 정한 식별표시	○	○	육안	안전인증 및 자율안전확인 번호 등 법에서 정한 식별표시가 없거나 망실되어 확인이 불가능한 것

단관 비계용 강관

▸ 단관비계용 강관

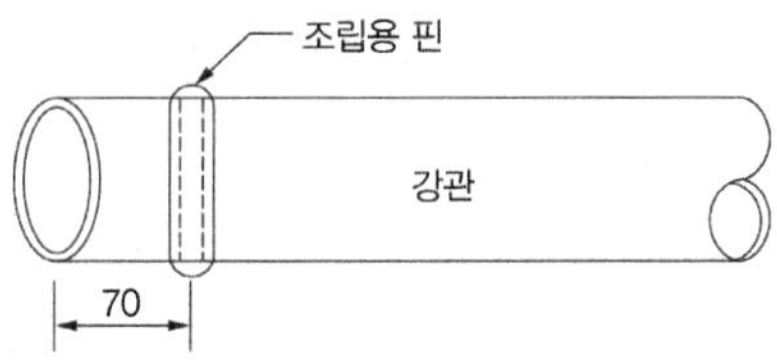

그림 5.30 단관 비계용 강관

▶ 점검기준

점검부위		점검항목	점검 종류 일상	점검 종류 정기	점검방법	폐기기준
1. 공통 사항		변형 휘어짐, 뒤틀림	○		육안	변형, 휘어짐, 뒤틀림이 현저하여 정비가 불가능한 것
		용접부, 균열, 부식	○		육안 NDT	용접부 부식이 현저하여 정비가 불가능한 것 (균열이 있는 것)
		콘크리트 등의 부착물	○		육안 NDT	콘크리트 등 부착물이 현저하여 정비가 불가능한 것
2. 부재 / 부품	강관	구부러짐	○		육안	구부러짐이 현저하여 정비가 불가능한 것
		균열	○		육안 NDT	균열이 있는 것
		움푹 들어감	○		육안	움푹 들어감이 현저하여 정비가 불가능한 것
		두께	○	○	계측	두께가 불량하여 2.2 mm 미만인 것
		※ 다만, 강관의 기계적 성질 및 강관조인트 사용 시 연결부위의 성능이 위 강관과 동등 이상일 경우에는 두께의 규정을 적용하지 아니할 수 있다.				
	조립 용핀	변형				변형이 현저하여 정비가 불가능한 것
3. 성능기준		외관검사	○	○	성능시험	현저한 손상, 변형 또는 부식이 있는 것
4. 안전인증 및 자율안전 확인의 표시		"안", 'KCS'마크	○	○	육안	안전인증 및 자율안전확인 표시가 없거나 망실되어 확인이 불가능한 것
		안전인증 및 자율 안전확인 번호 등 법에서 정한 식별표시	○	○	육안	안전인증 및 자율안전확인 번호 등 법에서 정한 식별표시가 없거나 망실되어 확인이 불가능한 것

고정용 받침 철물

▶ 고정용 받침철물

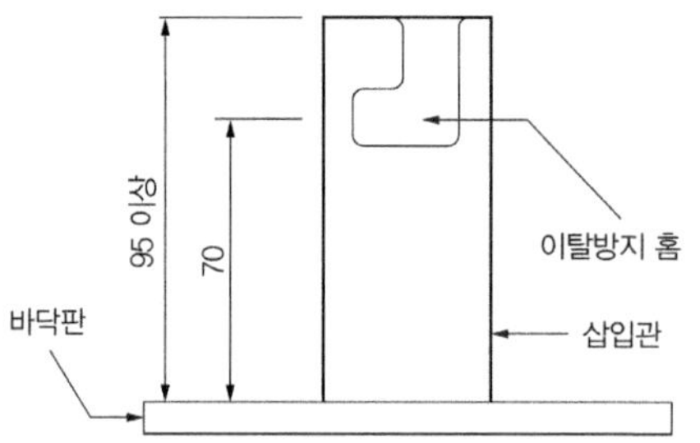

그림 5.31 고정용 받침철물

▸ 점검기준

점검부위		점검항목	점검 종류		점검방법	폐기기준
			일상	정기		
1. 공통 사항		변형 휘어짐, 뒤틀림	○		육안	변형, 휘어짐, 뒤틀림이 현저하여 정비가 불가능한 것
		용접부, 균열, 부식	○		육안 NDT	용접부 부식이 현저하여 정비가 불가능한 것 (균열이 있는 것)
		콘크리트 등의 부착물	○		육안 NDT	콘크리트 등 부착물이 현저하여 정비가 불가능한 것
2. 부재 / 부품	삽입관	균열	○		육안 NDT	균열이 있는 것
		변형	○		육안	변형이 현저하여 정비가 불가능한 것
		두께	○	○	계측	두께가 불량하여 2.2 mm 미만인 것
	바닥판	변형	○		육안	변형이 현저하여 정비가 불가능한 것
		판 두께	○	○	계측	두께가 불량하여 5.4 mm 미만인 것
3. 성능기준		외관검사	○	○	성능시험	현저한 손상, 변형 또는 부식이 있는 것
4. 안전인증 및 자율안전 확인의 표시		“안”, ‘KCS’마크	○	○	육안	안전인증 및 자율안전확인 표시가 없거나 망실되어 확인이 불가능한 것
		안전인증 및 자율 안전확인 번호 등 법에서 정한 식별표시	○	○	육안	안전인증 및 자율안전확인 번호 등 법에서 정한 식별표시가 없거나 망실되어 확인이 불가능한 것

조임 철물 (클램프)

▸ 클램프

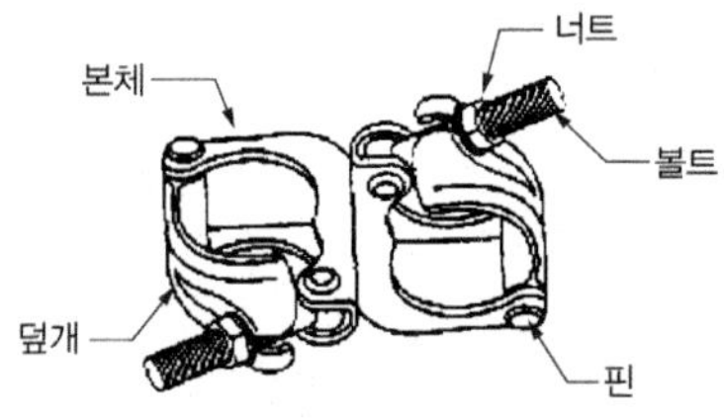

그림 5.32 클램프

▸ 점검기준

점검부위	점검항목	점검종류		점검방법	폐기기준
		일상	정기		
1. 공통 사항	변형 휘어짐, 뒤틀림	○		육안	변형, 휘어짐, 뒤틀림이 현저하여 정비가 불가능한 것
	용접부, 균열, 부식	○		육안 NDT	용접부 부식이 현저하여 정비가 불가능한 것 (균열이 있는 것)

		콘크리트 등의 부착물	○		육안 NDT	콘크리트 등 부착물이 현저하여 정비가 불가능한 것
2. 부재 / 부품	본체 및 덮개	균열	○		육안 NDT	균열이 있는 것
		변형	○		육안	변형이 현저하여 정비가 불가능한 것
		덮개의 벌어짐	○	○	계측	덮개 벌어짐이 불량하여 2 mm 이상인 것
		덮개핀의 손상	○			손상이 현저하여 정비가 불가능한 것
		조임부의 변형	○			변형이 현저하여 정비가 불가능한 것
		판 두께	○	○	계측	두께가 불량하여 3.0 mm 미만인 것
	볼프 및 너트	변형	○		육안	변형이 현저하여 정비가 불가능한 것
		너트의 작동	○		육안	작동이 불량하여 정비가 불가능한 것
		볼트 밑단핀의 구부러짐	○		육안	구부러짐이 현저하여 정비가 불가능한 것
		볼트의 직경	○	○	계측	직경이 불량하여 9.0 mm 미만인 것
3. 성능기준		미끄러짐에 의한 변화량 시험	○	○	성능시험	고정형 변화량 : 10 mm 초과 회전형 변화량 : 10 mm 초과
		인장시험	○	○	성능시험	고정형 인장강도 : 15,700 N 미만 회전형 인장강도 : 10,800 N 미만
4. 안전인증 및 자율안전 확인의 표시		"안", 'KCS'마크	○	○	육안	안전인증 및 자율안전확인 표시가 없거나 망실되어 확인이 불가능한 것
		안전인증 및 자율 안전확인 번호 등 법에서 정한 식별표시	○	○	육안	안전인증 및 자율안전확인 번호 등 법에서 정한 식별표시가 없거나 망실되어 확인이 불가능한 것

작업대와 통로용 작업발판 등은 시스템 비계와 같다.

7.4 일본 임대업체인 SRG Takmiya 사의 폐기관리 기준

일본의 가설기자재 임대업체인 SRG Takmiya 사는 강관비계의 폐기기준을 아래 표와 같이 관리하고 있다.

표 5.11 일본 SRG Takmiya 사의 강관비계(단관 파이프) 폐기관리 기준

<table>
<tr><th colspan="2">구분</th><th>품질기준</th><th>비고(폐기)</th></tr>
<tr><td rowspan="5">전체
(공통)</td><td>변형(휨, 비틀림)</td><td>5 mm 미만</td><td>본체 정상부가 1.5 m 이하</td></tr>
<tr><td>패임</td><td>깊이 3 mm 미만 또는
폭 30 mm 미만</td><td>본체 정상부가 1.5 m 이하</td></tr>
<tr><td>녹</td><td>없음 또는 조금</td><td>부식이 내부까지 침투하여 두께가 감소한 것</td></tr>
<tr><td>콘크리트 등의 부착</td><td>없음 또는 조금</td><td>수리기계, 공구 등으로 제거되지 않는 것</td></tr>
<tr><td>절단</td><td>없음</td><td>본체 정상부가 1.5 m 이하</td></tr>
<tr><td rowspan="2">파이프
연결부</td><td>막힘</td><td>없음</td><td>본체 정상부가 1.5 m 이하</td></tr>
<tr><td>변형</td><td>없음 또는 조금</td><td>본체 정상부가 1.5 m 이하</td></tr>
<tr><td>핀, 엠보</td><td>유/무</td><td>있음</td><td>엠보 가공 유무</td></tr>
</table>

※ 품질의 포인트 : 휨, 패임 등 및 입구의 이상 확인

표 5.12 일본 SRG Takmiya 사의 강관비계(클램프) 폐기관리 기준

<table>
<tr><th colspan="2">구분</th><th>품질기준</th><th>비고(폐기)</th></tr>
<tr><td rowspan="4">전체
(공통)</td><td>변형(휨, 비틀림)</td><td>5 mm 미만</td><td>교정 불가능한 것</td></tr>
<tr><td>용접부의 균열</td><td>없음</td><td>있음</td></tr>
<tr><td>녹</td><td>없음 또는 조금</td><td>부식이 내부까지 침투하여 두께가 감소한 것</td></tr>
<tr><td>콘크리트 등의 부착</td><td>없음 또는 조금</td><td>수리기계, 공구 등으로 제거되지 않는 것</td></tr>
<tr><td>자재
클램프</td><td>회전작동</td><td>이상 없음</td><td>이상 있음</td></tr>
<tr><td rowspan="5">본체체
결부</td><td>변형(손상)</td><td>없음</td><td>있음</td></tr>
<tr><td>균열</td><td>없음</td><td>있음</td></tr>
<tr><td>체결부 벌어짐</td><td>1 mm 미만</td><td>2 mm 이상</td></tr>
<tr><td>체결부 리벳의 손상</td><td>없음</td><td>있음</td></tr>
<tr><td>단부의 변형</td><td>없음</td><td>있음</td></tr>
<tr><td rowspan="3">볼트,
너트</td><td>너트의 작동</td><td>이상 없음</td><td>이상 있음</td></tr>
<tr><td>변형(손상)</td><td>이상 없음</td><td>이상 있음</td></tr>
<tr><td>볼트체결 리벳의 휨</td><td>이상 없음</td><td>이상 있음</td></tr>
<tr><td>접촉부</td><td>벌어짐</td><td>2 mm 미만</td><td>2 mm 이상</td></tr>
</table>

※ 품질의 포인트 : 볼트, 너트, 리벳의 이상 유무 확인

7.5 강관비계 재료와 품질 성능 점검에 대한 know how

점검 시에는 먼저 단관 비계용 강관의 두께가 안전인증기준이나 KS규격에서 정한 두께 이상인지를 측정하여 확인하여야 한다.

안전인증기준이나 KS규격에서의 두께는 2.2 mm 이상을 요구하고 있는바 두께측정기나 마이크로미터 등을 활용하여 두께를 측정하여 2.2 mm 이상인가를 측정하여야 한다. 일부 임대업체에서는 허용공차를 제기하고 있으나 안전인증기준에서는 허용공차를 인정하고 있지는 않다. 일부 건설현장에서는 두께가 상대적으로 작은 강관 파이프를 종종 사용하는 경우가 있다. 이는 농업용 파이프를 사용하는 경우로서 작업자들은 무게가 가볍기 때문에 상대적으로 작업이 용이하므로 이런 제품을 선호하고 있다.

두 번째로 확인할 사항은 강관 파이프 끝단부에서 70 mm 위치에 조립용 핀이 설치되어 있는지를 확인해야 한다. 조립용 핀이 없다면 강관 조인트와의 결합을 할 수가 없기에 그 강관파이프는 사용할 가치가 없는 것이다. 이러한 조립용 핀이 없는 경우는 임대업체에서 수리·보수를 하는 과정에서 끝단부가 훼손된 부분은 절단하여 재사용하기 때문에 생긴다. 임대업체 입장에서는 제품 자체가 자산이기 때문에 폐기처리를 하지 않고 최대한 수리·보수 과정을 통하여 제품을 재사용하고자 하는 경향이 있기 때문이다.

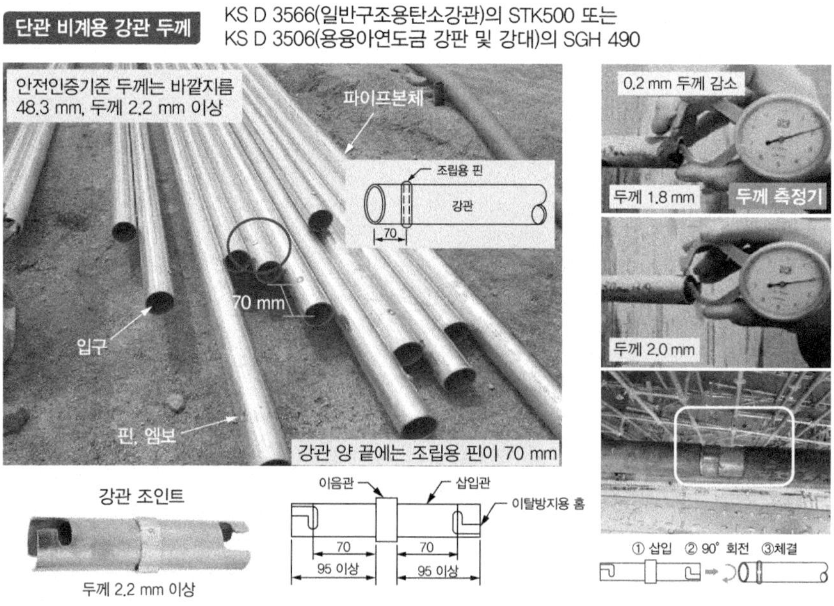

그림 5.33 단관 비계용 강관 두께 확인

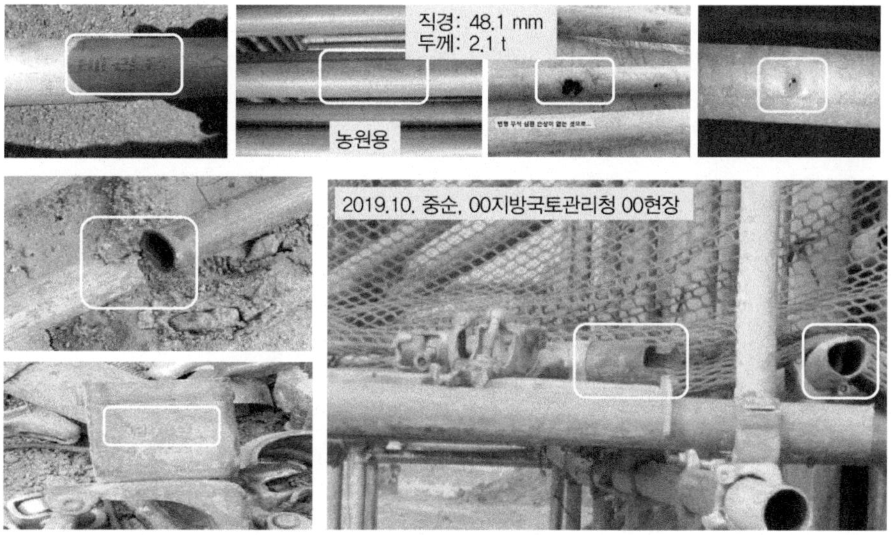

그림 5.34 단관 비계용 강관 중점 확인 사항

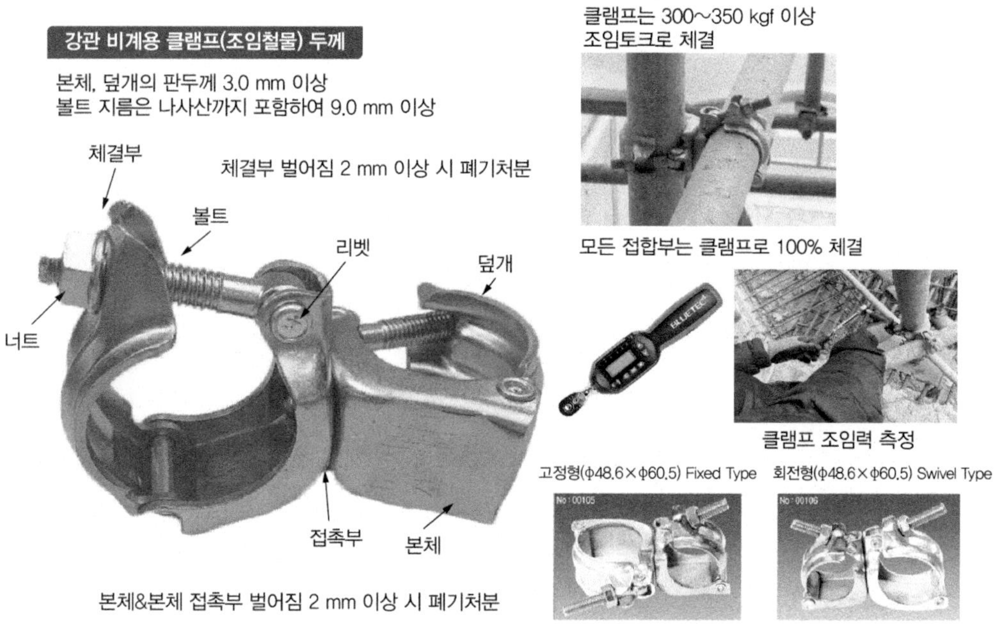

그림 5.35 강관비계용 클램프 두께 확인 조임토크 확인

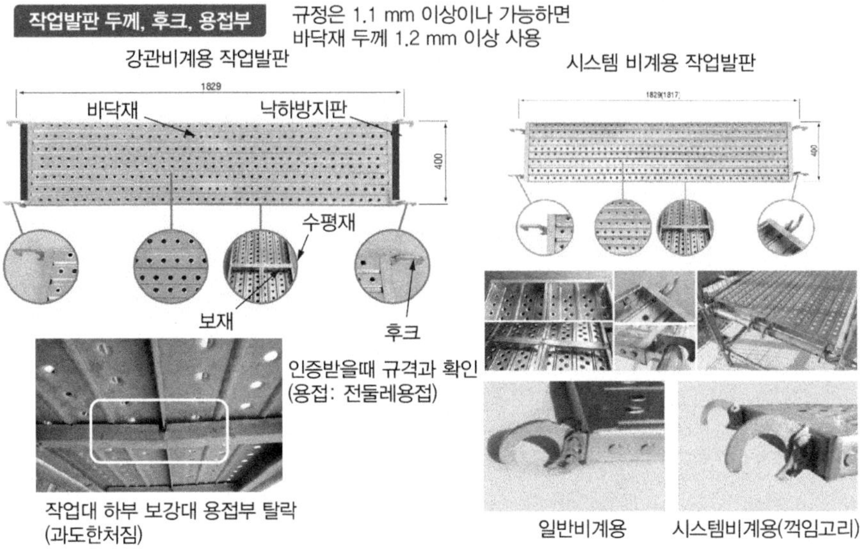

그림 5.36 작업발판 두께, 후크 용접부 확인

셋째는 일부 건설현장에서는 배관용 파이프 자재나 농업용 자재 등을 사용하는 경우도 있으므로 표면에 마킹 되어 있는 상태를 확인하여야 한다. 재료의 성분까지도 분석하여야 하지만 품질시험실이 아니므로 성분분석까지는 할 수 없는 단점을 가지고 있다.

넷째는 단부가 찌그러져서 변형이 심한지, 부식이 있는지를 확인하고 변형이나 손상, 부식이 없는 제품만 현장에 반입하여 사용하여야 한다.

8 강관비계의 설치시공에 대한 점검요령

강관비계 등 가설구조물의 시공에 관한 규정에는 산업안전보건기준에 관한 규칙과 국가건설기준인 비계공사 일반사항(KCS 21 60 05)에서 내용을 다루고 있다.

8.1 산업안전보건기준에 관한 규칙의 강관비계 시공요령

산업안전보건기준에 관한 규칙 제7장 비계 편에서 비계의 재료 및 구조, 조립·해체 및 점검 등 강관비계 및 강관틀 비계, 달비계, 달대비계 및 걸침비계, 말비계 및 이동식비계, 시스템 비계, 통나무 비계 등을 다루고 있다.

강관비계를 점검하는 점검자는 시스템 비계 점검요령과 동일하므로 시스템 비계 편을 참조하면 되며, 강관비계에 특화된 내용을 기술하면 아래와 같다.

구조계산서에 따른 설계도면대로 간격이나 길이 등이 적절하게 설치되어 있는지를 확인하면서 아래 표의 산업안전보건기준에 관한 규칙에서 언급하고 있는 사항을 준수하고 있는지 확인하면 된다.

특히 작업발판이 뒤집히거나 떨어지지 않도록 둘 이상의 지지물에 연결하거나 고정되어 있는지를 확인하고 수직재·수평재·가새재를 견고하게 연결하여 체결 후 흔들림이 없도록 견고하게 설치되었는지 확인할 필요가 있다. 또한 벽 연결재의 설치 간격은 제조사가 정한 기준이나 구조계산서에 따라 설치되었는지 확인해야 한다.

참고로 주의할 사항은 2019년 12월 26일자로 산업안전보건기준에 관한 규칙에서 비계기둥의 간격이 띠장 방향에서는 1.85 m 이하로 변경되었고, 띠장 간격도 2.0 m 이하로 변경되었다는 점이다.

8.2 비계공사 일반사항(KCS 21 60 05)의 강관비계 시공

강관비계도 시스템 비계와 마찬가지로 국가건설기준인 비계공사 일반사항(KCS 21 60 05)에서 내용을 정하고 있다. 자세한 내용은 시스템 비계편을 참고하기 바란다.

가설구조물 점검 전에 제출된 공종별 시공계획서, 시공상세도, 비계 구조계산서, 안전관리계획서, 품질 및 환경관리계획서, 공급원 승인요청서 등의 적정 여부를 점검하여야 한다.

점검자는 비계공사 일반사항(KCS 21 60 05)에 따라 지반과 벽 이음 등을 점검하여야 한다. 일부 내용은 산업안전보건기준에 관한 규칙의 내용과 거의 유사한 부분이 있다. 시스템 비계와 강관비계 등의 비계류에 대한 점검내용은 거의 동일하다.

8.3 건설공사 안전관리 업무지침에 따른 시공 평가표

건설공사 안전관리 업무 수행지침(국토교통부 고시 제2019-769호)의 [별표 14] 시공자 안전관리 수준 평가표(체크리스트)에 따르면 가설구조물 관련 내용은 시스템 비계와 같다.

점검자는 현장 점검 시에 건설공사 안전관리 업무지침의 시공자 안전관리 수준평가표(체크리스트)를 참조하여 시공상세도가 계산서와 일치하는지 여부를 확인하고, 시공상세도의 설치상태로 설치되어 있는지 확인하여야 한다.

재료 측면에서는 사용 가설기자재(안전인증을 받은 혹은 받지 않은 자재 모두 포함)의 관리상태와 사용상태를 확인하고 불량 가설기자재 폐기(자율폐기)기준을 준수하고 있는지 확인하여야 한다.

8.4 건설공사 안전관리 업무 매뉴얼의 주요 검토항목

건설공사 안전관리 업무 매뉴얼(국토교통부, 2014,12)에서는 취약공종 안전관리업무에서 가시설공에 대한 안전관리를 정하고 있지만 주로 거푸집·동바리와 흙막이 공사를 위주로 정하고 있고 시스템 비계나 강관비계에 대해서는 언급이 없다.

그래도 다행히 부록 1의 안전관리계획서의 공사별 주요 검토항목에서 일부 공종별 점검항목에서 일부 내용을 다루고 있다. 또한 부록 Ⅱ 자체 및 정기안전점검표에서 가설공사에 대하여 자체 안전점검표와 정기안전점검표를 제시하고 있다.

점검내용은 산업안전보건기준에 관한 규칙의 내용으로 이루어져 있다. 시스템 비계에 대한 구체적인 점검항목은 없지만, 강관비계에 대하여는 점검표를 제시하고 있다.

표 5.13 건설공사 안전관리 업무 매뉴얼의 주요 검토항목

건설공사 안전관리 업무 매뉴얼의 주요 검토항목					
부록 Ⅱ 자체 및 정기안전점검표					
	▸부록 Ⅱ 자체안전점검표				
	구분		점검사항	점검결과	조치사항
가설공사	1. 가설비계	(1) 강관비계	강관 및 부속철물은 KS규격에 합당한 것인가?		
			강관은 외력에 의한 균열, 뒤틀림 등의 변형 및 부식은 없는가?		
			각부에는 깔판, 깔목 등을 사용하고 밑둥잡이를 설치하였는가?		
			비계기둥 간격은 보방향 1.5~1.8 m, 간사이 방향 1.5 m 이하로 하였는가?		
			지상에서 첫 번째 띠장은 높이 2 m 이하의 위치에 설치하였는가?		
			띠장 및 장선은 1.5 m 이하 간격으로 설치하였는가?		
			비계기둥의 적재하중은 400 kg 이하로 하였는가?		
			비계기둥의 최고부로부터 31 m 되는 지점의 밑부분은 2본의 강관으로 묶어 세웠는가?		

		구조체와 수직·수평으로 5 m 이내마다 견고히 연결하였는가?		
		기둥간격 10 m마다 45˚ 각도의 처마방향 가새를 설치하였으며, 가새에 접속되지 않은 기둥은 없는가?		
		지주, 띠장, 수평재, 가새 등의 접합은 전용철물(꺽쇠, 보울트 등)을 사용하였는가?		
		지주나 띠장의 이음은 동일 직선 상에 오지 않도록 하였는가?		
		벽이음이 인장재와 압축재로 구성되어 있을 때에는 그 간격을 1.0 m 이내로 하였는가?		
		작업발판의 설치가 필요한 경우에는 쌍줄비계로 하였는가?		
		다음 사항을 수시로 점검하는가? • 비계발판의 손상이나 위험하게 돌출된 곳은 없는가? • 지주, 수평재, 띠장의 긴결상태가 이완된 곳은 없는가? • 벽이음이나 연결대가 풀어진 곳은 없는가? • 지주가 침하하였거나, 미끄러진 곳은 없는가?		
2. 가설 통로	(1) 가설 경사로	비탈면의 경사각은 30도 이내로 하고 미끄럼 방지 조치를 하였는가?		
		목재는 미송·육송 또는 동등 이상의 재질을 가진 것과, 철재는 6 mm 이상의 철판을 바닥판으로 사용하였는가?		
		경사로 지지기둥은 3 m 이내마다 설치하였는가?		
		경사로의 폭은 최소 90 cm 이상으로 하고 높이 7m마다 계단참을 설치하였는가?		
	(2) 가설 계단	가설계단은 1단의 높이가 22 cm, 너비 25~30 cm를 표준으로 설치하였는가?		
		계단의 폭을 옥내에서 75 cm 이상, 옥외에서는 60 cm 이상으로 하였는가?		
		지주 및 난간기둥 간격은 120~150 cm로 적당하며 적절한 조명설비를 갖추었는가?		
		높이 7 m 이내마다 계단참을 설치하였는가?		
		계단 및 계단참은 500 kg/m^2 이상의 하중에 견딜 수 있는 강도로 설치하였는가?		
	(3) 작업 발판	발판 1개는 폭 40 cm 이상, 두께 3.5 cm 이상, 길이 3.6 m 이하의 것을 사용하였는가?		
		최대적재하중(400 kg 이하), 위험경고 및 지지판을 부착하였는가?		
		작업발판 폭은 40 cm 이상, 간격 3 cm 이하로 발판 1개당 2개소 이상 지지하였는가?		
		이음부는 발판간에 20 cm 이상 겹치고 중앙부는 장선 위에 고정하였는가?		
		작업발판의 최대 폭은 1.6 m 이내인가?		

8.5 건설현장 비계작업안전 실무안내서의 점검항목

한국산업안전보건공단에서 발행한 건설현장 비계작업안전 실무 안내서에서는 강관비계의 조립기준과 안전점검 체크리스트를 정해놓고 있지만 법적인 강제사항은 없다. 내용의 대부분도 산업안전보건기준에 관한 규칙에 있는 내용 위주로 구성되어 있다.

표 5.14 건설현장 비계작업안전 실무 안내서 점검항목

<table>
<tr><th colspan="2">건설현장 비계작업안전 실무 안내서 점검항목</th></tr>
<tr><th colspan="2">안전기준</th></tr>
<tr><td>안전
기준</td><td>▸강관비계 안전기준
• 비계의 높이가 2 m 이상인 작업장소에서 작업 시 견고한 구조의 작업발판을 설치한다.
• 강관비계는 쌍줄로 설치하는 것을 원칙으로 하며, 쌍줄로 설치가 불가한 경우에 한하여 외줄로 설치할 수 있으며, 이 경우에도 브래킷 등으로 작업발판을 설치하고, 단부에는 안전난간을 설치한다.
• 작업발판 단부 등 떨어짐의 위험이 있는 곳에는 안전난간을 설치한다.
• 강관비계 설치·해체 시 20 cm 이상의 발판을 설치하고, 노동자는 안전대 등 개인보호구를 착용하도록 한다.
• 강관비계 비계기둥 간 작업발판의 적재하중은 400 kgf를 초과하지 않도록 최대 적재하중을 정하여 표지판을 부착하고, 노동자에게 알려야 한다.
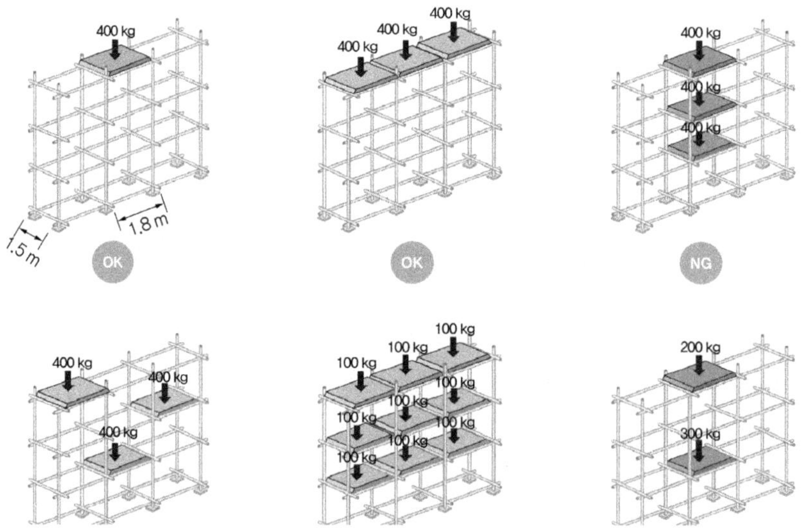

그림 5.37 비계에 작용하는 하중 관리 기준(기둥 간 최대적재하중 400 kgf)</td></tr>
</table>

- 비계 기둥의 간격은 띠장 방향에서는 1.85 m 이하, 장선방향에서는 1.5 m 이하로 한다.
- 띠장 간격은 2 m 이하로 하되, 첫 번째 띠장은 지상으로부터 2 m 이하에 설치한다. 단, 작업발판 단부에 안전난간대를 설치하고, 구조검토 후 안전성이 확보되는 범위 내에서 띠장 간격을 조정·설치할 수 있다.
- 비계 기둥의 제일 윗부분으로부터 31 m 되는 지점 밑부분의 비계기둥은 2개의 강관으로 묶어 세운다. 단, 브래킷 등으로 보강하여 2개의 강관으로 묶는 경우와 동등 이상 강도를 유지하는 경우는 제외
- 비계기둥에는 미끄러지거나 침하하는 것을 방지하기 위하여 밑받침 철물을 사용하거나 깔판·깔목 등을 사용하여 밑둥잡이를 설치하는 등의 조치를 한다.
- 비계의 횡력에 대한 저항과 좌굴방지를 위해 교차 가새(X-브레이싱) 등으로 보강한다.
- 비계의 좌굴 방지를 위해 전용철물의 벽이음(가로 5 m 이내, 세로 5 m 이내)을 설치하고, 마감작업 등 작업의 편의를 위해 벽 이음을 임의 해체하지 않도록 하며, 부득이하게 임의 해체할 경우 별도 동등 이상의 강도를 확보토록 보강조치를 하여야 한다.
- 비계기둥 1개에 작용하는 하중은 700 kgf 이내이어야 한다.
- 비계의 기둥과 구조물 사이의 틈 간격은 떨어짐방지를 위해 가급적 30 cm 이하로 조립한다. 단, 작업발판 내측 단부에 안전난간대를 설치한 경우는 제외 비계의 기둥과 구조물 사이의 틈 간격에는 노동자의 떨어짐을 방지하기 위해 추락방호망을 설치한다.

그림 5.38 비계와 구조물 사이 추락방호망 설치 모습(하부, 상부)

- 가공전로(架空電路)에 근접하여 비계를 설치·해체하는 경우 가공전로를 이설하거나, 가공전로에 절연용 방호구를 설치하는 등 가공전로와의 접촉을 방지하기 위한 조치를 하여야 한다.

▸ 강관비계의 조립기준

구분	준수 사항	비고
지반	• 침하방지 조치 (다짐, 두께 4.5 cm 이상의 깔목, 버림 콘크리트 타설 등) • 밑둥잡이 설치(비계 기둥 3개 이상 연결)	
기둥	• 띠장방향 : 1.85 m 이하 • 장선방향 : 1.5 m 이하	간격
	• 설치 높이가 31 m 초과 시 기둥 최상부에서 31 m 지점 아래 부분은 강관	보강

	기둥을 2본으로 결속하여 보강 ※ 단, 강관기둥 2본의 결속 강도를 확보하는 브래킷(Bracket) 등으로 보강 가능 • 주출입구 통행을 위해 기둥 미설치 구간 인접 기둥에 2본으로 보강 및 상부 가새재 보강	
	• 비계기둥 1개에 작용하는 하중 700 kgf 이내	작용하중
	• 비계기둥 간 적재하중 400 kgf 이내 (최상단에서 최하단까지의 누계 적재하중)	적재하중
띠장	• 첫 번째 띠장 : 2 m 이하 • 그 외 띠장 : 2 m 이하 ※ 단, 작업발판 단부에 안전난간대를 설치하고, 구조검토 후 안전성이 확보되는 범위 내에서 띠장간격 조정가능	간격
장선	• 비계의 내·외측 기둥에 모두 결속 • 띠장으로부터 50 mm 이상 돌출	
벽이음	• 수평 5 m 이내마다, 수직 5 m 이내마다 • 비계의 최상단과 가장자리 끝에도 벽 이음 설치(비폐합 구조는 필수)	전용철물 원칙
가새	• 기둥 간격 10 m 이내마다 45° 각도로 비계 기둥 및 띠장에 결속 • 모든 비계기둥은 가새에 결속	
작업 발판	• 한국산업표준 또는 안전인증 규격에 적합하거나 이와 동등 이상의 제품 사용 - 폭 40 cm 이상(비계 설치·해체 시 폭 20 cm 이상) ※ 목재 : 두께 3.5 cm 이상, 폭 40 cm 이상, 길이 3.6 m 이내(허용 응력 이내로 설계)	
승강 설비	• 작업발판 간 이동을 위해 승강설비 설치 - 가설계단 또는 수직사다리와 개폐형 작업발판 구조로 설치	
안전 난간대	• 작업발판 등 단부에 안전난간대 설치(100 kgf 이상의 하중에 견딜 수 있는 구조) - 상부난간대 : 90~120 cm - 중간난간대 : 상부난간대와 작업발판 중간위치 - 발끝막이판 : 10 cm 이상	
구조물 사이 간격	• 비계기둥과 구조물 사이의 간격은 떨어짐방지를 위해 300 mm 이내 ※ 부득이한 경우 작업발판 내측 단부에 안전난간대 설치 또는 벽체와 내측비계 사이 추락방호망 설치	
높이 제한	• 최대 45 m 이하(권장)	

그림 5.39 강관비계 설치 개념도

▸ 안전점검 체크리스트

순번	평가문항	비고
1	구조안전성 검토 후 작성한 조립도에 따라 설치하였는가? - 비계 기둥, 띠장, 장선 등의 간격 확인	
2	비계 벽 이음은 전용철물로 수평 5 m, 수직 5 m 이내로 설치하였는가?	
3	비계 작업발판 상부의 적재하중은 비계기둥 간 400 kgf 이내로 적재하였는가?	
4	작업발판 상·하간 이동을 위한 승강설비는 설치하였는가?	
5	높이 31 m 초과 시 비계기둥을 2본으로 보강 (또는 브래킷으로 보강)하였는가?	
6	비계 기둥 하부에 침하방지(다짐, 버림 콘크리트 타설 등) 조치를 하였는가?	
7	작업발판 단부에는 안전난간대(2단)를 설치하였는가?	
8	작업발판의 폭은 40 cm 이상 확보하고, 2곳 이상 고정하였는가?	
9	비계 주변에 고압선이 있는 경우 최소이격거리(3 m 이상) 유지 또는 절연방호구를 설치하였는가?	
10	비계 설치·해체 작업 시 작업발판을 설치하고, 안전대를 착용하고 있는가?	

8.6 강관비계 설치·해체에 따른 점검요령과 노하우

1) 점검 유의사항

강관비계 설치 시 점검 유의사항은 아래 표와 같다. 특히 구조적으로 붕괴가 되는 경우는 벽 이음 철물 설치 간격 과다, 벽 이음 철물 선해체 및 비계 좌굴방지를 위한 교차가새 미설치 등에 따른 강관비계 조립 시의 안전기준 미준수로 발생하는 경우가 많으므로 이러한 점에 착안하여 점검하여야 한다.

또한 기설치된 벽 이음 철물을 조기 해체한 상태에서 비계 해체 작업을 위해 수직 일직선상에 노동자가 배치되어 비계기둥 간 집중하중(400 kgf 초과) 발생으로 비계 좌굴 되는 경우도 종종 발생하고 있다. 따라서 비계 해체작업 중 무너짐 방지를 위하여 벽 이음 철물은 해체순서에 맞도록 단계적으로 해체계획은 수립되어 있는지를 확인하고, 건물 한쪽 면에 작업자들이 밀집되어 작업하는 등 비계기둥 간 400 kgf를 초과하여 집중하중이 발생하지 않도록 작업 간격과 구획을 나누는 등의 작업계획을 수립하였는지 확인하여야 한다.

비계 해체작업 시 관리감독자는 작업방법 및 노동자 배치를 결정하고 작업 진행 상태를 감시하여야 하며, 작업자가 안전대 부착설비에 안전대를 체결하고 작업을 실시하도록 감시하는 등 관리 감독을 철저히 하도록 할 필요가 있다. 또한, 비계 해체시기, 범위 및 절차를 그 작업에 종사하는 작업자에게 충분히 주지시킨 후 해체작업을 실시하는지 확인하여야 한다.

표 5.15 강관비계 설치 시 점검 유의사항

<table>
<tr><th colspan="2">강관비계 설치 시 점검 유의사항</th></tr>
<tr><th colspan="2">클램프 점검사항</th></tr>
<tr><td>안
전
점
검</td><td>▸클램프 사용 전 확인해야 할 사항
(1) 각 부에 큰 변형, 휨, 손상, 마모 및 두드러진 녹은 없는가?
(2) 콘크리트, 도료 등의 부착물은 없는가?
(3) 고정형의 경우 접합 리벳에 흔들거림은 없는가?
(4) 회전형의 경우 본체는 원활히 회전하는가?
(5) 볼트, 너트는 원활히 작동하는가?
※ 위의 사항에 대해 이상이 있을 경우 사용 금지

▸클램프 사용 시 관리감독자의 지시에 따라 아래의 사항에 대해 주의하여 사용
(1) 고정형에는 한쪽 하중을 걸지 말 것
• 클램프 고정위치로부터 2 m 떨어진 위치에서 392 N(40 kgf)의 무게가 걸려도 클램프는 파괴된다.
• 클램프는 필히 2개 세트로 사용해야 한다.</td></tr>
</table>

(2) 던지거나 떨어뜨리지 말 것
- 클램프 파손이나 고정강도 부족의 원인이 될 위험이 있다.

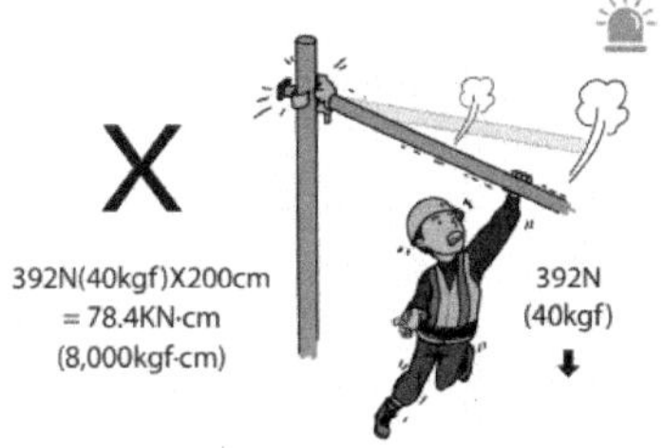

클램프 고정위치로부터 2m 떨어진 위치에서 392N (40kgf)의 무게가 걸려도 클램프는 파괴됩니다. 클램프는 필히 2개 세트로 사용해야 합니다.

고정형에는 한쪽 하중을 걸지 말 것

클램프 파손이나 고정강도 부족의 원인이 될 위험이 있습니다.

던지거나 떨어뜨리지 말 것

(3) 요철부가 중심으로부터 벗어났을 경우 사용하지 말 것
- 요철부가 중심으로부터 벗어났을 경우 클램프 접속리벳이 파단되어 다시 사용이 되지 않기 때문에 폐기해야 한다.

(4) 필히 지정된 고정토크로 고정할 것
- 클램프에 걸리는 하중은 아래의 표시 이하로 사용하여야 한다.
  - 고정형 : 500 kgf/개
  - 회전형 : 350 kgf/개

사진과 같이 凸 부가 중심으로부터 벗어났을 경우 클램프 접속리벳이 파단되어 다시 사용이 되지 않기 때문에 폐기해야 합니다.

사진과 같이 되면 사용하지 말 것

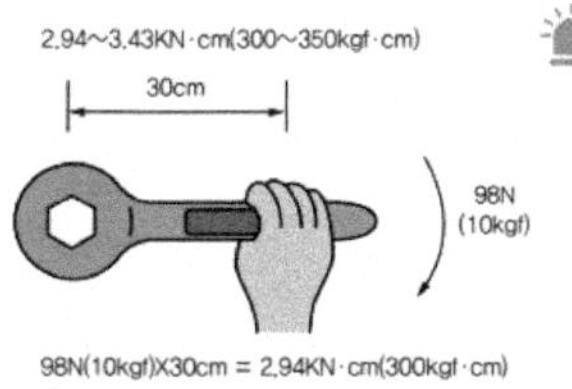

그림은 참고예시이므로 정확한 토크 확보를 위해서는 토크렌치를 사용해야 합니다.

클램프에 걸리는 하중은 아래의 표시 이하로 사용합니다.
- 고정형 : 500kgf/개 - 회전형 : 350kgf/개

필히 지정된 고정토크로 고정할 것

부적합 사항과 안전한 상태 비교

안전점검

▶ 비계기둥 침하방지 조치 미흡 & 비계기둥 하부 침하방지 조치

▶ 벽이음 철선+Flat Tie 설치 & 벽 이음 전용 철물 사용

▶ 작업발판 단부 안전난간대 미설치 & 작업발판 단부 안전난간대(2단) 설치

▶ 작업발판 간 승강설비 미설치 & 가설계단 설치

▸ 비계 교차가새(브레이싱) 미설치 & 비계 교차가새(브레이싱) 설치

강관비계 설치 부적합 사례

부적합사례

▸ 강관비계 교차부 및 연결부 연결철물 설치의 부적합 사례

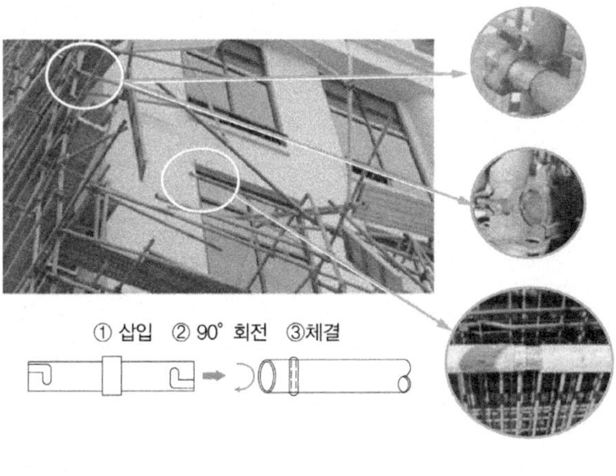

▸ 강관비계 교차부 및 연결부 설치의 부적합 사례

▸ 강관비계 비계기둥 미설치 사례

▸ 강관비계 지반상태의 부적합 사례

▸ 상부난간대와 작업발판 사이 간격(약 1 m) 상태의 부적합 사례

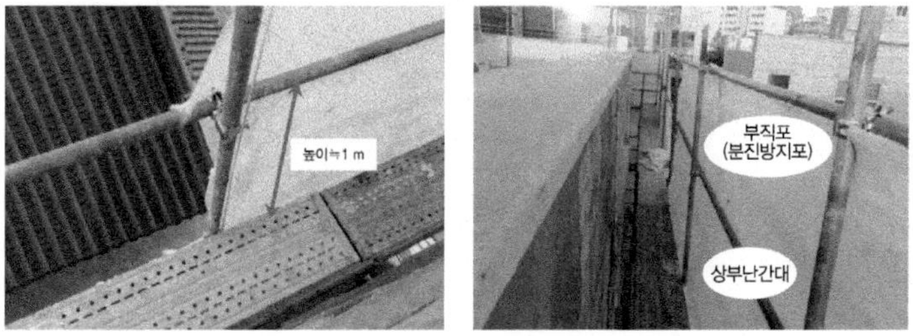

▸ 벽면 비계 벽 이음 해체 상태의 부적합 사례

▸ 고압선에 접촉된 강관비계 상태의 부적합 사례

2) 강관비계 설치·해체에 따른 점검 노하우

점검자가 건설현장에서 설치된 강관비계를 점검할 때의 노하우를 살펴보면 아래와 같다.

먼저 주의하여야 할 사항은 구조검토에 따른 설계도면과 실제 현장에 설치된 상태가 일치하는지 여부를 확인하여야 한다. 줄자 등을 사용하여 비계기둥이나 띠장, 장선 등의 간격과 이격거리, 안전난간 설치 높이 등을 측정하여야 한다. 강관비계에 설치되는 작업발판이 장선 부위에 정확히 설치되지 않고 겹쳐져 있는 경우는 대부분 비계기둥 간격이나 장선 간격이 올바르게 설치되지 않았기 때문에 발생한다. 따라서 점검자는 설계도면을 보면서 실제로 설치된 상황과 일치 여부를 확인해야 한다,

또한 점검자는 점검 시 강관비계 부재와 부재가 결합 되고 있는 모든 접촉 부위(교차부)는 정격 연결 클램프를 사용하여 체결되어야 한다는 점을 명시하고 부재의 접합 부위에 클램프가 체결되어 있는지 확인해야 한다.

(a) 강관비계 기둥간 간격측정 (b) 강관비계 안전난간 높이 측정

그림 5.40 조립상태 간격, 거리 측정과 접합부 클램프 체결 여부

클래프는 조임토크가 유지되는지 여부도 확인하여야 한다. 클램프 체결이 구조적 안전성에 상당한 영향을 미치므로 토크렌치를 활용하여 300~350 kgf·cm^2 이상의 적정값을 유지하고 있는지 확인해 볼 필요가 있다. 연결용 클램프를 여러 번 재사용하게 되면 볼트와 너트 부위가 마모되어 조임토크가 제대로 성능을 발휘하지 못하는 경우가 많으므로 가능한 클램프 등은 신품을 사용하는 것이 바람직하다.

비계기둥이나 띠장 등은 수직이나 수평이 유지되는지 여부도 자석 휴대용 수평기 등을 사용

하여 확인할 필요가 있다. 작업발판도 수평으로 설치되어 있는지 확인하고 발판 후크가 제대로 장선에 체결되어 이탈될 가능성은 없는지도 확인하여야 한다.

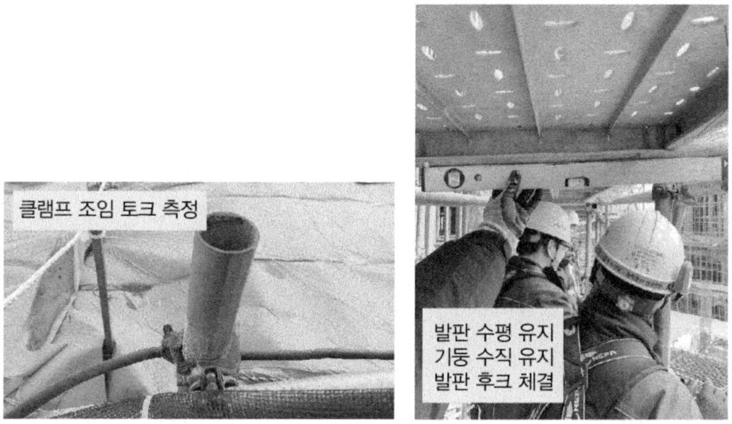

(a) 클램프 조임토크 측정과 자재 부식 (b) 수직, 수평여부 측정 & 발판 후크 점검

그림 5.41 클램프 조임토크와 수직, 수평 체결 여부 확인

비계기둥 밑둥잡이를 제대로 설치하지 않는 경우가 많다. 밑둥잡이를 설치하지 않으면 비계의 흔들림이 발생하고 하중 분산이 되지 않는 경우가 많으므로 하단부에 밑둥잡이가 제대로 설치되어 있는지 확인해야 한다.

또한 배수로와 비계 침하방지 조치를 제대로 하지 않아 사용 중에 비계기둥이 침하되는 경우가 많다. 따라서 비계가 설치되는 위치 근처에 적절한 배수로가 설치되어 있어 물이 침수되는 경우는 없는지와 기둥의 하단부에 침하방지 조치가 되어 비계기둥이 침하되지는 않는지를 확인해야 한다. 특히 배수로가 확보되지 않아 비가 오면 강관비계나 시스템 비계가 설치된 현장의 지반이 연약화되어 침하를 가속화시키는 경우가 많으므로 배수로 설치를 점검할 필요가 있다.

가끔 건설현장을 점검하다 보면 안전난간을 반대로 설치하는 경우를 종종 볼 수 있다. 작업자들의 추락 방지를 위해 설치하는 안전난간은 작업자가 작업하는 내측에 설치해야 함에도 불구하고 일부 현장에서는 외측에 설치하여 안전난간으로서 역할을 수행하기에 미흡한 경우도 있다. 안전난간을 작업자들의 내측에 설치해야 작업자들이 추락할 때 비계기둥이 안전난간을 지지함으로써 2차적인 추락재해를 예방할 수 있다.

(a) 밑둥잡이 미설치 및 침하방지 조치 미실시　　(b) 안전난간 설치 상태 불량(외측에 설치)

그림 5.42 밑둥잡이 및 기둥 침하방지조치 확인

강관비계나 시스템 비계를 설치하는 근본적인 목적은 작업자들의 작업을 위해서 작업발판과 통로를 설치하기 위함이다. 그러나 일부 건설현장에서는 발판을 전면에 걸쳐서 설치하지 않고 특정 개소에만 몇 개씩 설치하고 번갈아 가면서 사용하는 경우가 종종 있었다. 이는 강관비계에 대한 공사비를 산정하는 과정에서 작업발판이 제외된 상태에서 비용을 산정하고 있기 때문에 발생하는 현상들이다.

비계상의 작업발판은 전면에 걸쳐서 밀실하게 설치되어야 하고 흔들림이 없어야 한다. 보통 우리가 건물 내 콘크리트 슬래브 위에서 걷거나 작업하는 것처럼 비계 상에 설치되는 작업발판이나 통로 등도 그러한 상태를 유지해야 한다고 보면 된다.

건설현장을 점검하는 중에 작업발판이 흔들린다든지 심하게 요동이 있다면 잘못 설치되었다고 보면 된다. 그러한 상태에서는 작업이 원활히 진행될 수가 없고 아무래도 사고가 발생할 가능성도 높다.

또한 작업발판이 장선에 견고히 체결되어 이탈될 가능성은 없는지 확인해야 한다. 일부 건설현장에서는 작업발판의 한쪽을 밟게 되면 다른 쪽이 공중으로 들리면서 작업자가 추락하는 경우가 많이 있었다. 따라서 작업발판 후크가 장선에 제대로 걸려 있어서 이탈될 가능성은 없는지를 확인해야 한다. 작업발판이 흔들리면 안 된다는 점을 명심해야 한다.

일본에서는 비계를 사용하는 원칙적인 방법은 건물 외부에서 비계 내부로 진입하는 것이 원칙이다. 비계 내부에 설치된 승강 통로나 통로 등을 이용하여 이동하여 작업자들이 원하는 위치에 갈 수가 있어야 한다. 그러려면 작업발판이 전 층에 걸쳐서 밀실하게 설치되어 있어야 한다. 또한 각층에는 승강통로가 설치되어 있어야 한다. 작업발판이나 승강통로 등이 설치되어 있지 않기에 이동하거나 승·하강 하는 중에 작업자들이 무리하게 행동하다가 추락하는 경우 등의 사고사례가 많다.

따라서 작업자는 건물 밖에서 직접 비계 내부로 들어가 설치된 작업발판과 승강통로 등을 이용하여 마지막 위치까지 원활하면서도 안전하게 이동이 가능해야 설치가 매우 잘된 비계라고 할 수 있다.

그런데 우리나라는 아직도 일부 건설현장에서 비계로 이동하기 위해서 신축 중인 구조물의 특정 위치에서 비계 작업발판으로 이동하는 경우가 비일비재하다. 비계에 대한 근본 개념을 무시한 처사라고 아니할 수 없다.

(a) 작업발판 및 승강통로 미실시 (b) 통로 미설치

그림 5.43 작업발판, 승강통로 설치 여부 확인

그림 5.44 장선은 교차지점에 설치되었는지 여부 확인

그림 5.45 벽 연결재 해체순서에 따른 안전성 확인

강관비계에 설치되는 장선은 비계기둥과 띠장의 교차지점에 설치되는 것이 원칙이다. 아무래도 교차지점이 아닌 비계기둥 사이나 취약한 부분에 설치되게 되면 작업발판에서 내려오는 하중을 제대로 비계기둥에 전달하지 못하게 된다.

일부 건설현장에서는 장선을 강관조인트로 연결되는 띠장 상부에 설치하는 경우가 있는데 이는 잘못 설치된 경우이다. 휨하중이 발생되어 띠장이 휘어지게 되면서 강관조인트가 튕기면서 이탈되어 무너져 내리는 사고가 발생한 사례도 있다.

따라서 점검자는 장선재가 비계기둥과 띠장의 교차지점에 정확하게 설치되었는지 여부를 설계도면과 실제 설치현황을 확인해야 한다.

강관비계나 시스템 비계에서 붕괴나 전도를 일으키는 대부분의 경우는 벽 연결재 때문에 발생한다. 벽 연결재는 벽면과 수직으로 설치하고 그 위치는 장선재에 설치되어야 한다.

따라서 점검자는 설계도면과 같이 설치 간격과 설치 방법이 적절한지를 확인해야 한다. 또한 벽 연결재가 흔들림은 없는지 여부도 직접 손으로 흔들어서 확인해 보아야 한다.

가장 중요한 사항은 비계를 설치하는 과정에서 벽 연결재 설치는 완벽하게 되었다고 하더라도 작업을 진행하면서 마감하는 작업공종에서 벽 연결재를 먼저 해체하여 사고가 발생한다는 점을 유의해야 한다. 사실 비계의 전도나 붕괴사고의 대부분은 마감공종에서 발생하고 있다는 점이다.

아무래도 마감작업을 위하여 벽 연결재를 해체하다 보면 충분한 지지역할을 할 수가 없다. 그러한 상태에서 비계 상에 돌붙임을 위한 석재 등의 자재를 과적하게 되면 무게중심이 흔들리면서 좌굴 되어 전도나 붕괴로 이어지게 된다.

따라서 점검자는 이러한 점에 착안하여 벽 연결재를 해체하는 순서별로 구조검토와 설계도면이 작성되었는지 여부와 여기에 따른 작업계획은 수립되었는지를 확인해야 한다.

CHAPTER

6

팬던트형 비계 안전 및 품질관리 점검 실무

1 팬던트형 비계의 개념

1.1 팬던트형 비계의 개요

비계 중에는 발전소 보일러의 정비작업에 사용되는 특수한 형태의 비계가 있는데 일명 팬던트형 비계[1]라고도 한다.

이 방식은 구조물을 아래에서 위로 쌓아 올리는 기존 비계 시스템 방식을 보완하고자 개발된 플랫폼 지지방식 보일러 노내 비계 및 인양시스템이다. 구조물의 윗부분에 인양시스템을 설치한 후 플랫폼을 이용해서 와이어를 설치하고 여기에 팬던트형 비계를 설치하는 방식이다.

상부에 인양시스템을 설치할 수 있는 지지구조물(보일러 상부 Heavy Girder)이 있어야 설치가 가능하고 모든 힘을 이곳에서 받기 때문에 점검이나 구조검토에서 필히 고려하여야 하는 곳이다. 지지구조가 붕괴되면 전체가 붕괴되기 때문이다.

구조물에 하중이 더해질수록 와이어 로프를 더욱 강하게 조여주도록 특수 설계된 조임쇠가 적용되었다. 또한, 흔들림이 적은 구조로 개발되어 작업 편의성이 뛰어나며 하중을 상부에서 분산 설치하여 일부 부재에 문제가 생기더라도 연쇄 반응에 의한 대형사고 차단이 가능한 장점을 가지고 있다.

1.2 팬던트형 비계의 개발 배경

발전소 보일러의 정비작업에 사용되던 기존 비계의 경우에는 붕괴 시 대형 인명사고가 발생하였다. 기존 비계는 주로 하부에서 하중을 지지하는 구조였다. 기존 시스템 비계가 붕괴된 원인을 분석해 보면 일부분에 문제가 발생 시 전체가 붕괴되는 연쇄 반응이 일어났고, 기존 시스템 비계의 하중분석 결과 수평하중에 극도로 취약한 구조였다.

팬던트형 비계는 화력발전소의 오버홀(Overhaul) 기간 동안에 보일러 노내 튜브 및 패널 등의 정비 및 교체를 위해 개발하여 설치된 특수 비계자재이다. 기존 노내 가설비계가 하부로부터 단계별로 상부로 설치해가는 시스템 비계로 구성되어 있는 것에 비해 팬던트형 비계는 수직재가 하나의 부재(와이어 로프)로 이루어지고 이 수직재에 팬던트 형식의 수평재가 결합되도록

---

1) 정상적인 명칭은 플랫폼 지지방식 보일러 노내비계 및 인양 시스템(SKYFFOLDING)이라고 한다. 일부에서는 와이어 로프 비계(Wire Rope Scaffolding)라고도 부르고 있다.

구성되므로 설치 및 해체가 빠르고 안정적이며, 전도 및 부재 탈락의 위험이 적은 시스템 비계의 일종이다.

그림 6.1 기존 비계의 경우 붕괴 시 대형 인명사고 발생[2)]

팬던트형 비계는 수직재 기능을 하는 와이어 로프를 상부에 고정된 지지프레임에 연결시킨 후, 이 수직재에 독립적으로 거동하는 수평재를 체결하여 비계를 구성하는 팬던트 결합방식의 특수비계이다.

수평재가 독립적으로 거동하므로 전체적인 전도 및 붕괴 위험이 없고 문제가 되는 부재 하나만 교체하여 해결하는 방법이 가능하다.

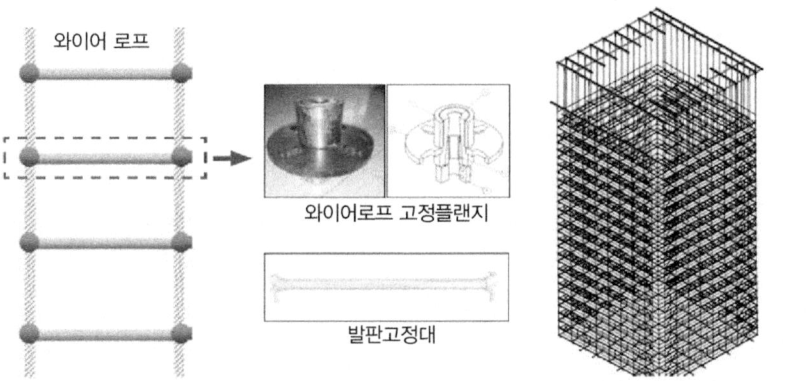

그림 6.2 팬던트형 비계의 기본 개념[3)]

2) 출처 : KLES 홈페이지(http://www.kles.kr)
3) 서보산업(주) 홈페이지(http://www.seobo.co.kr)

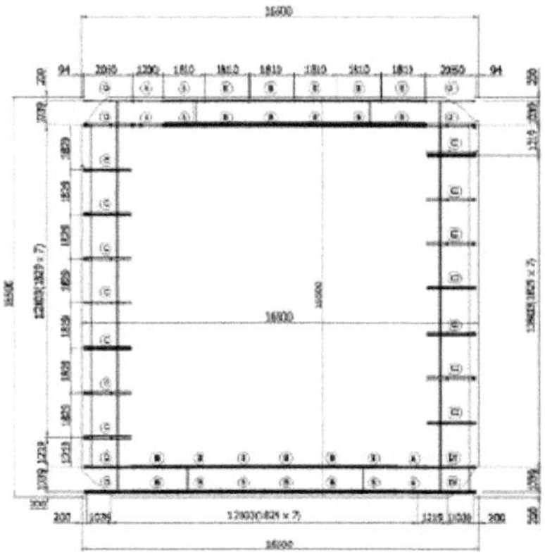

상부지지대 배치

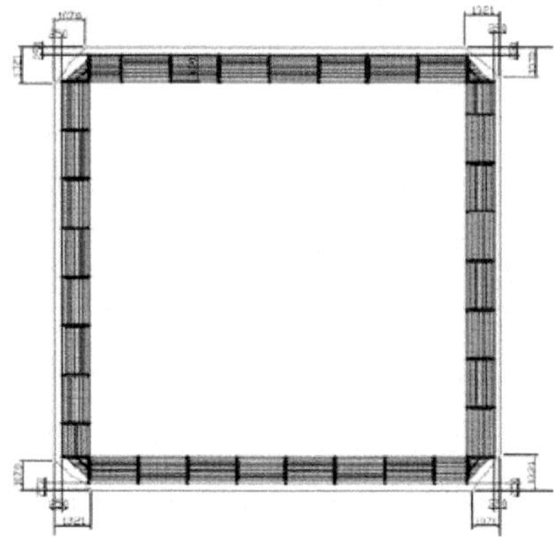

작업발판 배치

그림 6.3 상부지지대 및 발판설치 형태

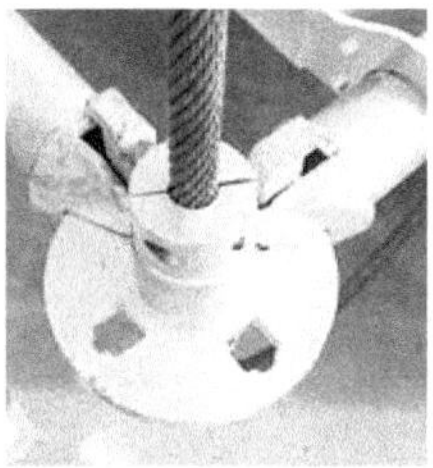

와이어로프 고정플랜지

와이어로프 보관롤

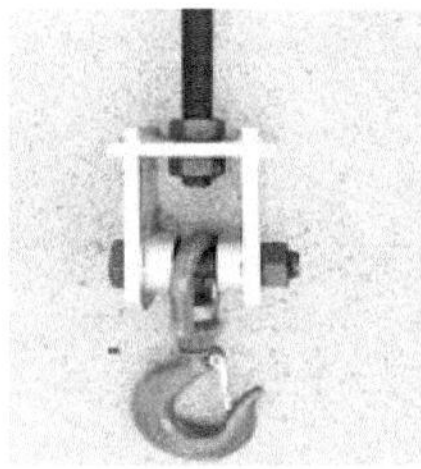

상부지지로드 코너

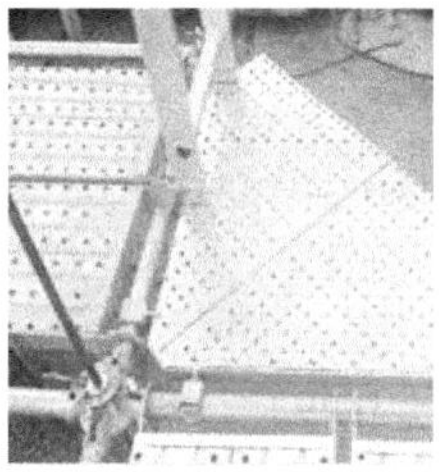

삼각발판

그림 6.4 팬던트형 비계 주요 부품

그림 6.5 팬던트형 비계 설치 전경

2 팬던트형 비계의 특징

팬던트형 비계가 가지는 특징은 크게 안전한 설계와 경제 및 편의 설계를 하였다는 점이다. 팬던트형 비계는 상부 지지대에 거치된 와이어 로프가 수직재 기능을 하므로 설치 속도가 빠르고 상당히 안정적이다. 수평재가 독립적으로 거동하므로 전체적인 전도 및 붕괴 위험이 없다. 비계자재 중 문제가 되는 부재 하나만 교체하여 해결이 가능하고, 정비가 필요한 구간만 별도로 설치, 해체가 가능하다. 테두리에만 비계가 설치되므로 중앙 하부공간을 활용할 수 있다.

표 6.1 팬던트형 비계의 특징

<table>
<tr><th>구분</th><th>특징</th><th>내용</th></tr>
<tr><td rowspan="5">안전
설계</td><td>하중 분산, 연쇄 붕괴 위험 최소화</td><td>보일러 상부 Heavy Girder에 인양시스템을 설치하고 상하부 지지 플랫폼에 와이어를 설치하여 모든 하중을 상부에서 지지</td></tr>
<tr><td>플랫폼 구조 검토</td><td>상부 지지점에서의 하부 비계 하중 인가시 응력 및 변형량을 검토하여 구조적 안정성 확보
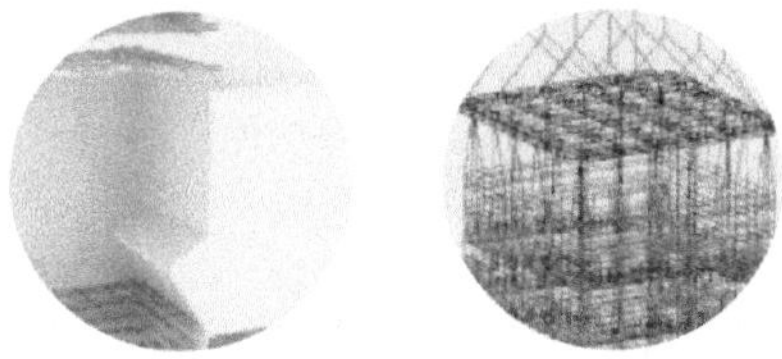
그림 6.6 하중 분산, 연쇄 붕괴 위험 최소화와 플랫폼 구조 검토</td></tr>
<tr><td>비계 구조 검토</td><td>1개 단에서 20인, 1개 면에 6인의 작업 하중에 대해 검토</td></tr>
<tr><td>와이어 조임쇠 특수 설계</td><td>하중이 부가될수록 조임쇠가 와이어 로프를 더욱 조이게 되어 고정력을 높임</td></tr>
<tr><td>작업이 용이한 작업 발판과 층간 계단</td><td>작업자의 용이성을 확보하기 위한 작업발판 설계 및 이동성을 고려하여 층간 계단을 적용

그림 6.7 와이어 조임쇠 특수 설계와 층간 계단</td></tr>
<tr><td>경제 / 편의 설계</td><td>핀 체결방식, 강관 시스템 비계 규격품 등 기성품 활용</td><td>제작 비용의 절감 및 설치 편의성 향상에 초점을 맞춘 설계</td></tr>
</table>

기존에 사용하던 시스템 비계와 플랫폼 지지방식 보일러 노내 비계 및 인양 시스템(SKYFFOLDING)의 특징을 비교하면 아래 표와 같다.

표 6.2 기존 시스템 비계와 SKYFFOLDING 특징

구분	기존 시스템 비계	SKYFFOLDING(팬던트형 비계)
안전사고 저감기술	• 고소작업 필수로 안전사고 위험 상존 • 하중 집중 시 비계 시스템의 전체 붕괴 위험 상존	• 고소작업 최소화(Zero Level에서 작업수행) • 하중 집중 시 비계 시스템의 전체 붕괴 위험 없음
작업 용이성	• 부분 해체 불가 • 층간 이동 시 수직 사다리 이용	• 부분해체 가능(수냉벽 튜브 교체시 비계와 간섭 없음) • 이동간 용의성(층간 이동 시 계단 이용)
작업 효율성	• 작업발판 부분 설치로 이동성, 정밀검사/보수작업성 저하(층간 발판 간 거리: 6 m) • 비계부재 설치/해체 시 숙련공 필요 • 보일러 노내 작업 50% 이내의 효율성	• 수냉벽 4면 전면 발판 설치로 정밀검사/보수작업성 획기적 향상(층간 발판 간 거리: 2 m) • 비계 부재 단순화로 설치/해체 용이(숙련비계공 필요 없음) • 보일러 노내작업 90% 이상의 효율성

3 팬던트형 비계의 설치순서와 설치 개요도

3.1 팬던트형 비계의 설치순서

팬던트형 비계의 설치순서는 다음과 같다.

1) 하프 구간 발판 설치
2) 성부 지지대 설치
3) 슬로프 구간 계단 설치
4) 상부 지지대에 와이어 로프 거치
5) 와이어 로프에 수평재 및 발판 설치
6) 안전망 설치
7) 최상부 발판 설치

3.2 팬던트형 비계의 설치 개요도

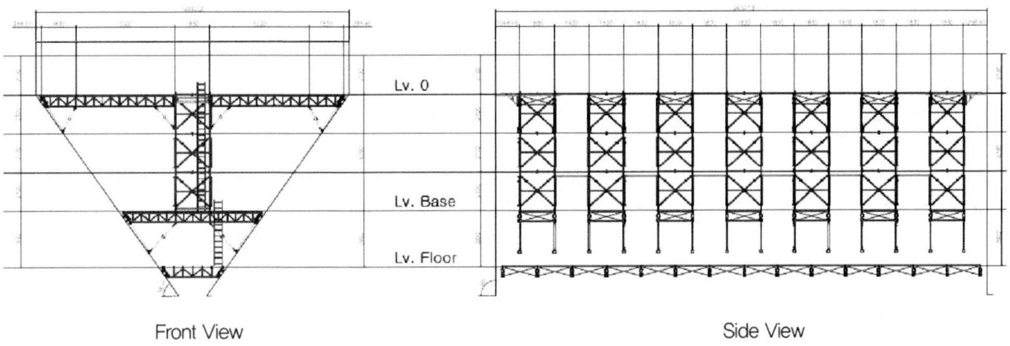

그림 6.8 하부측 트러스형 비계 설치 개요도

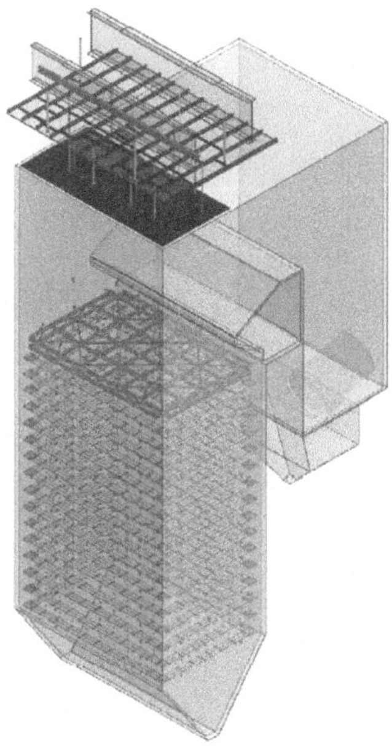

그림 6.9 상부측 팬던트형 비계 설치 개요도

발전소 보일러 내부에 설치되어 있는 팬던트형 비계는 보일러 상부 Heavy Girder에 설치된 유압인양장치에서 보일러 내부로 인입된 와이어강선과 플랫폼의 인양을 위한 와이어 로프를 연결하는 용접구조물이 설치된 상태에서 플랫폼을 0 Level에서 설치 후 1단씩 상부로 인양하는 구조이다.

보일러 상부 Heavy Girder의 상부 지지물 및 구간별 인양장치 설치 배치도, 플랫폼 설치 개요도, 플랫폼 인양 개요 예시, 사면 전체발판 설치 예시도는 그림과 같다.

발전소 보일러 정비공사를 위하여 설치되는 팬던트형 비계의 경우 보일러 경사면 하단부에서부터 0-Level까지의 구간은 타워형 시스템 비계용 부재가 통상적으로 설치된다.

이때 설치되는 시스템 비계는 7 Set의 기초트러스와 14 Set의 윙트러스로 설치되는 것이 일반적이다.

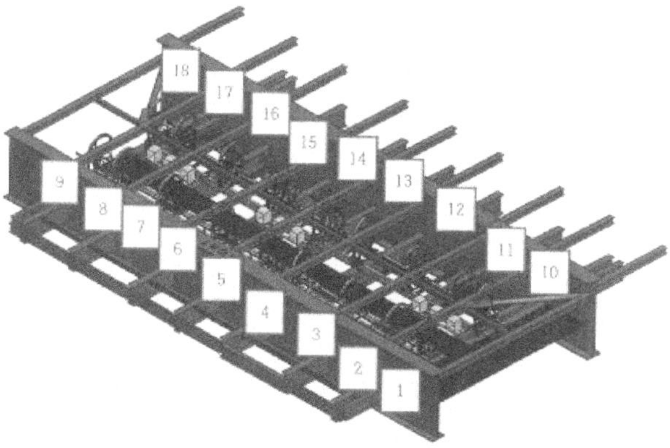

그림 6.10 Heavy Girder의 상부 지지물 및 구간별 인양장치 설치 배치도

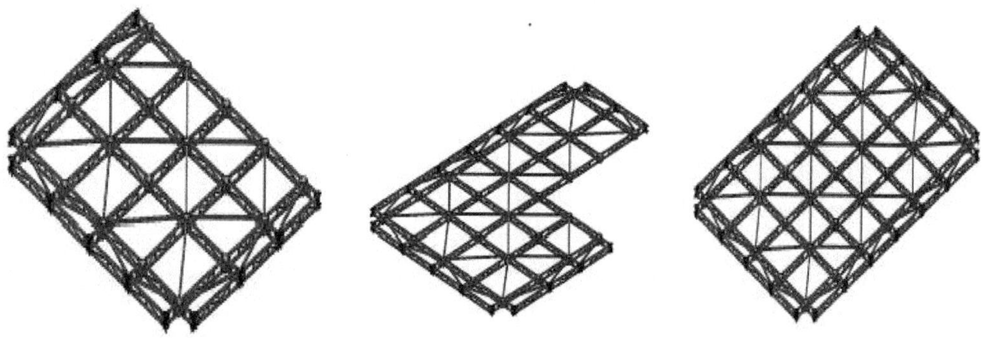

그림 6.11 플랫폼 설치 개요도

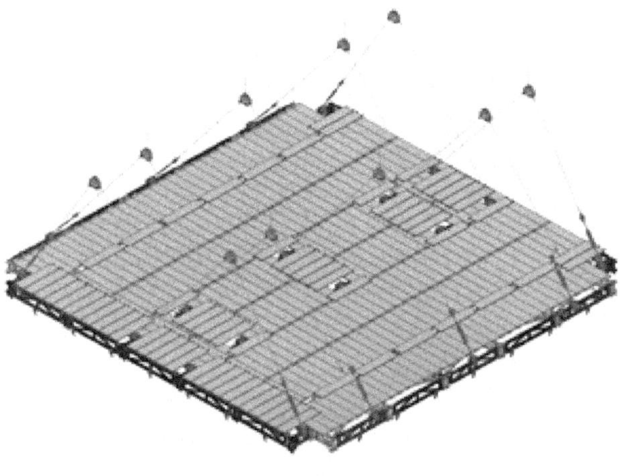

그림 6.12 플랫폼 인양 개요 예시

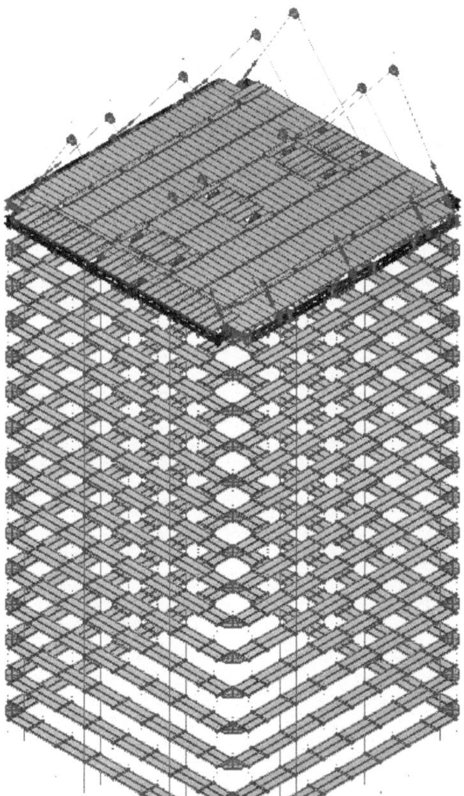

그림 6.13 전체 발판 설치 예시도

3.3 팬던트형 비계의 상부측 설치상태

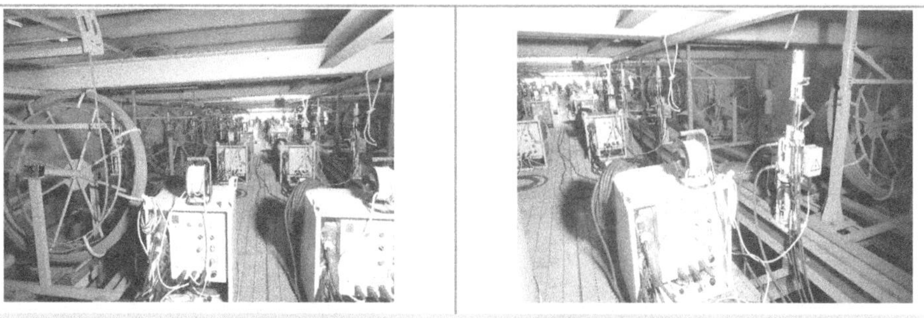

(a) 보일러 최상부측 유압인양 시스템 설치상태

(b) 플랫폼 및 플랫폼 지지 와이어 로프 설치상태

(c) 팬던트형 비계 설치상태

(d) 안전난간 설치상태

(e) 안전방망 설치상태

그림 6.14 상부측 팬던트형 비계 설치상태

3.4 팬던트형 비계의 하부측 설치상태

보일러 내부에 설치되는 하부 트러스형 비계 설치는 다음과 같다.

(a) L0 구간 작업대 설치상태

(b) 단위비계 설치상태

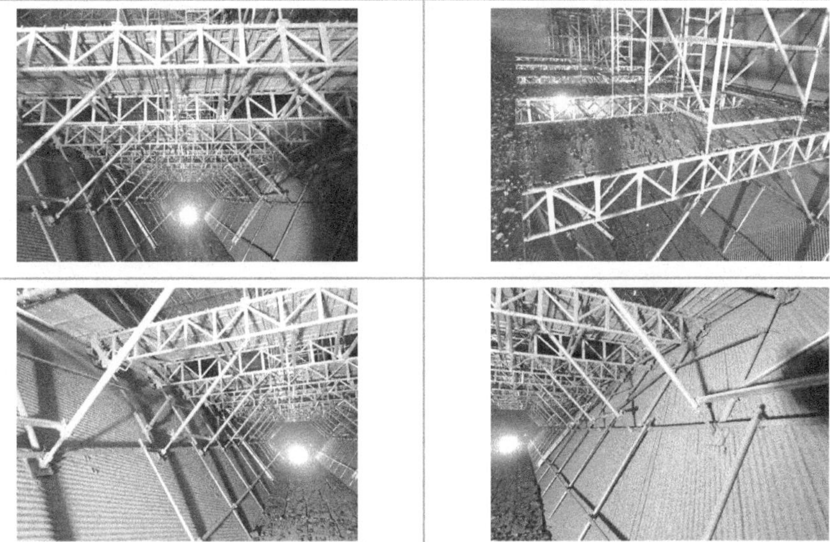

(c) 기초트러스 설치상태

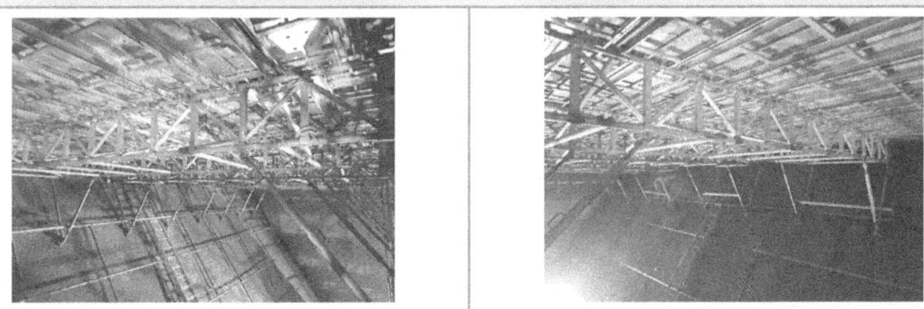

(d) 윙트러스 설치상태

그림 6.15 보일러 내부 하부측 트러스형 비계 설치상태

3.5 팬던트형 비계를 구성하는 주요 구성품

팬던트형 비계를 구성하는 주요 구성품과 하부 작업대 구간에 설치되는 비계의 주요 구성품은 아래와 같다.

표 6.3 팬던트형 비계의 주요 구성품

산업안전보건기준에 관한 규칙	
와이어 로프형 비계 주요 구성품	• 와이어 로프(∅16) • 하중 분산용 와이어 로프 • 플랫폼 및 드럼 • 시스템 비계용 수평재(가로대 및 세로대) • 안전난간(핸드레일), 작업대 등
하부구간 시스템 비계 주요 구성품	• 바닥트러스 • 기초트러스 • 윙트러스 • 단위비계 • Brace 부재 등

4 팬던트형 비계와 달비계

팬던트형 비계는 달비계의 한 종류이기 때문에 달비계의 구조 기준을 만족하여야 한다. 팬던트형 비계가 설치된 이후에는 설치된 모든 자재의 건전성에 대한 확인이 어렵고, 설치된 이후에 상태가 불량한 자재가 발견될 경우 해체 후 불량한 자재를 교체해야 하므로, 설치 전에 자재의 건전성을 확인할 필요가 있다.

또한, 보일러 내부에 적용되는 와이어 로프를 설치하는 경우 산업안전보건기준에 관한 규칙 제63조(달비계의 구조) 사항을 준수하여야 한다. 특히 와이어 로프 사용횟수에 따라 와이어 로프 클립부 미끄러짐 발생 및 와이어 로프의 변형, 마모 및 부식 등의 품질관리가 철저히 요구된다.

와이어 로프를 장시간 동안 감아 보관할 경우 사용 전 와이어 로프의 직진도 확보가 전체 와이어 비계의 수직 및 수평 오차를 최소화할 수 있으므로 철저한 관리가 요구된다.

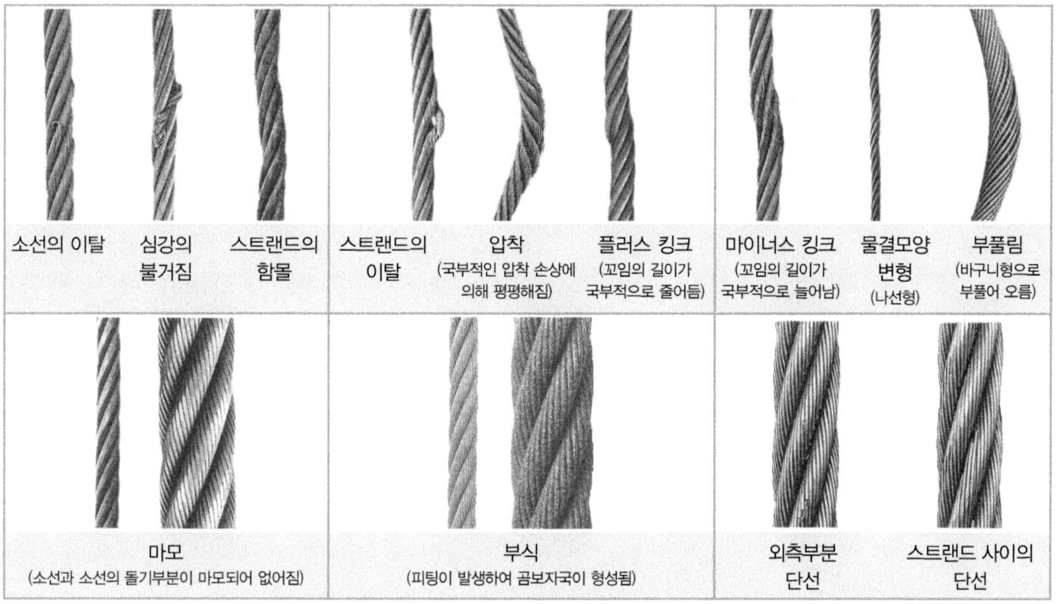

그림 6.16 와이어 로프 사용 부적합 유형

지속적인 와이어 로프의 마모, 부식 및 변형 등 발생 여부를 점검하여 교체하도록 하며, 재사용에 따른 내구성 저하 등을 고려하여 정기적인 교체 시기를 규정할 필요성이 있다.

와이어 로프 사용에 대한 부적합 유형은 그림과 같은 상태로 부적합 유형의 부재가 설치되는 일이 없도록 유의하여야 한다.

표 6.4 달비계의 구조

산업안전보건기준에 관한 규칙	
제63조 (달비계의 구조)	▸ 달비계의 구조 사업주는 달비계를 설치하는 경우에 다음 각호의 사항을 준수하여야 한다. 1. 다음 각 목의 어느 하나에 해당하는 와이어 로프를 달비계에 사용해서는 아니 된다. 가. 이음매가 있는 것 나. 와이어 로프의 한 꼬임[(스트랜드(strand)를 말한다. 이하 같다)]에서 끊어진 소선(素線)[필러(pillar)선은 제외한다)]의 수가 10퍼센트 이상(비자전로프의 경우에는 끊어진 소선의 수가 와이어 로프 호칭지름의 6배 길이 이내에서 4개 이상이거나 호칭지름 30배 길이 이내에서 8개 이상)인 것 다. 지름의 감소가 공칭지름의 7%를 초과하는 것 라. 꼬인 것 마. 심하게 변형되거나 부식된 것

	바. 열과 전기충격에 의해 손상된 것 2. 다음 각목의 어느 하나에 해당하는 달기 체인을 달비계에 사용해서는 아니 된다. 가. 달기 체인의 길이가 달기 체인이 제조된 때의 길이의 5%를 초과한 것 나. 링의 단면지름이 달기 체인이 제조된 때의 해당 링의 지름의 10%를 초과하여 감소한 것 다. 균열이 있거나 심하게 변형된 것 3. 다음 각 목의 어느 하나에 해당하는 섬유로프 또는 섬유벨트를 달비계에 사용해서는 아니 된다. 가. 꼬임이 끊어진 것 나. 심하게 손상되거나 부식된 것 4. 달기 강선 및 달기 강대는 심하게 손상·변형 또는 부식된 것을 사용하지 않도록 할 것 5. 달기 와이어 로프, 달기 체인, 달기 강선, 달기 강대 또는 달기 섬유로프는 한쪽 끝을 비계의 보 등에, 다른 쪽 끝을 내민 보, 앵커볼트 또는 건축물의 보 등에 각각 풀리지 않도록 설치할 것 6. 작업발판은 폭을 40 cm 이상으로 하고 틈새가 없도록 할 것 7. 작업발판의 재료는 뒤집히거나 떨어지지 않도록 비계의 보 등에 연결하거나 고정시킬 것 8. 비계가 흔들리거나 뒤집히는 것을 방지하기 위하여 비계의 보·작업발판 등에 버팀을 설치하는 등 필요한 조치를 할 것 9. 선반 비계에서는 보의 접속부 및 교차부를 철선·이음철물 등을 사용하여 확실하게 접속시키거나 단단하게 연결시킬 것 10. 근로자의 추락 위험을 방지하기 위하여 달비계에 안전대 및 구명줄을 설치하고, 안전난간을 설치할 수 있는 구조인 경우에는 안전난간을 설치할 것
제64조 (달비계의 점검 및 보수)	▸ 달비계의 점검 및 보수 - 사업주는 달비계에서 근로자에게 작업을 시키는 경우에 작업을 시작하기 전에 그 달비계에 대하여 제58조 각호의 사항을 점검하고 이상을 발견하면 즉시 보수하여야 한다.

5 팬던트형 비계 점검

5.1 자재점검

발전소 보일러 정비작업에 사용되는 팬던트형 비계에 대한 점검은 일반적으로 비계 부재 자재에 대한 점검과 설치과정에서 재해발생을 예방하기 위한 점검, 설치 완료 후 정비작업 과정에서 운영을 위한 점검, 해체 시 점검 등으로 구분할 수 있다.

팬던트형 비계에 대한 자재 점검은 일반 강관비계나 시스템 비계에 대한 점검을 응용하여 점검을 수행하면 된다. 부재의 부식이나 손상, 균열 등이 있는 부재는 사용하면 안 된다.

(a) 와이어 로프 부재 외관상태

(b) 수평재 부재 외관상태 및 안전인증 마크 표시상태

(c) 플랫폼 부재 외관상태

(d) 드럼 부재 외관상태

(e) 핸드레일 부재 외관상태

(f) 작업대 부재 외관상태

그림 6.17 팬던트형 비계 부재 외관상태에 대한 자재 점검

(a) 바닥트러스 부재 외관상태

(b) 기초트러스 부재 외관상태

(c) 윙트러스 부재 외관상태

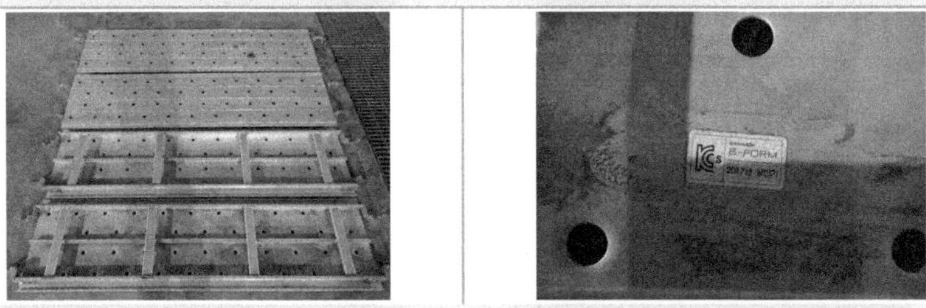

(d) 작업대 부재 외관상태

(e) 단위비계 부재 외관상태

(f) Brace 부재 외관상태

그림 6.18 하부 작업대 구간 부재의 외관상태에 대한 자재 점검

5.2 팬던트형 비계 재료의 문제점과 점검시 유의사항

팬던트형 비계에 대한 재료점검은 일반적으로 강관비계나 시스템 비계의 재료와 유사한 방법에 의하여 점검하면 된다. 주로 팬던트형 비계에서 많이 발생하고 있는 문제점은 아래 표와 같다.

표 6.5 팬던트형 비계 재료의 문제점

산업안전보건기준에 관한 규칙	
자재검수 문제점	1) 와이어 로프의(∅16) 풀림을 방지하기 위해 체결된 번선에 부식이 발생된 상태로 와이어 로프 부재를 장기간 보관 시에는 별도의 관리기준 마련 운영 필요 ※ 부식이 발생된 번선과 접촉될 경우 와이어 로프 부재에도 영향이 있을 수 있으므로 유의 필요 2) 윙트러스 부재 중 대각재 용접부에 균열이 발생한 부재 3) 윙트러스 부재 중 상현재와 수직재, 대각재 부재 간 용접이음이 누락된 부재 4) 윙트러스 단부측에 부착되어 있는 클램프 부재 중 개선된 부재로 교체되지 않은 부재 5) 기초트러스, 윙트러스 등 단부 라쳇이 정상적으로 작동되지 않는 부재 6) 윙트러스 단부측 하중판에 부착되어 있는 고무판이 탈락 된 부재 7) 작업대 부재 중 구부러짐, 찍힘, 찢어짐 등 손상이 발생된 작업대 부재 8) 부식이 발생된 부재(트러스, 수평대, 핸드레일, 플랫폼 등)에 대하여는 부식제거 및 방청작업 필요

5.3 상부 Heavy Girder와 와이어 로프 점검

구조적 측면에서 볼 때 팬던트형 비계의 핵심은 보일러 상부 Heavy Girder와 와이어 로프이다.

상부 Heavy Girder가 비계에 작용하는 하중 등을 견디지 못하고 붕괴될 가능성이 있지만 지금까지 점검보고서 등을 검토해보면 점검자는 이러한 부분을 간과하고 점검을 수행하고 있다. 따라서 점검자는 우선적으로 이 부분에 집중해서 점검을 실시해야 한다. 또한 하중을 지지하는 와이어 로프는 달비계에 대한 점검기준을 참조하여 점검하면 된다.

기타 작업발판, 안전난간, 안전방망 등의 안전시설물에 대한 점검도 강관비계나 시스템 비계의 재료와 유사한 방법에 의하여 점검을 수행하면 된다.

6 노내 비계 스마트 안전관리 시스템

노내 비계 스마트 안전관리 시스템은 하중 측정 모듈, 지지부 변위 측정 모듈, 작업자 모니터링 모듈로 구성되어 노내 비계의 안전한 사용을 지원하는 관리 및 감시 시스템이다. 스마트 건설기술을 활용한 하나의 예이다.

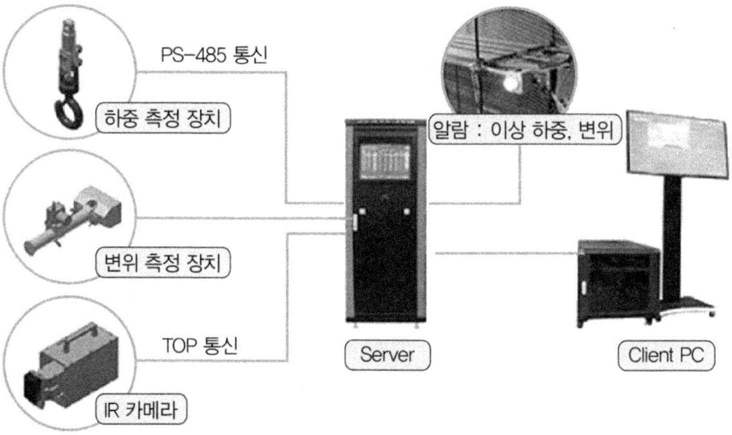

그림 6.19 노내 비계 스마트 안전관리 시스템

노내 비계에 작용하는 하중과 지지 부위의 변위를 실시간으로 측정하여 비계의 정격 하중 초과 및 비계 시스템 지지부 변형에 대해 실시간으로 경고하고, 적외선 열화상 카메라로 노내 비계의 작업자를 모니터링 하여 작업자의 잔류 여부를 파악할 수 있는 기능을 제공한다.

표 6.6 노내비계 스마트 안전관리 시스템 특징

주요 구성 요소	내용
노내 비계 시스템 변형 및 붕괴 예방	• 노내 비계에 작용하는 하중과 보일러 튜브의 변위를 실시간 감시 가능 • 노내 비계의 하중 초과 여부 및 변위 감시를 통해 이상 상황에 대한 즉각적인 조치가 가능
안전 불감증 경각 및 작업 불안감 해소	• 소음이 많고 어두운 보일러 안의 작업 환경상 즉각 대응이 어려운 노내 비계 시스템의 편하중 및 노내 비계 지지부의 변위 이상을 실시간으로 감지 및 경고하여 작업자의 불안감 해소 및 관리자의 감독이 용이 • 노내 비계 설치·해체 작업 및 노내 비계를 사용한 보일러 정비 작업 후 잔류 작업자 여부를 모니터링 하여 노내 잔류 인력자의 사고를 방지

데이터를 시각화하여 사용자 친화적인 관리 프로그램 Safety Plus 활용	• Safety Plus는 Server와 Client로 구성 • Server에는 실시간으로 하중과 변위 데이터를 수집 및 저장이 가능 • Safety Plus Client에 설치된 Safety Plus Viewer 프로그램에서 3D로 노내 비계 상태 및 작업자 유무 정보를 실시간으로 확인하거나 실시간 열화상 영상 확인, 과거 데이터 이력 추이 분석, 알람 이력 추적 관리 등의 기능이 사용 가능

표 6.7 노내 비계 스마트 안전관리 시스템 주요 구성 요소

주요 구성 요소	내용
하중 측정 모듈	• 하중 분산, 연쇄 붕괴 위험 최소화 • 노내 비계의 하중 분포를 실시간으로 감시하여 비계 시스템의 편하중에 의한 사고를 방지 • 노내 비계의 하중 변화를 감지하여 노내 작업자의 잔류 여부를 확인
변위 측정 모듈	• 노내 비계가 설치된 지지 부위의 변위를 측정하여 변형 발생 여부와 변위 이상을 감시  **그림 6.20** 하중 및 변위 측정 모듈
작업자 모니터링 모듈	• 적외선 열화상 카메라를 통해 수신되는 온도 정보를 이용하여 작업자의 잔류 여부가 확인 • 적외선 카메라는 좌우로 회전하면서 스캔이 가능하여 4개 면에 대해 고른 감시가 가능
알람 모듈	• 노내 비계의 정격하중 및 작업하중의 초과나 상하부 지지 플랫폼의 변형 등 이상상태가 감지되면 노내 작업자에게 위험을 알려줌  **그림 6.21** 알람 모듈과 작업자 모니터링 모듈
Safety Plus Server& Client	• 서버와 클라이언트 소프트웨어로 구성 • 측정한 하중과 변위 데이터 수집 및 저장이 가능 • 이상 하중 및 이상 변위 감지 시 알람이 작동하여 작업자에게 위험 신호가 전달 • 과거 이력 조회 기능을 통해 하중과 변위의 경향 및 시스템의 오류 관리도 가능

CHAPTER

7 스마트 건설기술과 가설 안전

1 비계 붕괴와 추락사고 예방에 스마트 안전기술 적용

건설현장에 가설구조물 붕괴와 작업자 안전사고 방지하기 위해서 사물인터넷(IoT)과 빅데이터 등을 활용해 스마트 안전장비를 도입하는 등 첨단기술이 활용되고 있다.

1) 스마트 안전고리

추락사고를 예방하기 위해 비계와 같은 고소작업 시에 작업자가 안전고리를 장착하지 않으면, 현장에 비치되어 있는 스피커에서 안내음이 울리게 되는 스마트 안전고리[1]가 있다. 이러한 내용은 관리자의 핸드폰 또는 사무실이나 감독실 상황판 TV에도 표시되게 된다.

그림 7.1 스마트 안전고리

2) 스마트 안전진단형 시스템 비계

스타트 업체인 ㈜휴하리가 개발한 스마트 안전진단형 시스템 비계는 자이로 센서와 높이 조절 장치로 수평을 쉽게 잡으며 분산된 하중을 로드 셀에서 감지하고 데이터를 보내준다. 이후 붕괴 시나리오를 통해 정립된 데이터베이스에서 자체 분석하고 위험 시 알람을 울려 준다.

스마트 건설기술 적용이 활성화됨에 따라 시스템 비계나 동바리 등에 과도한 하중이 적용하

---

1) 스마트 안전고리 체결 감지시스템은 고도 감지, 안전고리 체결 감지, 미체결 시 알림기능을 통해 근로자의 추락재해를 줄여 준다. 스마트헬멧(Helmet)은 안전모의 기능 외에도 카메라와 현 위치 GPS, SOS 알림기능 장착으로 현장과 작업자의 위험 상황을 실시간으로 관제할 수 있도록 해 준다.

여 변형이나 변위가 일정 수준 범위를 넘어서면 붕괴 위험을 경보하는 장치가 출시되고 있다.

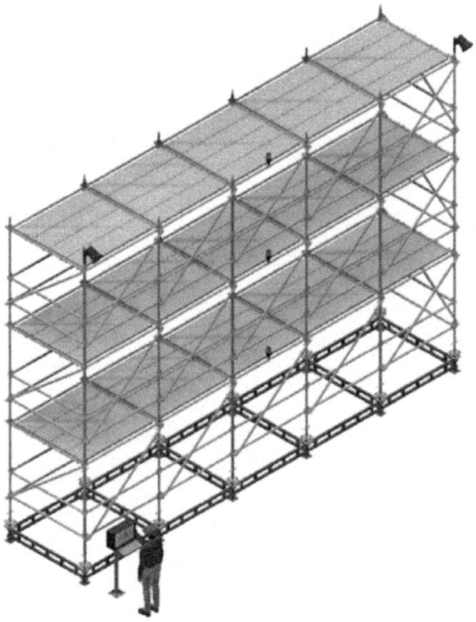

그림 7.2 (주)휴하리의 스마트 안전진단형 시스템 비계

그림 7.3 (주)휴하리의 가설구조물 붕괴위험 경보기

3) 발전소 노내 비계 스마트 안전관리(감시) 시스템

KLES(주)는 발전소 보일러 노내 비계 스마트 안전관리(감시) 시스템을 개발하여 안전관리에 활용하고 있다. 화력발전소의 보일러 유지·보수에 사용되는 노내 비계 시스템이 붕괴하면 치명적인 인명사고가 발생하고 보일러가 파손될 수 있으며, 발전소 정비기간 증가로 인하여 전력공급의 손실이 불가피하다. KLES(주)에서는 노내 작업에 발생하는 위험 요소를 실시간으로 파악하여 노내 작업 안전성을 향상시킬 수 있는 노내 비계 스마트 안전관리 시스템을 개발하였다. 이 시스템은 하중 감시 시스템, 변위 감시 시스템, 노내 작업자 모니터링 시스템이 구축되어 있어 안전한 노내 작업과 안전한 감시 및 관리가 가능한 것으로 알려지고 있다.

하중 감시 시스템은 노내 비계의 하중분포를 실시간으로 감시하여 비계 시스템의 적절한 하중보다 과하게 하중이 가해졌을 경우와 하중의 치우침에 의한 사고를 예방할 수 있게 한다. 이외에도, 하중 데이터를 수집해 작업자의 유무와 분포도를 실시간으로 확인할 수 있어 작업 종료 후 잔류 인원 파악을 용이하게 한다.

그림 7.4 KLES(주) 노내 비계 스마트 안전관리 시스템

또한 변위 감시 시스템을 통하여 노내 비계가 설치된 지지 부위의 변위량을 실시간으로 측정할 수 있다. 이는 비계 시스템의 구조적 변형과 이상 상태를 감시하여 비계의 치우침에 의한 추락사고 및 비계의 붕괴를 사전에 방지하는 효과가 있다.

작업자 모니터링 장치는 하중 및 변위 정보와 함께 적외선 카메라를 통해 수신되는 작업자의 열화상 정보를 실시간으로 모니터링 가능하여 노내비계 상태 및 작업자 유무를 원격으로 확인할 수 있다. 뿐만 아니라 보일러 안의 작업자에게도 경고음을 통하여 위험에 신속하게 대응할 수 있도록 하였다.

2 독일 케바조(Kewazo)의 비계 부재 이동형 로봇(LIFT BOT)

그림 7.5 케바조 LIFT BOT

시스템 비계 등의 설치에 소요되는 시간 중 80% 이상이 한 곳에서 다른 곳으로 비계 부재들을 이동하는 데 투입되고 있다. 이러한 문제를 해결하기 위해서 독일 뮌헨 소재 스타트 업체 케바조(Kewazo) [2]는 건설현장의 비계 작업에 투입되는 인건비를 33% 절감할 수 있는 로봇을 개발했다. 이 로봇은 필요한 비계 부재들의 부품을 언제 어디서나 작업자에 전달이 가능한 특징

2) 케바조는 뮌헨 공대(University of Munich) 출신의 세바스찬 바이첼(Sebastian Weitzel)이 설립했다. 2명의 하드웨어 엔지니어, 2명의 소프트웨어 엔지니어, 토목 기사 및 비즈니스 관리자가 있으며 모두 20대이다. 바이첼은 2022년까지 4000만 유로(약 527억 원) 이상의 로봇을 판매할 수 있을 것으로 자신하고 있다.

을 가지고 있다.

이 로봇은 발판을 사용해 화물 등을 실은 채 비계 구조물의 위아래로 움직인다. 또한 주변을 볼 수 있으며 경로찾기 알고리즘을 사용해 비계 자재 등이 필요한 작업자를 찾아낸다. 머신러닝 기술을 이용하여 작업자가 어떻게 움직이고 어떻게 작업하는지 더 잘 파악할 수 있다.

3 AI(인공지능) 기반 고소작업자 행동 패턴 기법

국내에서는 아직 연구단계에 있지만 AI(인공지능)를 기반으로 비계 등 고소작업자 행동 패턴과 가시설물의 불안전한 상태를 동시에 상호 연계하여 사망사고의 주범인 추락 등 위험 상황을 신속하게 자동으로 식별하여 위험을 제거·예방하는 연구[3)]가 수행되고 있다.

그림 7.6 영상기반 위험판별 AI 기술 개발

비계작업 등 고소작업에서 발생 가능한 다양한 위험 상황을 연출하고 촬영하여 알고리즘 개발에 필요한 학습데이터를 수집하고 활용하게 된다. 근로자의 안전대 고리 미체결, 불안전한

3) 출처 : e대한경제(https://www.dnews.co.kr)

행동, 안전난간 및 작업발판 설치 규정 위반, 해체 개방, 비계 위 자재 방치 등에 대해 데이터를 수집·분석하게 된다. 특히, 실내와 옥외 실습장에서 건설현장과 동일한 조건으로 연구를 수행하기 때문에 강관비계, 시스템 비계 조립·해체 과정부터 설치한 상태에서 근로자 작업 행태 연출과 행동 분석이 가능하다. 이를 통해 위험 식별 알고리즘을 연구하고 해결 가능한 예방기법을 제시하는 기술을 개발하는 것이 목표이다.

4 비계 등의 가설구조물이 필요 없는 로봇기술 도입

1) 미국의 Fastbrick Robotics 사의 Hadrian X

지금까지는 구조물 공사나 마감공사 등을 위해 시스템 비계 등의 비계를 설치하여 작업을 하였지만, 아마도 향후 10년 내에는 비계 자체를 설치하지 않고도 공사가 가능할 것으로 보인다. 비계를 설치하지 않기에 비계가 붕괴한다든지 비계 위에서 작업자가 추락한다든지 하는 안전사고도 대폭 감소할 것으로 보인다. 이에 따라 시스템 비계 등을 포함 가설구조물 시장의 일대 변화와 혁신이 급격하게 올 것으로 예상된다. 그 이유는 바로 3D 프린터와 인공지능인 AI 기능을 탑재한 로봇의 도입 때문이다.

미국의 Fastbrick Robotics 사는 최근 로봇 팔을 탑재한 건설 트럭인 Hadrian X로 3개의 침실과 2개의 욕실을 갖춘 벽돌집을 사람의 개입 없이 3D CAD 도면만을 사용해 단 3일 만에 완공하는 시연을 진행했다.

Hadrian X가 건설현장에 배치되면 탑재된 레이저 유도 로봇 부착 장치가 로봇 팔의 동작을 유도해 벽돌을 정확하게 쌓아 올릴 수 있게 한다. CAD가 지원하는 지능형 제어 시스템을 사용하여 벽돌 쌓기에 필요한 재료와 움직임을 계산한다. 로봇이 작업하기에 사람이 올라가서 작업하는 비계를 설치할 필요가 없게 된다.

그림 7.7 FBR(Fastbrick Robotics) 사의 하드리안 엑스(HadrianX)[4)]

2) Construction Robotics 사의 MULE과 SAM

2007년에 출범하여 뉴욕에 본사를 두고 있는 Victor, Construction Robotics는 MULE과 SAM이라는 기계를 제공하고 있다. Semi-Automated Mason의 약자인 SAM[5)]은 Construction Robotics에서 설계 및 엔지니어링 한 벽돌쌓기 로봇이다. SAM 100은 현장 석조 공사를 위한 최초의 상용 벽돌 쌓기 로봇이다. 컨베이어 벨트와 로봇 팔을 사용하는 SAM은 벽돌을 쌓는 반복적인 작업을 제거하는 반면, 석공은 벽돌과 모르타르를 기계에 다시 넣고 SAM이 배치한 벽돌 주변을 청소하기 위한 작업을 한다. SAM 로봇이 작업을 하기 때문에 굳이 사고가 많이 발생하고 골치 아픈 비계를 설치할 필요가 없게 된다.

4) 출처 : FBR(Fastbrick Robotics)사 하드리안 엑스(HadrianX) 홍보 동영상 (https://youtu.be/ino8oz189fw)

5) SAM 시스템은 Construction Robotics 사에서 개발했으며 비용을 절감하고 생산성을 높이며 작업 품질을 높이기 위해 석공과 함께 작업하도록 설계되었다. 이 시스템은 벽돌을 들어 올리고, 모르타르를 바르고, 각 벽돌을 제자리에 배치함으로써 힘든 작업을 제거한다. 석공은 벽돌을 정확하게 배치하고 과도한 모르타르를 청소하고 전체 프로젝트가 올바르게 완료되는 것을 감독할 책임이 있다. Construction Robotics는 현재 건설 프로젝트를 지원하기 위해 임대하는 5개의 SAM 장치를 보유하고 있다.

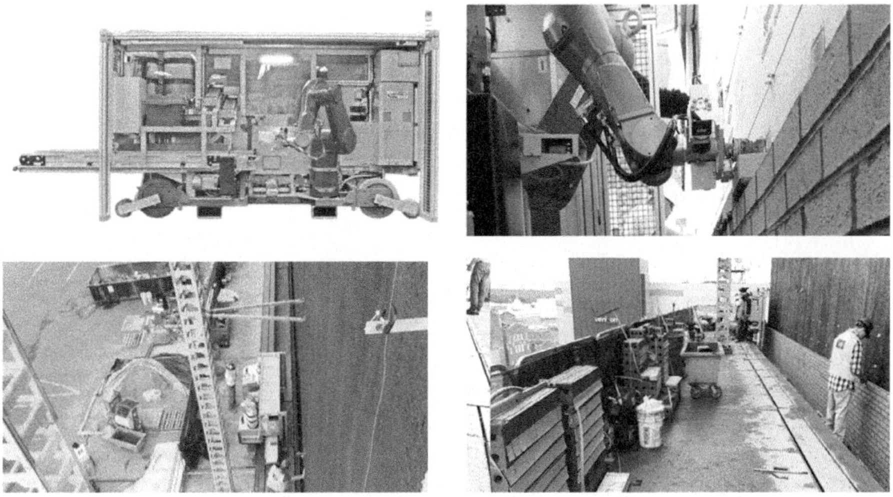

그림 7.8 Construction Robotics 사의 SAM[6)]

5 건설의 패러다임을 바꿀 3D 프린터

1) 콘크리트 교량을 축조하는 3D 프린터

세계에서 길이가 가장 긴 3D 프린팅 콘크리트 보행자 교량이 중국 상하이에서 최근 완공되었다. 길이 26.3 m, 너비 3.6 m의 교량은 칭화대 건축학부 쑤우웨이(Xu Weiguo) 교수가 설계했다. 이 교량은 상하이 Wisdom Bay Investment Management Company와 공동으로 건설되었다. 3.6 m 너비의 교량 난간은 아치에 흐르는 리본 모양으로 상하이 지혜만 연못을 가로질러 가볍고 우아한 움직이는 모양이다.

교량은 44개의 속이 빈 3D 프린팅 콘크리트 유닛으로 구성되며 핸드레일은 68개 유닛으로 구성되어 있다. 교량의 구성요소는 기존 재료의 구조적 성능과 일치하도록 폴리에틸렌 섬유 콘크리트를 포함하는 복합 재료로 프린팅되었다. 3D 프린터를 사용하여 작업하였기에 시스템 비계 등을 설치할 필요가 없어진 것은 당연한 일이다.

6) 출처 : https://www.construction-robotics.com/sam100/

그림 7.9 상하이의 3D 프린팅 콘크리트 교량[7)]

2) 강철 교량을 축조하는 3D 프린터

2015년 MX 3D가 네덜란드 암스테르담에서 세계 최초로 3D 프린팅 강철 교량을 테스트했다. MX 3D는 2018년 스테인리스강 교량의 최종 버전을 출력했다. 2015년에 처음 제안되었던 이 교량은 강철을 녹여서 만든 적층 형식으로 로봇 4대로 인쇄하였고 작업시간은 6개월이 소요되었다. MX 3D는 약 4,500 kg의 강철과 1,100 km의 철선을 사용했다. 사용된 6축 로봇은 대규모 용접 기계를 제어하기 위해 로봇 팔을 프로그래밍 하였고 강철로 적층된 6 m 구조의 교량을 인쇄했다.

설치될 이 교량은 스마트 센서 네트워크가 설치된다는 점에서 스마트 교량이라고 할 수 있다. 센서는 교량의 성능을 기록하도록 설계되어 있는데 변형, 회전, 하중, 변위 및 진동과 같은 데이터를 수집하게 된다. 이 데이터는 얼마나 많은 사람이 다리를 건너고 있는지, 어떤

7) 출처 : archdaily.com

속도로 걷고 있는지, 구조적으로는 무결성인지 그리고 주변 환경의 정보[8]를 수집하는 데 사용된다.

그림 7.10 3D 프린팅 강구조 교량[9]

8) 센서를 장착한 교량은 수집된 데이터를 클라우드로 전송하고 처리되어 교량 트래픽, 구조적 무결성, 주변 및 환경에 대한 정보를 시각화 하기 위해 해석된다. 정비가 필요할 때에는 경고를 보낼 수도 있고 심지어 신호등 시간을 더 잘 맞추기 위해 도로와도 대화할 수 있다.

9) 출처 : dezeen.com

찾아보기

ㅇ

ㅎ

기타

| 저자 소개 |

최명기 崔銘起

학력

전남대 공과대학 토목공학과 졸업(1988.2)
명지대 정보산업대학원 산업안전 석사수료(1992.8)
동신대 대학원 토목공학과 졸업, 공학석사(2000.8)
광운대 건설법무대학원 건설법무학과 졸업, 법학석사(2009.2)
동신대 대학원 토목공학과 졸업, 공학박사(2005.2)

자격

산업안전지도사(건설안전) / 건설안전기술사 / 토목시공기술사 / 토목품질시험기술사
도로 및 공항기술사 / 기술거래사 / CMP / Matriz 3rd

경력

대한민국산업현장교수단 건설분야 교수
현 (사)한국건설품질기술사회 부회장/(협)건설품질안전기술원 감사
현 (사)한국재난안전연구원 부원장
전 (사)한국건설가설협회 시험연구소장
전 동신대학교 토목공학과 산학협력중점 조교수
전 성화대학교 토목환경공학과 조교수(산학협력처장)
전 한국산업안전보건공단 대리
전 금호건설(주) 사원
전 육군 공병 중위(학군 26기)

자문위원 경력

건설교통부 중앙건설기술심의위원회 위원(10기)
행정안전부 중앙재난관리평가위원단 위원
국방부 특별건설기술심의위원, 소방청 중앙소방기술심의위원회 위원
해양수산부 설계기술자문위원
서울, 부산, 원주, 대전, 익산지방국토관리청 기술자문위원
서울특별시 감사위원회 명예하도급 호민관, 광주광역시 시민감사관
서울특별시, 경기도, 대전, 대구, 광주, 전라남도, 강원도 지방건설기술심의위원
한국도로공사, LH, 철도시설공단, 시설안전공단, 안전보건공단, 한국환경공단 등 자문위원

상훈 및 저서

대통령 표창(2021), 국회 건설교통위원장 표창(2020), 행정안전부 장관 표창(2009)
광주광역시장 표창(2015), 전라남도지사 표창(2010)
스마트 건설 자동화 로봇과 3D 프린터(지우북스, 2021)
스마트 건설과 안전(지우북스, 2020), 건설안전공학(지우북스, 2020)
공항개론(구미서관, 2008), 공항토목시설공학(예문사, 2011) 등 11권

건설공사 발주처 점검자를 위한

가설구조물의 안전 및 품질점검 실무

비계 편

1판 1쇄 발행 2021년 5월 20일

저자 최명기
발행인 서철종
발행처 도서출판 지우북스
주소 경기도 파주시 문발로 115 세종출판벤처타운 209호
전화 031-915-6670(代)
팩스 031-915-6671
이메일 jwbooks@nate.com
홈페이지 www.jwbooks.co.kr
출판등록 제406-251002017-000032호
ISBN 979-11-88673-75-9 93530

정가 28,000원